U0389512

自动检测与虚拟仪器技术

左　锋　董爱华　编著

科学出版社

北　京

内 容 简 介

　　本书共两部分：第一部分包含第1~5章，介绍自动测量的基础知识，从能量转换的角度介绍常用的传感器基本原理以及测量信号的转换处理方法，并着重阐述工程中最为常见的温度和流量参数的测量技术；第二部分包含第6~9章，侧重讲述虚拟仪器技术，说明虚拟仪器系统的设计方法，并尝试从工程应用的角度介绍虚拟仪器技术在自动检测中的应用。

　　本书可作为高等院校自动化信息类、机电类学生的专业课程基础教材，也可供从事相关专业工作的技术人员自学或参考。

图书在版编目（CIP）数据

　　自动检测与虚拟仪器技术 / 左锋，董爱华编著. —北京：科学出版社，2018.6

　　ISBN 978-7-03-057485-5

　　Ⅰ. ①自… Ⅱ. ①左… ②董… Ⅲ. ①自动检测 ②虚拟仪表 Ⅳ. ①TP274 ②TH86

　　中国版本图书馆 CIP 数据核字（2018）第 105609 号

责任编辑：张海娜 赵微微 / 责任校对：何艳萍
责任印制：吴兆东 / 封面设计：迷底书装

科 学 出 版 社 出版
北京东黄城根北街 16 号
邮政编码：100717
http://www.sciencep.com

北京九州迅驰传媒文化有限公司 印刷
科学出版社发行　各地新华书店经销

*

2018年6月第 一 版　开本：720×1000　1/16
2024年1月第五次印刷　印张：17 3/4
字数：355 000
定价：150.00元
（如有印装质量问题，我社负责调换）

前　　言

　　传感器技术是现代科技的前沿技术，是现代信息技术的重要支柱之一，近几十年来，微电子技术、计算机技术、通信技术的飞速发展，带动传感器技术发生着日新月异的变化。新型传感器不断地向着微型化、数字化、智能化、多功能化、系统化、网络化的方向发展，而传感器技术的发展又进一步推动了科学研究、工业技术和军事科技的发展。在实际应用中，通常把传感器和与之配套的信号变送、处理、转换、显示、存储、测量装置构成的整个系统称为"测量仪器"或"检测仪表"。

　　现代信息处理技术的不断发展，引起了仪器仪表结构的根本性变革。传统仪器仪表由于存在着功能单一、可靠性差、操作烦琐、维护量大、灵活性差、适用范围窄等不足，逐渐被更加先进的仪表构成方式取代，其中的虚拟仪器就是最有代表性的一种。虚拟仪器(virtual instrumention)是基于计算机的仪器，计算机和仪器的密切结合是目前仪器发展的一个重要方向。这种结合主要有两种方式：一种是将计算机装入仪器，从而形成智能化的仪器；另一种是将仪器装入计算机，以通用的计算机硬件及操作系统为依托，实现各种仪器功能。虚拟仪器主要是指后一种方式。虚拟仪器采用通用的硬件系统，各种仪器的构成和功能差异主要由软件决定。用户可以根据自己的需要定义和制造各种仪器。虚拟仪器系统可充分发挥计算机强大的数据处理能力，可以创造出功能多样、性能优良的测量仪器系统。目前，在这一领域内使用较为广泛的设计工具是美国国家仪器有限公司(NI)的LabVIEW。

　　LabVIEW是一种图形化的编程语言，作为一个标准的数据采集和仪器控制软件，它被工业界、学术界和研究实验室广泛接受。LabVIEW通过多样化的通信协议与数据采集设备连接，用功能丰富的库函数支持应用系统的开发和软件复用，图形化的设计风格提高了系统集成、人机界面设计的工作效率，相对统一的硬件构成减少了系统构成的复杂性，提高了系统安全性、可靠性。

　　本书尝试从工程应用的角度将两方面的知识点结合在一起，重点介绍虚拟仪器技术在工业测控技术中的应用。目的是使读者能够从实际工程应用的角度，了解虚拟仪器系统的设计方法。本书密切结合作者在工作中的经验，介绍常用的工业测量传感器，通过一些范例详细讲述LabVIEW软件的基本设计方法。在内容介绍中不求涉及面广，而侧重于基本功能和信号采集部分的详尽，以便于读者自我学习。

本书共两部分：第一部分由董爱华执笔，包含本书的第1~5章，内容为常用的工程检测传感器的原理和非电信号电测转换技术；第二部分由左锋执笔，包含本书的第6~9章，内容为LabVIEW设计基础，以及利用LabVIEW设计传感器信号测控系统的基本方法和若干实例。

除本书出版内容外，本书还提供配套的电子文档，包含本书第6~9章中的范例VI程序和练习中的VI设计内容的参考程序。电子文档保存于百度云盘(链接：http://pan.baidu.com/s/1jHNRHWU，口令：p124)。本书编程采用的LabVIEW版本较低，主要是考虑便于安装有不同版本LabVIEW软件的读者均可使用。无论LabVIEW版本高低，其基本设计方法的形式是相同的，采用LabVIEW 8.5作为编程环境，对使用LabVIEW版本在8.5及以上作为编程环境的读者，在尝试编写范例时影响不大。

本书编写过程中得到许多老师、学生的帮助，在此向他们表示诚挚的谢意。

由于作者水平有限，本书内容及范例编写难免存在疏漏之处，恳请读者批评指正。作者联系方式：zuofeng@dhu.edu.cn。

作 者

2018年1月

目　　录

第 1 章　传感器与检测技术的基本概念

本章介绍自动检测技术和传感器的基本知识，以及误差分析和数据处理、数字化测控中的信号处理等。

1.1　自动检测技术概述

1.1.1　自动检测技术的重要性

当今世界各学科领域对测量的定义不胜枚举，许多学科都从各自的角度赋予测量不同的含义，从工程检测的角度出发，定义测量的概念如下：测量是按照某种规律，用数据来描述观察到的现象，即对事物做出量化描述。测量是对非量化事物的量化过程，是人类认识事物本质的不可缺少的过程，是人类对事物获得定量概念以及事物内在规律的过程。

检测和测量基本是同义语，是利用各种物理、化学效应，选择合适的方法与装置，将生产、科研、生活等各方面的有关信息通过检查与测量的方法赋予定性或定量结果的过程。能够自动地完成整个检测处理过程的技术称为自动检测技术。

微电子技术、计算机技术、通信技术及网络技术的迅速发展，使电量的测量技术相应得到提高，而且使电量的测量具有测量精度高、反应速度快、能自动连续地进行测量、可以进行遥测、便于自动记录、可以与计算机方便地连接进行数据处理、可以采用微处理器做成智能仪表、能实现自动检测与转换等一系列优点。可是，在工程上所要测量的参数大多数为非电量，如机械量(位移、尺寸、力、振动、速度等)、热工量(温度、压力、流量、物位等)、成分量(化学成分、浓度等)和状态量(颜色、透明度、磨损量等)，因而促使人们用电测的方法研究非电量，即研究用电测的方法测量非电量的仪器仪表，研究如何能正确和快速地测得非电量的技术。

随着科学技术的飞速发展和工程技术的迫切需求，检测技术已越来越广泛地应用于工业、农业、国防、航空、航天、医疗卫生和生物工程等领域，在国民经济中起着极其重要的作用。在机械制造业中，需要测量位移、尺寸、力、振动、速度、加速度等机械量参数，利用非电量电测仪器，监视刀具的磨损和工件表面质量的变化，防止机床过载，控制加工过程的稳定性。此外，还可用非电量电测单元部件作为自动控制系统中测量反馈量的敏感元件(如光栅尺、容栅尺等),控制机床的行程、启动、停止和换向。随着电力系统朝着高电压、大容量的方向发展,保证电力设备的安全运行越来越重要,停电事故给国民经济和人们生活带来的影响和损失越来越大,如果不对生产过程的温度、压力、流量、物位等参数进行自动检测,生产过程就不能进行有效控制,甚至会影响生产安全,导致事故发生。在现代物流行业,如在控制搬运机器人作业过程中,需要实时地检测工件安放的位置参数,以便准确地控制执行机构工作,可靠地安放货物。在科学研究和产品开发中,将非电量电测技术应用于逆向设计和逆向加工,可缩短产品设计和开发的周期。在农业生产过程中,对土壤、种子和作物的质量分析,都是通过现代化的检测仪器系统完成的。例如,植物生长监控系统既可以监测植物的实时生长过程,又可以分析植物的长期生理特性,从而预算植物的生长趋势,并以报警形式反映植物是否受到干旱、高温等环境的影响。

综上所述,自动检测技术与人们的生产生活密切相关,它是自动化领域的重要组成部分。近几十年来,自动控制理论和计算机技术迅速发展,为了改变传感器技术相对落后的局面,许多国家已投入大量的人力、物力,发展各类新型传感器,自动检测技术在国民经济中的地位也日益提高。

1.1.2 传感器与自动检测系统的组成

1. 传感器的组成

在测量过程中一般都会用到传感器(transducer),或选用相应的变送器。国家标准是这样定义传感器的:能感受规定的被测物理量,并按照一定的规律转换成可用输出信号的器件或装置。传感器通常由敏感元件、转换元件和基本转换电路组成。

一般传感器是指借助于敏感元件接受某一物理量形式的被测量,并按一定规律将它转换成电量形式的器件或装置。传感器的输入 x 和输出 y 之间应有确切的函数关系,即

$$y = f(x) \tag{1-1}$$

图 1-1 中,敏感元件(sensor)对被测参数敏感,它的输出设为 z,z 有可能是一种不易处理的物理量形式,不一定能被后继的信号处理环节直接利用,此时就必须在敏感元件后配一相应的转换元件,该转换元件的输出一定是易于处理的、能被后继的环节所利用的信号。

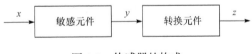

图 1-1 传感器的构成

　　易于处理的、能被后继环节所利用的信号形式有很多种类，其中电量信号(如电压、电流、电阻等)是最常用的信号形式。电量信号具有精度高、动态响应快、易于运算放大、易于远距离传输、易于和计算机接口等许多其他信号所没有的优点。所以人们往往有目的地选用或研发能输出电信号的转换元件来和敏感元件配合，从而使传感器输出信号 y 成为电信号。

　　当以测量为目的，以一定精度把被测量转换成与之有确定关系的、易于处理的电量信号输出时，常常称其为"非电量的电测量技术"。

　　如果进一步对此输出信号进行处理,转换成标准统一信号(如直流 4~20mA 电流，或 1~5V 电压，或其他国家标准规定的信号等)时，此时的传感器一般称为变送器。

　　随着当今信息处理技术取得的进展以及微处理器和计算机技术的高速发展，传感器的开发也日新月异。微处理器现在已经在测量和控制系统中得到了广泛的应用。随着这些测控系统能力的增强，作为信息系统的前端，传感器的作用越来越重要。传感器已成为自动化控制系统和机器人技术中的关键部件，其重要性正变得越来越明显。

　　2. 自动检测系统的组成

　　在自动检测系统中，各组成部分常以信息流的过程划分，一般可分为：信息的提取、转换处理和输出几部分。它先要获取被检测的信息，把它变换成电量，然后把已转换成电量的信息进行放大、整形等转换处理，再通过输出单元(如指示仪和记录仪)把信息显示出来，或者通过输出单元把已处理的信息送到控制系统其他单元使用，成为控制系统的一部分等，其组成框图如图 1-2 所示。

图 1-2　自动检测系统的组成

　　在检测系统中，传感器负责把被测非电量转换成与之有确定对应关系，且便于应用的某些物理量(通常为电量)的检测装置。传感器获得信息的正确与否，关系到整个检测系统的精度，如果传感器的误差很大，即使后续检测电路等环节精度很高，也难以提高检测系统的精度。

　　测量电路的作用是把传感器的输出信号变换成电压或电流信号，使之能在输出单元的指示仪上指示或记录仪上记录；或者能够作为控制系统的检测及反馈信号。测量电路的种类通常由传感器类型而定，如电阻式传感器需用一个电桥电路把电阻值变换成电流值或电压值输出，因为电桥输出信号一般比较微弱，常常要将电桥输出信号加以放大，所以在测量电路中一般还带有放大器。

输出单元可以是指示仪、记录仪、计数器、累加器、报警器、数据处理电路等。若输出单元是指示仪或记录仪，则该测试系统为自动检测系统；若输出单元是计数器或累加器，则该测试系统为自动计量系统；若输出单元是报警器，则该测试系统为自动保护系统或自动诊断系统；若输出单元是数据处理电路，则该测试系统为部分数据分析系统，或部分自动管理系统，或部分自动控制系统。

由图 1-2 可知，传感器是自动检测系统中的一部分，工程上往往称传感器、变送器为"一次仪表"，称输出单元的装置及仪表为"二次仪表"。各种检测仪表的用途、名称、型号、性能虽然各不相同，但差别仅在于仪表的前端，即传感器和测量线路有所不同，输出单元所用的仪器部分及其设计方法基本是相同的。

3. 传感器分类

传感器是一门知识密集型技术。传感器的原理各种各样，它与许多学科有关，种类繁多，分类方法也很多，目前广泛采用的分类方法有以下几种。

(1) 按传感器的工作机理，可分为物理型、化学型、生物型等。

(2) 按传感器的构成原理，可分为结构型和物性型两大类。

结构型传感器是根据物理学中有关场的定律构成的，包括力场的运动定律、电磁场的电磁定律等。这类传感器的特点是传感器的性能与其结构材料没有多大关系。

物性型传感器是利用物质定律构成的，如欧姆定律等。物性型传感器的性能随材料的不同而异，如光电管、半导体传感器等。

(3) 按传感器的能量转换情况，可分为能量控制型传感器和能量转换型传感器。

能量控制型传感器在信息变换过程中，其能量需外电源供给。例如，电阻、电感、电容等电路参量传感器都属于这一类传感器。

能量转换型传感器主要由能量变换元件构成，不需要外电源。例如，基于压电效应、热电效应、光电效应、霍尔效应等原理构成的传感器属于此类传感器。

(4) 按传感器的物理原理，可分为电参量式传感器(包括电阻式、电感式、电容式等基本形式)、磁电式传感器(包括磁电感应式、霍尔式、磁栅式等)、压电式传感器、光电式传感器、气电式传感器、波式传感器(包括超声波式、微波式等)、射线式传感器、半导体式传感器、其他原理的传感器(如振弦式和振筒式等)。

(5) 按传感器测量的对象分类，可分为位移传感器、压力传感器、振动传感器、温度传感器等。

1.1.3　测量方法及其分类

一般所说的测量，其含义是用实验方法去确定一个参数的量值。量值包括"数值"和"单位"两个含义,缺一不可。测量就是通过实验,把一个被测参数的量值(被测量)和作为比较单位的另一个量值(标准)进行比较,确定出被测量的大小和单位。所以测量是以确定量值为目的的一组操作。通过测量可以掌握被测对象的真实状态,测量是认识客观量值的唯一手段。

在测量中,把作为测量对象的特定量,也就是需要确定量值的量,称为被测量。由测量所得到的赋予被测量的值称为测量结果。如果测量结果是一次测量的量值,也称为测得值。

1. 按测量值获得的方法分类

按数据获得的形式,可将测量分为直接测量、测量和组合测量 3 种方法。

1) 直接测量

把被测量与作为测量标准的量直接进行比较,得到被测量的大小和单位,并可以表示为

$$y = x \tag{1-2}$$

式中,y 为被测量的量值;x 为标准的器具所给出的量值。

直接测量的特点是简便,例如,用直尺或卷尺量出一根铜管的长度。

2) 间接测量

被测量不直接测量出来,是通过与它有一定函数关系的其他量的测量来确定。设被测量为 y,影响测量结果 y 的影响量为 x_i,则可写出测量模型为

$$y = f(x_1, x_2, \cdots, x_n) \tag{1-3}$$

例如,要确定功率 P 值,则可按公式 $P = I^2 R$ 求得。式中,I 是电流,R 是电阻,该电阻与温度 t 有确切的函数关系 $R = R_0[1 + \alpha(t-t_0)]$。显然在系数 α 是常数的情况下,只要通过对电流 I、电阻 R_0 以及温度 t 的测量,就能确定出功率 P,即

$$P = f(I, R_0, t)$$

3) 组合测量

有时不少参数是无法用直接测量或间接测量来获取的,如金属材料的热膨胀系数 α、β。为此可以利用直接测量或间接测量这两种方法测量其他一些参数,然后用求解方程的方法求出 α、β。

金属材料的热膨胀公式为

$$L_x = L_0(1 + \alpha t + \beta t^2)$$

当 $t = 0℃$ 时,测得 L_0;当 $t = t_1$ 时,测得 L_{t1};同理,当 $t = t_2$ 时,测得 L_{t2}。可得下列联立方程组:

$$
\begin{cases}
L_{t1} = L_0(1 + \alpha t_1 + \beta t_1^2) \\
L_{t2} = L_0(1 + \alpha t_2 + \beta t_2^2)
\end{cases}
$$

建立联立方程组后再求解联立方程可得到系数 α、β 的量值，这就是组合测量方法。

2. 按测量工具来分类

按测量工具来分可分为 3 种。

1) 偏差法

在测量过程中，用仪表指针的位移(即偏差)来表示被测量的大小。这种测量方法是通过被测量对检测元件的作用，使仪表指针产生位移，再利用位移与仪表刻度标尺比较获得测量结果。仪表的刻度标尺是通过标准器具标定确定的。这种测量方法简单快速，但其测量精度受到标尺的精度影响，一般不是很高。偏差法是最基本的方法，指针式电压表、电流表、弹簧秤、游标卡尺等都是利用偏差法来获得测量值的。

2) 零位法

零位法也称补偿式或平衡式测量方法。在测量过程中，被测量与已知标准量进行比较。并调节标准量使之与被测量相等，通过达到平衡时指零仪表的指针回到零来确定被测量与已知的标准量相等。这种测量方法的精度一般比微差法要高许多，其误差主要受标准量误差的影响。一个典型的例子就是用天平称物，砝码就是标准量。它的缺点是每次测量要花很长时间。

3) 微差法

微差法综合了偏差法和零位法的优点，将被测量的标准量与已知的标准量进行比较，得到基准值，再用偏差式测量方法测出指针偏离零值的差值。因为此差值很小，即使差值测量的精度不高，但整体测量结果仍可以达到较高的精度。仍用天平称物为例，先增减砝码，在指针回零过程中，一旦指针已落在零值左右的刻度之内，就不再调节砝码(所花时间不会很多)。然后在获知砝码基准值的基础上再根据指针的偏差进行修正(加或减)，就能获得准确的数值。

1.1.4 测量系统或仪表的基本技术性能和术语

测量系统或仪表的性能指标包括静态性能、动态性能、可靠性和经济性等，本书主要讨论和介绍静态性能中常用的技术性能和术语，如准确度、稳定性和输入输出特性等。我国已根据国际上有关文件制定出国家计量技术规范《通用计量术语及定义》(JJF 1001—2011)，在自动化仪表方面对于一些常用术语也做了相应的规范，在应用时要确切理解其含义，只有评价的指标和含义一致时才能进行相互比较。

1. 测量范围和量程

测量范围是指"测量仪器的误差处在规定极限内的一组被测量的值"，即最小被测量(下限)到最大被测量(上限)。也就是说,在这个测量范围内(从最小到最大)，测量仪表能保证达到规定的精密度和准确性。

量程是指测量范围的上限值和下限值的代数差。例如，一台温度测量仪的测量范围为 0～100℃时，量程为 100℃；测量范围为 20～100℃时，量程为 80℃；测量范围为-20～100℃时，量程为 120℃。

2. 测量仪表的误差

1) 测量仪表的示值误差

测量仪表的示值就是测量仪表所给出的量值,测量仪表的示值误差定义为"测量仪表的示值与对应输入量的真值之差"。由于真值不能确定，实际上用的是约定真值或相对真值，即用更高精度级别的仪表的示值作为参考标准来代替真值。在不易与其他称呼混淆时，测量仪表的"示值误差"就直接简称为测量仪表的误差。

2) 测量仪表的最大允许误差

测量代表的最大允许误差定义为"对给定的测量仪表，规范、规程等所允许的误差极限值"。有时也称为测量仪表的允许误差限，或简称允许误差。

3) 测量仪表的固有误差

测量仪表的固有误差定义为"在参考条件下确定的测量仪器的误差"。固有误差通常也可称为基本误差，它是指测量仪器在参考条件(又叫标准条件)下确定的测量仪表本身所具有的误差。其主要来源于测量仪表自身的缺陷，如仪表的结构、原理、使用条件、安装位置、测量方法等造成的误差。固有误差的大小直接反映了该测量仪表的准确度，它与后面讲述的系统误差有关联。

4) 附加误差

附加误差是指测量仪表在非标准条件时所增加的误差，非标准条件下工作的测量仪表的误差，必然会比标准条件下的固有误差要大一些，这个增加部分就是附加误差。它主要是由于影响量超出参考条件规定的范围，即由于外界因素的变化所造成的增加的误差。因此，测量仪表实际使用时若与检定、校准时的环境条件不同，必然会增加误差，如测量中经常出现的温度附加误差、压力附加误差等。测量仪表在静态条件下检定、校准，而在实际动态条件下使用，则也会带来附加误差。显然易见，固有误差这一术语是相对于附加误差而言的。

3. 稳定性

稳定性是指测量仪表在规定工作条件保持恒定时，其性能在规定时间内保持不变的能力，即"测量仪表保持其计量特性随时间恒定的能力"。稳定性可以用几种方式定量表示，例如，用测量特性变化某个规定的量所经过的时间；或用测量特性经规定的时间所发生的变化。

4. 重复性与再现性

在相同测量条件下，重复测量同一个被测量，测量仪表提供相近示值的能力称为测量仪表的重复性。这些条件应包括相同的测量程序、相同的观测者、在相同条件下使用相同的测量设备、相同的地点、在短时间内的重复。仪表的重复性是用全测量范围内各输入值所测得的最大重复性误差来确定，以量程的百分数表示。

再现性是指相同的测量条件下，在规定的时间内(一般为较长时间)，对同一输入值从两个相反方向上重复测量的输出值之间的相互一致程度。仪表的再现性由全测量范围内同一输入值重复测量的相应上升和下降的输出值之间的最大差值确定，并以量程的百分数表示。

5. 测量仪表的输入、输出特性

1) 灵敏度

灵敏度(sensitivity)表示测量仪表对被测量变化的反应能力，定义是"测量仪表响应的变化除以对应的激励变化"：

$$S = \frac{\Delta y}{\Delta x} = K \tag{1-4}$$

式中，Δy 为测量仪表响应的变化；Δx 为对应激励的变化。也可理解为 Δy 为输出量的变化；Δx 为输入量的变化。对于线性测量仪表，S 为常数 K，对于非线性测量仪表，S 将随被测量的大小而变化，如图 1-3 所示。

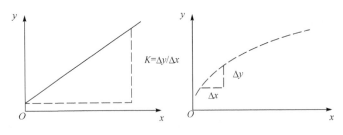

图 1-3　仪表灵敏度

2) 分辨力

显示装置的分辨力(resolution)的定义是"显示装置能有效辨别的最小的视值差"。就是能引起输出量发生变化时输入量的最小变化量Δx_{min}。它说明了测量系统响应与分辨输入量微小变化的能力。分辨力也称为灵敏阈或灵敏限。

一个测量系统的分辨力越高,表示它所能检测出的输入量的最小变化量越小。对于数字测量系统,其输出显示系统的最后一位所代表的输入量即为该系统的分辨力;对于模拟测量系统,是用其输出指示标尺最小刻度分度值的一半所代表的输入量来表示其分辨力。

3) 死区

死区(deadzone)也称仪表的不灵敏区。测量仪表在测量范围的起点处,输入量的变化不致引起该仪表输出量有任何可察觉的变化的有限区间称为死区。产生死区的原因主要是仪表内部元件间的摩擦和间隙。在仪表设计中,死区的存在,也有其积极的一面,它可以防止激励的极微小变化引起响应的变化。

4) 回差

回差(hysteresis error of instrument)也称仪表的变差。定义是"由于施加激励的方向不同(上行程或下行程,又称正行程或反行程),测量仪表对同一激励值给出不同响应值的特征"。即在仪表全部测量范围内,被测量值上行和下行所得到的两条特性曲线之间的最大偏差,见图1-4。这种现象是由仪表元件吸收能量造成的,如机械部件的摩擦、磁性元件的磁滞损耗、弹性元件的弹性滞后等。回差包括滞环和死区的因素。

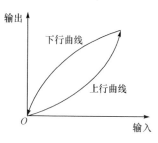

图 1-4　回差

6. 仪表测量的精度等级

任何测量过程都存在测量误差。进行测量时,不仅需要知道仪表的示值,还要知道测量结果的精确程度,这就涉及仪表的精度问题。有关测量仪表或测量系统的精度问题涉及许多概念,以下逐一进行说明。

1) 精密度

在等精度测量条件下多次测量所获得的结果不会完全相同,它们总是围绕在真值周围,呈一定的弥散性。测量值弥散程度小,即紧紧地围绕在真值周围,表明精密度高。精密度表征测量过程中随机误差的影响程度。

2) 准确度

多次测量所获得的测量值有时会朝同一方向偏离真值。偏离程度大,测量仪表的准确度就低;反之,准确度就高。准确度表征了测量过程中系统误差的影响程度。

3) 精确度(也常简称为精度)

精确度综合了精密度和准确度的概念，即完整表征了上述两种误差。测量精确度高，指随机误差与系统误差都比较小，这时测量数据比较集中在真值附近。测量精确度的定义是"测量结果与被测量真值之间的一致程度"。显然该定义是一个定性的概念。仪表精确度如何定量来描述呢？

设 J 为最大引用误差，Δ 为绝对误差，即仪表示值和实际真值之差，显然绝对误差 Δ 包含了随机误差、系统误差以及其他误差等对测量示值的共同影响。Δ_{max} 为在整个测量范围内仪表最大的绝对误差，有

$$J = \frac{\Delta_{max}}{\text{仪表的量程}} \times 100\% \tag{1-5}$$

显然 J 是一个定量概念，一旦最大引用误差 J 计算出来，这台仪表在整个测量范围内其相对误差一定小于等于 J，这台仪表的实际精确度也就有了定量的描述。

4) 仪表的精度等级

仪表精度的国家标准分为若干等级，定量反映测量仪表的精确度。我国的自动化仪表精度等级有下列几种：0.005、0.02、0.05、0.1、0.2、0.5、1.0、1.5、2.5、4.0 等。

一般工业仪表精度等级为 0.5～4.0 级。仪表的精度等级通常都用一定的形式标志在仪表的刻度标尺上，如一台仪表精度等级为 1.0 级，就在数字 1.0 外加一个圆圈或三角形，如标志 ⑴.⁰ △1.0 表明这台仪表的相对误差小于或等于 1%。

5) 仪表的精度等级和精确度的关系

仪表的精度等级表示仪表精确度的上限，由精度等级和仪表量程可确定测量中的最大绝对误差。

例如，某压力表的量程为 10MPa，在整个测量范围内仪表最大的绝对误差 Δ_{max} 的大小为±0.03MPa，则仪表的最大引用误差 $J=(\pm0.03/10) \times 100\%=\pm0.3\%$。因为国家规定的精度等级中没有 0.3 级仪表，所以该仪表的精度等级应定为 0.5 级。换言之，这台仪表若送有关计量部门校验的话，必定标定为国家精度等级 0.5 级。

又例如，一台量程为 10MPa、国家精度等级为 0.5 级的压力表，在实际测量中，这台仪表的最大引用误差 J 必定小于等于 0.5%，即不会大于 0.5%。已知一台仪表的精度等级，该仪表的最大允许误差即允许误差限也就限定住了，最大的绝对误差也限定住了，本例 Δ_{max} 必定小于等于±0.05MPa。

6) 线性度

线性度(linearity)又叫非线性误差，用于反映仪表实际输入输出特性曲线与理

想线性输入输出特性曲线的偏离程度，见图 1-5。仪表的线性度用实测输入输出特性曲线与理想拟合直线之间的最大偏差值 Δ_{max} 与量程之比的百分数来表示。实际上，由于各种原因，测量系统输入与输出之间很难做到完全线性。

7) 响应特性及响应时间

响应特性是指在确定条件下，激励与对应响应之间的关系，如热电偶的电动势与温度的函数关系。这种关系可以用数学等式、数值表或图表示。响应时间是指激励受到规定突变的瞬间，与响应达到并保持其最终稳定值在规定极限内的瞬间，这两者之间的时间间隔。

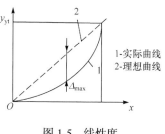

1-实际曲线
2-理想曲线

图 1-5　线性度

1.2　测量误差概述

1.2.1　测量误差的客观存在

在工程技术及科学研究中，为确定某一参数(被测量)的量值进行测量时，总是希望测得的数值越准确越好，希望测量结果就是被测量的真实状态，是真值。随人们认识的提高、经验的积累以及科学技术的发展，被测量的测量结果会越来越逼近真值，但不会完全相等，因为测量中的误差是客观存在的。

测量误差可能由多个误差分量组成。引起测量误差的原因通常包括：测量装置的基本误差；非标准工作条件下所增加的附加误差；所采用的测量原理以及根据该原理在实际测量中运用和操作的不完善引起的方法误差；标准工作条件下，被测量随时间的变化而变化；影响量(不是被测量，但对测量结果有影响的量)引起的误差；与操作人员有关的误差因素；等等。

被测量的真值只有通过完善的测量，在理想状态下才可能获得，因此，真值按其本性来讲是不确定的，往往用"约定真值"来代替。约定真值有时称为指定值、约定值或参考值。常用被测量的多次测量结果来确定"约定真值"。

测量结果是由测量所得到的值来赋予被测量的,因此它仅是被测量的估计值,很多情况下它必须在多次重复观测的情况下才能确定。单次测量所得到的量值,它是确定的,此测量结果常称为"测得值"。例如,要测量工程爆破后的一些参数,它们只能测量一次。

下面的一些术语就是用来描述客观存在的误差的。

1. 真值 y_0

真值是一个变量本身所具有的真实值，它是一个理想的概念，即在理想条件下的理论数据，例如，地球上的重力加速度 $9.8m/s^2$，一般是无法直接测量到的。所以在计算误差时，一般用"约定真值"或"相对真值"来代替。约定真值是一个接近真值的值，它与真值之差可忽略不计。实际测量中在没有系统误差的情况下，以足够多次的测量值的平均值作为约定真值。相对真值是指用国家精度等级更高的仪器作为标准仪器来测量被测量，它的示值可作为低一级仪表的真值(相对真值有时称为标准)。

2. 绝对误差

设仪表的输出即示值为 y，它就是测量结果，真值为 y_0，则测量误差 Δy 为

$$\Delta y = y - y_0 \tag{1-6}$$

即测量误差是测量结果减去被测量的真值。它是有正、负号和量纲的。误差 Δy 越小，表明测量结果 y 逼近被测量的真值 y_0 的程度越高，即测量的精确度越高。我们将 Δy 称为绝对误差，它的量纲和被测量相同。

3. 相对误差

为了能够反映测量工作的精细程度，常用测量误差除以被测量的真值，即用相对误差来表示误差大小。相对误差具有正号或负号，无量纲，用%表示。由于真值不能确定，实际上是用"约定真值"来代替。在测量中，相对误差常有以下3种表示方法。

1) 实际相对误差

$$\delta_{实} = \frac{\Delta y}{y_0} \times 100\% \tag{1-7}$$

式中，y_0 为真值，指被测量的实际值，客观存在的量。常常用精度等级更高的仪表测量所获得的值(称相对真值或标准值)来代表它(绝对误差 Δy 参见式(1-6))。

2) 标称相对误差(又称示值相对误差)

$$\delta_{标} = \frac{\Delta y}{y} \times 100\% \tag{1-8}$$

式中，y 是被测量的标称值(即示值)。

为了减少测量中的示值相对误差，在选择仪器仪表的量程时，应该使被测参数尽量接近满度值，至少要一半以上。这样标称相对误差(示值相对误差)会比较小。

3) 满度相对误差(又称引用相对误差)

$$\delta_{引} = \frac{\Delta y}{量程} \times 100\% \tag{1-9}$$

式中，量程是仪表刻度上限与仪表刻度下限之差，对于用零作为仪表刻度始点的仪表，量程即为仪表的刻度上限值。对于多挡仪表，"引用相对误差"需要按每挡的量程不同而各自计算。另外，在量程范围里不同的测量点上，绝对误差 Δy 不会完全相同，故引用相对误差也不会处处相同。取最大的绝对误差，便可求出最大的引用误差 J。

例 1-1　一个满度值为 5A、精度等级为 1.5 级的电流表。检定过程中发现电流表在 2.0A 刻度处的绝对误差最大，且 $\Delta_{max} = +0.08A$。问此电流表精度等级是否合格？

解　按式(1-9)，求此电流表的最大引用误差 J：

$$J = \delta_{引|max} = \frac{\Delta y_{max}}{量程} \times 100\% = \frac{0.08}{5} \times 100\% = 1.6\%$$

即该表的误差超出 1.5 级表的允许值。所以该表的精度不合格；但该表的最大引用误差小于 2.5 级表的允许值，若其他性能合格，可降为 2.5 级表使用。

例 1-2　测量一个约 80V 的电压，现有两台电压表：一台量程 300V、0.5 级；另一台量程 100V、1.0 级。问选用哪一台为好？

解　若使用 300V、0.5 级表：按式(1-8)，求出其可能的最大标称相对误差为

$$\delta_{标} = \frac{\Delta y}{y} \times 100\% = \frac{300 \times 0.5\%}{80} \times 100\% \approx 1.88\%$$

若使用 100V、1.0 级表：其可能的最大标称相对误差为

$$\delta_{标} = \frac{\Delta y}{y} \times 100\% = \frac{100 \times 1.0\%}{80} \times 100\% = 1.25\%$$

可见，1.0 级的仪表没有 0.5 级的仪表精度等级高，但由于仪表量程的原因，具体测量一个约 80V 的电压，选用 1.0 级表测量的精度反而比选用 0.5 级表高。结论是选用 100V、1.0 级的表为好。

此例说明，选用仪表时不应只看仪表的精度等级，还应根据被测量的大小综合考虑仪表的等级与量程。

1.2.2　误差的分类

按照误差出现的规律，可把误差分为系统误差、随机误差(也称为偶然误差)和粗大误差(也称粗差)三类。

1. 随机误差

在同一测量条件下，多次测量同一量值时，绝对值和符号以不可预知的方式变化的误差称为随机误差。

随机误差是由很多复杂因素的微小变化的总和引起的，如仪表中传动部件的间隙和摩擦、连接件的弹性变形、电子元器件的老化等。随机误差具有随机变量的一切特点，在一定条件下服从统计规律，可以用统计规律描述，从理论上估计对测量结果的影响。

就一次测量来说，随机误差的数值大小和符号难以预测，但在多次重复测量时，其总体服从统计规律。从随机误差的统计规律中可了解到它的分布特性，并能对其大小及测量结果的可靠性等做出估计。

在我国计量技术规范《通用计量术语及定义》中，随机误差的定义是：随机误差 δ_i 是测量结果 x_i 与在重复条件下对同一被测量进行无限多次测量所得结果的平均值 $\bar{x}$ 之差，即

$$\delta_i = x_i - \bar{x} \tag{1-10}$$

$$\bar{x} = \lim_{n \to \infty} \frac{1}{n} \sum_{i=1}^{n} x_i \tag{1-11}$$

随机误差是测量值与数学期望之差，它表明了测量结果的弥散性，经常用随机误差来表征测量精密度的高低。随机误差越小，精密度越高。

因为在实际工作中，不可能进行无限多次测量，只能进行有限次测量，因此，实际计算出的随机误差也只是一个近似的估计值。

2. 系统误差

在相同测量条件下，多次重复测量同一量值时，测量误差的大小和符号都保持不变，或在测量条件改变时按一定规律变化的误差，称为系统误差，简称系差。前者为不变的系差，后者为变化的系差。例如，零位误差属于不变的系差；测量值随温度变化产生的误差属于变化的系差。

一般可以通过实验或分析的方法，找到系统误差的变化规律及产生的原因，使之能够对测量结果加以修正。或者采取一定措施，改善测量条件和改进测量方法等，使系统误差减小，从而得到更加准确的测量结果。但是系统误差及其原因不能完全获知，因此通过修正值对系统误差只能有限程度的补偿，而不能完全排除系统误差。

在我国计量技术规范《通用计量术语及定义》中，系统误差 ε 的定义是：在相同测量条件下，对同一被测量进行无限多次重复测量所得结果的平均值 A 与被

测量的真值 A_0 之差，即

$$\varepsilon = A - A_0 \tag{1-12}$$

式中，A 按式(1-11)计算。

系统误差表明了测量结果偏离真值或实际值的程度。系统误差越小，测量就越准确。所以，系统误差经常用来表征测量准确度的高低。

由于实际工作中，重复测量只能进行有限次，所以，系统误差也只能是一个近似的估计值。

3. 粗大误差

在相同的条件下，多次重复测量同一量时，明显地歪曲了测量结果的误差，称粗大误差，简称粗差。粗大误差是疏忽大意、操作不当或测量条件的超常变化引起的。含有粗大误差的测量值称为坏值，所有的坏值都应去除，但不是凭主观随便去除，必须科学地舍弃。正确的实验结果不应该包含粗大误差。

三种误差同时存在及其综合表现可以用打靶的例子加以说明，见图 1-6。由各自误差的定义可知，系统误差、随机误差和粗大误差是三种产生原因不同、性质完全不一样的测量误差。图 1-6(a)所示的三种误差都有，而且系统误差以及随机误差都很大，右下角的一枪即为粗大误差；图 1-6(b)所示的系统误差很大而随机误差很小；图 1-6(c)所示的系统误差与随机误差都较小。

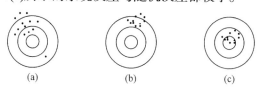

图 1-6　三种误差同时存在及其综合表现

1.2.3　随机误差的处理

1. 随机误差的正态分布特点

随机误差的特点是这类误差的数值和符号就其个体而言是没有规律的，以随机方式出现，但就其总体而言是服从统计规律的。对同一被测量进行无限多次重复性测量时，所出现的随机误差绝大多数是服从正态分布的。

设在重复条件下对某一个量 x 进行无限多次测量，得到一系列测得值 $x_1, x_2, \cdots,$ x_n，则各个测得值出现的概率密度分布可由下列正态分布的概率密度函数来表达：

$$f(x) = \frac{1}{\sigma\sqrt{2\pi}} e^{\frac{-(x-L)^2}{2\sigma^2}} \tag{1-13}$$

该数学表达式中的 L 为真值。如果令误差为 $\delta = x - L$，则式(1-13)可改写为

$$f(\delta) = \frac{1}{\sigma\sqrt{2\pi}}e^{\frac{-\delta^2}{2\sigma^2}} \tag{1-14}$$

式中，参数 σ 称为标准偏差，是对一个被测量进行无限多次测量时，所得的随机误差的均方根值，也称均方根误差，即

$$\sigma = \lim_{n \to \infty}\sqrt{\frac{1}{n}\sum_{i=1}^{n}(x_i - L)^2} = \lim_{n \to \infty}\sqrt{\frac{1}{n}\sum_{i=1}^{n}\delta_i^2} \tag{1-15}$$

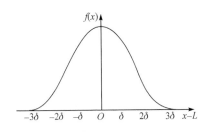

图 1-7　正态分布曲线

函数 $f(x)$ 或 $f(\delta)$ 的曲线可参见图 1-7，称为正态分布的随机误差。

2. 正态分布的随机误差的特性

由图 1-7 不难看出，正态分布的随机误差具有 4 个特性：①绝对值相等的正、负误差出现的概率相同(对称性)；②绝对值很大的误差出现的概率接近于零，即误差的绝对值有一定的实际界限(有界性)；③绝对值小的误差出现的概率大，而绝对值大的误差出现的概率小(单峰性)；④由于随机误差具有对称性，在叠加时有正负抵消的作用(抵偿性)，即在 $n \to \infty$ 时，有

$$\lim_{n \to \infty}\sum_{i=1}^{n}\delta_i = 0 \tag{1-16}$$

当测量次数无限多时，误差的算术平均值更趋近于零

$$\lim_{n \to \infty}\frac{1}{n}\sum_{i=1}^{n}\delta_i = 0 \tag{1-17}$$

3. 被测量真值的最佳估计值

假设在无系统误差及粗差的前提下，对某一被测量进行测量次数为 n 的等精度测量(等精度测量是指在相同条件下，用相同的仪器和方法，由同一测量者以同样细心的程度进行多次测量)，得到有限多个数据 $x_1, x_2, \cdots, x_n$。通常把这些测量数据的算术平均值 $\bar{x}$ 作为被测量真值 L 的最佳估计值，即

$$\bar{x} = \frac{1}{n}\sum_{i=1}^{n}x_i \tag{1-18}$$

其理由有如下两点：

(1) 利用式(1-16)和式(1-17)可以证明，当测量次数 $n \to \infty$ 时，各测量结果的

算术平均值 $\bar{x}$(即测量值的数学期望)等于被测量的真值 L,即

$$\bar{x} = \lim_{n \to \infty} \frac{1}{n} \sum_{i=1}^{n} x_i = L \tag{1-19}$$

(2) 虽然 n 不可能为无穷大,即 $\bar{x}$ 不可能就是真值,但可以证明,以算术平均值代替真值作为测量结果,其残差的平方和可达到最小值。设 υ 为残差(又叫剩余误差),有

$$\upsilon_i = x_i - \bar{x} \tag{1-20}$$

$$\sum_{i=1}^{n} (x_i - \bar{x})^2 = \sum_{i=1}^{n} \upsilon_i^2 = \min \tag{1-21}$$

以上两点理由告诉我们一个事实,即 $\bar{x}$ 是被测量真值的最佳估计值。

4. 标准偏差 σ 的估算

理论上对一个被测量进行无限多次测量时,所得的随机误差的均方根值为 σ。在实际测量中,只能做到有限次测量,而真值要用约定真值,即用它的最佳估计值,多次测得值的算术平均值 $\bar{x}$ 来代替,所以在很多情况下是无法用式(1-15)来计算 σ 的。数学家贝塞尔为此推导出标准偏差的估算公式,即

$$\sigma = \sqrt{\frac{1}{n-1} \sum_{i=1}^{n} (x_i - \bar{x})^2} = \sqrt{\frac{1}{n-1} \sum_{i=1}^{n} \upsilon_i^2} \tag{1-22}$$

5. 标准偏差 σ 的作用

由标偏准差的定义可知,标准偏差 σ 的大小表征了 x_i 的弥散性,确切地说是表征了它们在真值(实际用 $\bar{x}$ 代替)周围的分散性。由图 1-8 可以看出,σ 越小,分布曲线越尖锐,意味着小误差出现的概率越大,而大误差出现的概率越小,表明测量的精密度高,测量值分散性小。标准偏差 σ 的大小取决于具体的测量条件,即仪器仪表的精度、测量环境以及操作人员素质等。

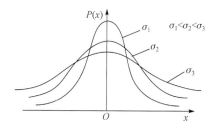

图 1-8　不同大小的 σ 对应的随机误差分布

6. 算术平均值 $\bar{x}$ 的标准偏差 σ_x

如前所述,对于有限次等精度测量,可以用有限个测量值的算术平均值作为测量结果。尽管算术平均值是被测真值的最佳估计值,但由于实际的测量次数有限,算术平均值毕竟还不是真值,它本身也含有随机误差,就是说如果分

几组测量某一参数，那么就有几个 $\bar{x}$ ，它们也分散在真值周围。假如各观测值遵从正态分布，则算术平均值也是遵从正态分布的随机变量。算术平均值在真值周围的弥散程度可用算术平均值的标准偏差 $\sigma_{\bar{x}}$ 来表征。可以证明，算术平均值的标准偏差为

$$\sigma_{\bar{x}} = \frac{\sigma}{\sqrt{n}} \tag{1-23}$$

式中，$\sigma_{\bar{x}}$ 为算术平均值的标准偏差(也称为测量结果的标准偏差)；σ 为单次测量的标准偏差(可用式(1-22)来计算)；n 为单次的测量次数。

　　由式(1-23)可以看出，算术平均值的标准偏差 $\sigma_{\bar{x}}$ 比单次测量的标准偏差 σ 小 $\sqrt{n}$ 倍。因此，只要 $n \geqslant 2$，$\bar{x}$ 围绕在真值周围的弥散程度远小于单次的测量值 x_i。

用 $\bar{x}$ 作为测量结果比某单次测量值 x_i 具有更高的精密度。测量次数 n 越多，$\delta_{\bar{x}}$

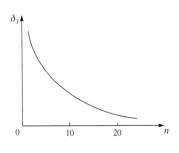

图1-9　精密度与测量次数的关系

越小，测量结果的精密度也越高。但是由于 $\delta_{\bar{x}}$ 与测量次数 n 的平方根成反比，故精密度提高的速率随着 n 的增加而越来越慢(图1-9)。

　　因此，在实际测量中，一般取 n 为 10～30 次即可，考虑到计算机使用二进制，n 可取 8、16 或 32。有时次数如果过多，引起操作人员的疲劳，随机误差反而增大。即使特殊精密的测量也很少超过 100～200 次。

例1-3　甲、乙两人分别用不同的方法对同一电感进行多次测量，结果如下(均无系统误差及粗差)。

　　甲 x_{ai}(mH)：1.28，1.31，1.27，1.26，1.19，1.25

　　乙 x_{bi}(mH)：1.19，1.23，1.22，1.24，1.25，1.20

试根据测量数据对他们的测量结果进行粗略评价。

解　按式(1-18)分别计算两组算术平均值，得

$$\bar{x}_a = 1.26 \text{mH}$$

$$\bar{x}_b = 1.22 \text{mH}$$

按式(1-22)分别计算两组测量数据的单次测量的标准偏差 σ，得

$$\sigma_a = \sqrt{0.0016} = 0.04$$

$$\sigma_b = \sqrt{0.00054} = 0.023$$

按式(1-23)分别计算两组测量数据的算术平均值的标准偏差，得

$$\sigma_{\bar{x}_a} = \frac{1}{\sqrt{6}}\sqrt{0.0016} = 0.0163$$

$$\sigma_{\overline{x}_b} = \frac{1}{\sqrt{6}}\sqrt{0.00054} = 0.0095$$

可见两人测量次数虽相同，但算术平均值的标准偏差乙比甲要小很多，表明乙所进行的测量其精度高于甲。

1.2.4　测量结果的置信度

1. 置信区间与置信系数

在依据有限次测量结果计算出被测量真值的最佳估计值和标准偏差的估计值后，还需进一步评价这些估计值可信赖的程度——置信度。

随机变量的置信度通常用随机变量落于某一区间(称"置信区间")的概率(称"置信概率")来表示。如前所述，测量数据 x 属随机变量，测量数据的数学期望 $M(x)$ 与测量数据 x_i 的差 $\delta = x - M(x)$ 也为随机变量，随机误差 δ 的绝对值小于给定的任一小量 a 的概率为

$$p_k = p\{|\delta| \leqslant a\} = p\{|x - M(x)| \leqslant a\} \tag{1-24}$$

式中，数学期望 $M(x)$ 的定义为

$$M(x) = \lim_{n \to \infty}\left(\frac{1}{n}\sum_{i=1}^{n} x_i\right) \tag{1-25}$$

区间 $[M(x)-a, M(x)+a]$、$[-a, +a]$ 分别表示测量数据 x 和随机误差 δ 的取值范围，分别称为随机变量 x、δ 的置信区间，随机变量 x 落入置信区间 $[M(x)-a, M(x)+a]$ 的概率等于随机误差 δ 落入置信区间 $[-a, +a]$ 的概率。随机变量 x、δ 落入置信区间的概率 P_k 表明测量结果的可信赖程度，故称为置信概率。如图 1-10 所示，置信概率可用概率密度曲线 $f(\delta)$ 与置信区间横坐标包围的面积表示。

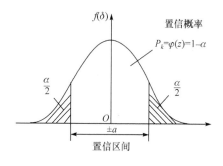

图 1-10　置信区间与置信概率关系

因为标准偏差 σ 是随机变量的重要特征量，所以置信区间极限 a 常以 σ 的倍数表示，即

$$a = k\sigma \tag{1-26}$$

式中，k 称为置信系数，有

$$k = \frac{a}{\sigma} \tag{1-27}$$

2. 正态分布测量数据的置信度与置信概率

对于正态分布的随机误差，其置信概率为

$$P_k = p\{|\delta| \leqslant k\sigma\} = \int_{-k\sigma}^{+k\sigma} f(\delta)\mathrm{d}\delta \tag{1-28}$$

当置信系数 k 为已知常数时，便可以求出概率。例如，区间[$-\infty$，$+\infty$]的概率为100%；区间[$-\sigma$，$+\sigma$]的概率为68.26%；区间[-2σ，$+2\sigma$]和[-3σ，$+3\sigma$]的概率分别为95.44%和99.73%。因为在区间[-3σ，$+3\sigma$]中误差出现的概率已经达到99.73%，只有0.27%的误差可能超出这个范围，在某些测量中，已经算是微乎其微了，所以习惯上认为 3σ 是极限误差。因此超出这个范围[-3σ，$+3\sigma$]的误差，属于粗差，应该剔除。

表1-1列出了置信系数 k 取不同数值时，正态分布下的置信概率 P_k 数值。

表1-1　正态分布下置信概率数据表

k	P_k	k	P_k	k	P_k	k	P_k
0	0.00000	0.8	0.57629	1.7	0.91087	2.6	0.99068
0.1	0.07966	0.9	0.63188	1.8	0.92814	2.7	0.99307
0.2	0.15852	1.0	0.68269	1.9	0.94257	2.8	0.99489
0.3	0.23585	1.1	0.72867	2.0	0.95450	2.9	0.99627
0.4	0.31084	1.2	0.76986	2.1	0.96427	3.0	0.99730
0.5	0.38293	1.3	0.80640	2.2	0.97219	3.5	0.999535
0.6	0.45194	1.4	0.83849	2.3	0.97855	4.0	0.999937
0.6745	0.50000	1.5	0.86639	2.4	0.98361	5.0	0.999999
0.7	0.51607	1.6	0.89040	2.5	0.98758	∞	1.000000

3. 有限次测量情况下的置信度

严格地讲，正态分布只适用于测量次数非常多时(25次以上)的情况，在测量数据较少时，通常采用 t 分布来计算置信概率。关于 t 分布，本书不详细展开，至于工程测量中经常用到的格鲁布斯准则，是以小样本测量数据和 t 分布为理论基础，用数理统计方法推导得出的，具体使用可参见1.2.5节。

4. 测量结果的数字表示方法

关于测量结果的数字表示方法，目前尚无统一规定。比较常见的表示方法是在观测值或多次观测结果的算术平均值后加上相应的误差限。如前所述，误差限通常用标准偏差表示，也可用其他误差形式表示。同一测量如果采用不同的置信

概率 P_k，测量结果的误差限也不同。因此，应该在相同的置信水平下，来比较测量的精确程度才有意义。下面介绍一种常用的表示方法，它们都是以系统误差已被消除为条件的。

(1) 对某被测参数测量 n 次(建议 n 不小于 25)，获得 n 个测量值 x_i。

(2) 利用式(1-18)计算 $\bar{x}$，按式(1-22)计算本次测量的标准偏差 σ。

(3) 给出置信系数 k，确定在相应置信概率 P_k 下的测量值数据范围：$\bar{x} \pm k\sigma$。

(4) 剔除粗差。检查上述 n 个测量值 x_i 是否落在范围 $\bar{x} \pm k\sigma$ 之外。如有，需剔除。剔除之后重新计算 $\bar{x}$ 和标准偏差 σ，重新计算置信区间 $\bar{x} \pm k\sigma$。到没有数据要被剔除后做下一步。当测量次数 $n<20$ 时，剔除粗差一般不能采用本方法，而应采用格鲁布斯准则，参见 1.2.5 节。

(5) 按式(1-23)计算算术平均值的标准偏差。

(6) 写出测量结果，其表达式为 $x = \bar{x} \pm k\sigma$。

1.2.5　系统误差以及粗大误差的处理

1. 系统误差的分类

系统误差是指在重复性条件下，对同一被测量进行无限多次测量所得到测量结果的平均值与被测量真值之差。平均值是消除了随机误差之后的真值的最佳估计值，它与被测量真值之间的差值就是系统误差。系统误差是固定的或按一定规律变化的，可以对其进行修正。但是系统误差及其原因不能完全获知，因此通过修正只能对系统误差进行有限程度的补偿，而不能完全排除。例如，某些测量仪表由于结构上存在的问题而引起的测量误差就属于系统误差。

系统误差的表现形式大致可分为如下几类。

1) 恒定的系统误差

恒定的系统误差也称为不变的系统误差。在测量过程中，误差的符号和大小是固定不变的。例如，仪表的零点没校准好，即指针偏离零点，这样的仪表在使用时所造成的误差就是恒定的系统误差。

2) 线性变化的系统误差

随着某些因素(如测量次数或测量时间)的变化，误差值也成比例增加或减小。例如，用一把直尺测量教室的长和宽，若该尺比标准的长度差 1mm，则在测量过程中每进行一次测量就产生 1mm 的绝对误差，被测的距离越长，测量的次数越多，则产生的误差越大，呈线性增长。

3) 周期性变化的系统误差

周期性变化的系统误差的符号与数值按周期性变化。例如，指针式仪表的指针未能装在刻度盘的中心而产生的误差。这种误差的符号由正到负，数值也由大到小到零后再变大，重复变化。

4) 变化规律复杂的系统误差

变化规律复杂的系统误差出现的规律，无法用简单的数学解析式表示出来。例如，电流表指针偏转角和偏转力矩不能严格保持线性关系，而表盘刻度仍采用均匀刻度，这样形成的误差变化规律非常复杂。

2. 系统误差的判断方法

为了消除和减弱系统误差的影响，首先要能够发现测量数据中存在的系统误差。检验方法有很多，下面介绍两种判断方法。

1) 实验对比法

要发现与确定恒定的系统误差的最好方法是用更高一级精度的标准仪表对其进行检定，也就是用标准仪表和被检验的仪表同测一个恒定的量。设用标准表以及用被检验仪表重复测量某一稳定量的次数都是 n 次，则可以得到标准表的一系列示值 T_i 和被检表的一系列示值 x_i，由此可得到系统误差 Q 为

$$Q = \bar{x} - \bar{T} = \frac{1}{n}\sum_{i=1}^{n} x_i - \frac{1}{n}\sum_{i=1}^{n} T_i \tag{1-29}$$

用这种方法不仅能发现测量中是否存在系统误差，而且能给出系统误差的数值。有时，因测量精度高或被测参数复杂，难以找到高一级准确度的仪表提供标准量。此时，可用相同精度的其他仪表进行比对，若测量结果有明显差异，表明二者之间存在系统误差，但还说明不了哪个仪表存在系统误差。有时，也可以通过改变测量方法来判断是否存在系统误差。

2) 残差校核法

残差计算参见式(1-20)。设一组测量值为 $x_1, x_2, \cdots, x_n$，将其残差 $\upsilon_1, \upsilon_2, \cdots, \upsilon_n$ 按测量次序的先后进行排列，把残差分为前后数目相等的两部分各为 k 次，$k=n/2$。求这两部分残差之和的差值：

$$\Delta = \sum_{i=1}^{k} \upsilon_i - \sum_{i=n-k+1}^{n} \upsilon_i \tag{1-30}$$

若 Δ 显著不为零，则测量中含有线性规律变化的系统误差。这一判断系统误差是否存在的判据，也称为马利科夫判据。

3. 粗大误差的处理

由于实验人员在读取或记录数据时疏忽大意，或者由于不能正确地使用仪表、测量方案错误以及测量仪表受干扰或失控等原因，测量误差明显地超出正常测量条件下的预期范围，是异常值，称为粗大误差。对于粗大误差应该剔除，否则测量结果会被严重歪曲。

4. 粗大误差的判别

当在测量数据中发现某个测量数据可能是异常数据时，一般不要不加分析就轻易将该数据直接从测量记录中剔除，最好能分析出该数据出现的主观原因。判断粗大误差可以从定性分析和定量判断两方面来考虑。

1) 定性分析

定性分析就是对测量环境、测量条件、测量设备、测量步骤进行分析，看是否有某种外部条件或测量设备本身存在突变而瞬时破坏；测量操作是否有差错，等精度测量构成中是否存在其他可能引发粗大误差的因素。分析时可再次重复进行前面的(等精度)测量，然后再将两组测量数据进行分析比较，或者由不同测量仪器在同等条件下获得的结果进行比较，以分析该异常数据的出现是否"异常"，进而判定该数据是否为粗大误差。这种判断属于定性判断，无严格的规则，应细致和谨慎地实施。

2) 定量判断

定量判断就是以统计学原理和误差理论等相关专业知识为依据，对测量数据中的异常值的"异常程度"进行定量计算，以确定该异常值是否为应剔除的坏值。这里所谓的定量计算是相对上面的定性分析而言，它是建立在等精度测量符合一定的分布规律和置信概率基础上的，因此并不是绝对的。

3) 工程判读准则

以下介绍两种工程上常用的粗大误差判断准则。这两种准则的基本原理都认为正常的测量值绝大多数都落在置信区间内，即在置信区间内取值的概率(称为置信概率)接近于 1，而在置信区间以外取值的概率接近于 0。因此，可以把位于置信区间之外的测量数据当成异常数据，即为包含粗大误差的数据。它所对应的测量值就是坏值，应予以舍弃。

(1) 拉依达准则。

拉依达准则是在测量误差符合标准误差正态分布，即重复测量次数较多的前提下得出的。当置信系数 $k=3$ 时，置信概率为 $P_k=99.73\%$，而测量值落于区间 $[\bar{x}-3\sigma,\ \bar{x}+3\sigma]$ 之外的概率，即"超差概率" α 仅为 $0.27\%(\alpha=1-P_k)$。

设对被测量进行多次测量得 $x_1, x_2, \cdots, x_n$，计算出其平均值为 $\bar{x}$，残差 $\upsilon_i=x_i-\bar{x}$ 并按贝塞尔公式计算出标准偏差 σ。若某个测得值 x_k 的残差 υ_k，满足

$$\left|\upsilon_k\right| > 3\sigma \tag{1-31}$$

则认为该测得值 x_k 是含有粗差的坏值，应剔除。并重新计算标准偏差，再进行检验，直到判定无粗大误差。

拉依达准则比较简便，但当测量次数 $n\leqslant10$ 时，即使存在粗大误差也可能判别不出。当 $n\leqslant20$ 时，采用基于正态分布的拉依达准则，其可靠性将变差。因此，

测量次数达30次以上时才较为适宜，至少要25次。在测量次数较少时，拉依达准则几乎不适用。

(2) 格鲁布斯准则。

在等精度测量次数较少，测量误差分布往往和标准正态分布相差较大时，通常采用格鲁布斯准则，表述如下。

设对被测量进行多次测量得 x_1，x_2，$\cdots$，x_n，计算出其平均值 $\bar{x}$、残差 $\upsilon_i = x_i - \bar{x}$，并按贝塞尔公式计算出标准偏差 σ。如果某个测得值 x_k 的残差 υ_k 满足

$$|\upsilon_k| > \lambda(\alpha, n) \cdot \sigma \tag{1-32}$$

则认为该测得值 x_k 是含有粗差的坏值，应剔除，并重新计算标准偏差，再进行检验，直到判定无粗大误差。

$\lambda(\alpha, n)$ 为格鲁布斯系数，由表1-2给出，表中 n 为测量次数，α 为"超差概率" ($\alpha = 1 - P_k$)。

表 1-2　格鲁布斯 $\lambda(\alpha, n)$ 数值表

n	$\alpha=0.01$	$\alpha=0.05$	n	$\alpha=0.01$	$\alpha=0.05$	n	$\alpha=0.01$	$\alpha=0.05$
3	1.15	1.15	12	2.55	2.29	21	2.91	2.58
4	1.49	1.46	13	2.61	2.33	22	2.94	2.60
5	1.75	1.67	14	2.66	2.37	23	2.96	2.62
6	1.94	1.82	15	2.70	2.41	24	2.99	2.64
7	2.10	1.94	16	2.74	2.44	25	3.01	2.66
8	2.22	2.03	17	2.78	2.47	30	3.10	2.74
9	2.32	2.11	18	2.82	2.50	35	3.18	2.81
10	2.41	2.18	19	2.85	2.53	40	3.24	2.87
11	2.48	2.24	20	2.88	2.56	50	3.34	2.96

格鲁布斯准则理论推导严密，是在 n 较小时就能很好地判别出粗大误差的一个准则，所以应用相当广泛。

例1-4　测量某个温度7次，单位℃。温度数据 T_i 见表1-3，试判断有无粗大误差。

表 1-3　温度数据表

i	T_i	υ_i	υ^2	i	T_i	υ_i	υ^2
1	10.3	-0.2	0.04	5	11.5	1.0	1
2	10.4	-0.1	0.01	6	10.4	-0.1	0.01
3	10.2	-0.3	0.09	7	10.3	-0.2	0.04
4	10.4	-0.1	0.01				

解　(1) 求均值得 $\overline{T}$ =10.5；再用贝塞尔公式(1-22)来估算标准偏差，即

$$\sigma = \sqrt{\frac{1}{n-1}\sum_{i=1}^{n}(T_i-\overline{T})^2} = \sqrt{\frac{1}{n-1}\sum_{i=1}^{n}\upsilon_i^{\,2}} = 0.45$$

(2) 取置信概率 P_k=0.95，则 α=1–P_k=0.05，n=7，由表 1-2 可查出 $\lambda(\alpha,n)$=1.94。

(3) 利用式(1-32)求 $|\upsilon_k| > \lambda(\alpha,n)\cdot\sigma = 1.94\times0.45 = 0.873$。

(4) 查温度数据 T_i，第 5 个数据即 i=5，T_5=11.5，$|\upsilon_5|$ = 1.0 > 0.873，该温度值是粗大误差，应剔除。

1.3　数字化测控中的信号处理

随着数字技术，特别是计算机技术的飞速发展与普及，在现代控制、通信及检测领域中，对信号的处理广泛采用了数字计算机技术。由于系统的实际处理对象往往都是一些模拟量，如温度、压力、位移、图像等，要使计算机或数字仪表能识别和处理这些信号，必须首先将这些模拟信号转换成数字信号；而经计算机分析、处理后输出的数字量往往也需要将其转换成为相应的模拟信号才能被执行机构接收。这样，就需要一种能在模拟信号与数字信号之间起桥梁作用的电路，即模数(A/D)转换电路和数模(D/A)转换电路。因此，A/D 和 D/A 是计算机或数字仪表和输入、输出装置之间的接口，是数字化测控系统中的重要组成部分。此外，数字式仪表的设计必须要解决的另一个基本问题是将传感器送来的信号标准化，进行标度变换和线性处理。

1.3.1　A/D 转换器

能将模拟信号转换成数字信号的电路，称为模数转换器(A/D 转换器，简称 ADC)。而将能把数字信号转换成模拟信号的电路，称为数模转换器(D/A 转换器，简称 DAC)，A/D 转换器和 D/A 转换器已经成为计算机系统中不可缺少的接口电路。随着大规模集成电路技术的发展，各种类型的 A/D 和 D/A 转换芯片已大量供应市场，其中大多数是采用电压-数字转换方式，输入、输出的模拟电压也都标准化，如单极 0~5V、0~10V 或双极±5V、±10V 等，给使用带来极大的方便。

1. A/D 转换综述

在 A/D 转换器中，模拟量转化成数字量是用一定的量化单位使连续量的采样值整量化，这样才能得到近似的数字量。量化单位越小，整量化的误差也越小，数字量就越接近于连续量本身的值。一般的 A/D 转换过程通过采样、保持、量化

和编码四个步骤完成。

A/D 转换器实际上是一个编码器，理想的 A/D 转换器的输入输出的函数关系可以表示为

$$D \equiv [u_x/u_R] \tag{1-33}$$

式中，D 为数字输出信号；u_x 为模拟量输入信号；u_R 为量化单位。式中的恒等号和括号中的定义是 D 最接近于比值 "u_x/u_R"，而比值 u_x/u_R 和 D 之间的差值即为量化误差。量化误差是模数转换中不可避免的误差。在实际应用中经常把 D 写成二进制的数学表达式：

$$D = a_1 2^{-1} + a_2 2^{-2} + \cdots + a_{n-1} 2^{-(n-1)} + a_n 2^{-n} = \sum_{i=1}^{n} a_i 2^{-i} \tag{1-34}$$

式中，i 为第 i 位数字码；n 是位数。

表征 A/D 转换器性能的技术指标有多项，其中最重要的是转换器的精度和转换速度。

2. A/D 转换的工作原理

A/D 转换器也有很多种，按电路结构可分为逐次比较型、并行比较型、双积分型等。并行比较型具有转换速度高的优点，但随着位数的增加，所使用的元件数量以几何级数上升，使得造价剧增，故应用并不广泛；双积分型具有精度高的优点，但转换速度太低，一般应用于实时性要求不高的高精度数字仪器仪表中；逐次比较型转换速度虽然不及并行比较型，属于中速 A/D 转换器，但具有结构简单的价格优势，在精度上可以达到一般工业控制要求，故目前应用比较广泛。

1) 并行比较型 A/D 转换器

图 1-11 为 3 位并行比较型 A/D 转换原理图，它由电压比较器、寄存器和编码器三部分组成。

电压比较器中量化电平是用电阻链把参考电压 V_{REF} 分压，得到从 $(1/15)V_{\text{REF}}$ 到 $(13/15)V_{\text{REF}}$ 共 7 个比较电平，量化单位 $\Delta = (2/15)V_{\text{REF}}$。然后，把这 7 个比较电平分别接到 7 个比较器 $C_1 \sim C_7$ 的输入端作为比较基准。同时将输入的模拟电压同时加到每个比较器的另一个输入端上，与这 7 个比较基准进行比较。

由于转换是并行的，其转换时间只受

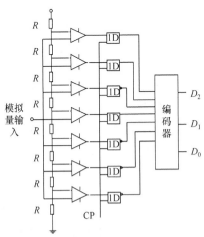

图 1-11　并行比较型 A/D 转换原理图

比较器、触发器和编码电路延迟时间限制，因此转换速度最快。但随着分辨率的提高，元件数目要按几何级数增加。一个 n 位转换器，所用的比较器个数为 2^n-1。位数越多，电路越复杂，因此制成分辨率较高的集成并行 A/D 转换器是比较困难的。

2) 逐次比较型 A/D 转换器

逐次逼近转换过程与用天平称物重非常相似，按照天平称重的思路，逐次比较型 A/D 转换器，就是将输入模拟信号与不同的参考电压做多次比较，使转换所得的数字量在数值上逐次逼近输入模拟量的对应值。图 1-12 给出了逐次比较型 A/D 转换器内部结构原理图，它包含比较器电路、D/A 转换器、移位寄存器等。

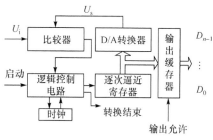

图 1-12　逐次比较型 A/D 转换器原理图

逐次比较型 A/D 转换器完成一次转换所需时间与其位数和时钟脉冲频率有关，位数越多，时钟频率越高，转换所需时间越短。这种 A/D 转换器具有转换速度快、精度高的特点。

3) 双积分型 A/D 转换器

双积分型 A/D 转换器是一种间接 A/D 转换器。它的基本原理是，对输入模拟电压和参考电压分别进行两次积分，将输入电压平均值变换成与之成正比的时间间隔，然后利用时钟脉冲和计数器测出此时间间隔，进而得到相应的数字量输出。因为该转换电路是对输入电压的平均值进行转换，所以它具有很强的抗工频干扰能力，在数字测量中得到广泛应

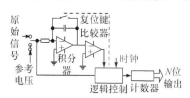

图 1-13　双积分型 A/D 转换器原理图

用。图 1-13 是这种转换器的原理图，它由积分器、检零比较器、时钟脉冲控制门和定时器/计数器等几部分组成。

在实际应用中，应从系统数据总的位数及精度要求、输入模拟信号的范围以及输入信号极性等方面综合考虑 A/D 转换器的选用。

1.3.2　D/A 转换器

1. D/A 转换器基本原理

数字量是用代码按数位组合起来表示的，对于有权码，每位代码都有一定的权。为了将数字量转换成模拟量，必须将每 1 位的代码按其权的大小转换成相应的模拟量，然后将这些模拟量相加，即可得到与数字量成正比的总模拟量，从而

实现了数字与模拟转换。这就是构成 D/A 转换器的基本思路。

图 1-14 是 D/A 转换器的输入、输出关系图，$D_0 \sim D_{n-1}$ 是输入的 n 位二进制数，V_0 是与输入二进制数成比例的输出电压。

图 1-15 是一个输入为 4 位二进制数时 D/A 转换器的转换特性，它具体而形象地反映了 D/A 转换器的基本功能。

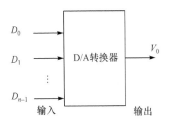
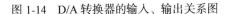

图 1-14　D/A 转换器的输入、输出关系图

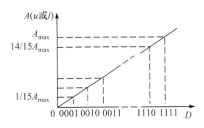

图 1-15　4 位 D/A 转换器的转换特性

2. D/A 转换器的主要技术指标

1) 转换精度

D/A 转换器的转换精度通常用分辨率和转换误差来描述。

(1) 分辨率表示 D/A 转换器模拟输出电压可能被分离的等级数。输入数字量位数越多，输出电压可分离的等级越多，即分辨率越高。在实际应用中，往往用输入数字量的位数表示 D/A 转换器的分辨率。此外，D/A 转换器也可以用能分辨的最小输出电压(此时输入的数字代码只有最低有效位为 1，其余各位都是 0)与最大输出电压(此时输入的数字代码各有效位全为 1)之比给出。N 位 D/A 转换器的分辨率可表示为 $1/(2^N-1)$。它表示 D/A 转换器在理论上可以达到的精度。

(2) 转换误差的来源很多，如转换器中各元件参数值的误差、基准电源不够稳定和运算放大器的零漂影响等。D/A 转换器的绝对误差(或绝对精度)是指输入端加入最大数字量(全 1)时，D/A 转换器的理论值与实际值之差。该误差值应低于 LSB/2。

例如，一个转换精度为 8 位的 D/A 转换器，对应最大数字量(FFH)的模拟理论输出值为 $(255/256)V_{REF}$，则 $LSB/2=(1/512)V_{REF}$，所以实际值不应超过 $(255/256\pm1/512)V_{REF}$。

2) 转换速度

(1) 建立时间(t_{set})是指输入数字量变化时，输出电压变化到相应稳定电压值所需时间。一般用 D/A 转换器输入的数字量 NB 从全 0 变为全 1 时，输出电压达到规定的误差范围($\pm$LSB/2)时所需的时间表示。D/A 转换器的建立时间较快，单片集成 D/A 转换器建立时间最短可达 0.1μs 以内。

(2) 转换速率(SR)是指大信号工作状态下模拟电压的变化率。

3) 温度系数

温度系数是指在输入不变的情况下,输出模拟电压随温度变化产生的变化量。一般用满刻度输出条件下温度每升高 1℃,输出电压变化的百分数作为温度系数。

1.3.3 信号的标准化及标度变换

传感器检测元件送给仪表的信号类别千差万别,即使是同一种参数,由于传感器的不同类型,或同一种类型但不同型号,所输入给仪表的信号的性质不同,电平的高低也各不相同。为此,数字式仪表的设计必须要解决的另一个基本问题是将传感器送来的信号标准化并进行标度变换。将不同性质的信号或不同电平的信号统一起来,称为输入信号的规格化,又称为信号的标准化。根据工业标准化的要求,在仪表系统中传递被测量信号最常用的直流电压变化范围为 1~5V,最常用的直流电流的信号范围是 4~20mA。

标准化后的信号可以是电压、电流或其他形式的信号。以电压信号为例,如果被测量本身就是电压,那么经 A/D 转换后仅需将电压值以数字形式输出即可。然而,工业过程参数测量用的数字输出仪表,都要求用被测参数的形式显示,如显示成温度、压力、流量、物位、质量等。就是说,如果要测量质量,选用质量传感器将被测量转换成电压信号,再经 A/D 转换后变成数字形式,而显示仪表显示该电压值,该电压值代表的是质量: g 或 kg。这就存在一个量纲还原问题。通常称这一还原过程为"标度变换"。

图 1-16 为一般数字仪表组成的原理图。其刻度方程为

$$y = S_1 S_2 S_3 x = Sx \tag{1-35}$$

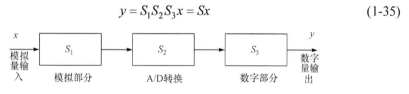

图 1-16 数字仪表组成的原理图

式中, x 为模拟输入量; y 为数字量输出; S 为数显仪表总的灵敏度或称为总的"标度变换"系数; S_1、S_2、S_3 分别为模拟部分、A/D 转换部分、数字部分的灵敏度或"标度变换"系数。因此所谓标度变换就是改变 S 来实现的。通常当 A/D 转换器 A/D 集成芯片某一型号确定后,其 S_2 也就确定了。这时要改变标度变换系数 S,则可以通过改变模拟部分的转换系数 S_1 来达到目的。例如,在传感器和 A/D 转换器之间往往要加一级前置放大器,改变前置放大器的放大系数就是改变模拟部分

的转换系数 S_1。当然也可以通过改变数字部分的转换系数 S_3 来实现。前者称为模拟量的标度变换，后者称为数字量的标度变换。因此，标度变换可以在模拟部分进行，也可以在数字部分进行，也可以两者结合进行。

1.4　检测技术的新发展概述

随着微电子技术、通信技术、计算机网络技术的发展，对自动检测技术也提出了越来越高的要求，并进一步推动了自动检测技术的发展，其发展趋势主要有以下几个方面。

(1) 不断提高仪器的性能、可靠性，扩大应用范围。随着科学技术的发展，对仪器仪表的性能要求也相应地提高，如提高其分辨率、测量精度，提高系统的线性度，增大测量范围等，其技术性能指标不断提高，应用领域不断扩大。

(2) 开发新型传感器。开发新型传感器主要包括：利用新的物理效应、化学反应和生物功能研发新型传感器，采用新技术、新工艺填补传感器空白，开发微型传感器，仿照生物的感觉功能研究仿生传感器等。

(3) 开发传感器的新型敏感元件材料和采用新的加工工艺。新型敏感元件材料的开发和应用是非电量电测技术中的一项重要任务，其发展趋势为：从单晶体到多晶体、非晶体，从单一型材料到复合型材料、原子(分子)型材料的人工合成。其中，半导体敏感材料在传感器技术中具有较大的技术优势，陶瓷敏感材料具有较大的技术潜力，磁性材料向非晶体化、薄膜化方向发展，智能材料的探索在不断地深入。智能材料指具备对环境的判断和自适应功能、自诊断功能、自修复功能和自增强功能的材料，如形状记忆合金、形状记忆陶瓷等。新型传感器的开发，离不开新工艺的采用，例如，把集成电路制造工艺技术应用于微机电系统中微型传感器的制造。

(4) 微电子技术、微型计算机技术、现场总线技术与仪器仪表和传感器的结合，构成新一代智能化测试系统，使测量精度、自动化水平进一步提高。

(5) 研究集成化、多功能和智能化传感器或测试系统。传感器集成化主要有两层含义。一层含义是同一功能的多元件并列化，即将同一类型的单个传感元件在同一平面上排列起来，排成一维构成线型传感器，排成二维构成面型传感器(如 CCD)。另一层含义是功能一体化，即将传感器与放大、运算及误差补偿、信号输出等环节一体化，组装成一个器件(如容栅传感器动栅数显单元)。传感器多功能化是指一器多能，即用一个传感器可以检测两个或两个以上的参数。多功能化不仅可以降低生产成本、减小体积，而且可以有效地提高传感器的稳定性、可靠性等性能指标。传感器的智能化就是把传感器与微处理器相结合，使之不仅具有检测功能，还具有信息处理、逻辑判断、自动诊断等功能。

思考题与习题

1.1　何为准确度、精密度、精确度?并阐述其与系统误差和随机误差的关系。

1.2　正态分布的随机误差有何特点?

1.3　鉴定 2.5 级(即满度误差为 2.5%)的全量程为 100V 的电压表,发现 50V 刻度点的示值差 2V 为最大误差,问该电压表是否合格?

1.4　为什么在使用各种指针式仪表时,总希望指针偏转在全量程的 2/3 以上范围内使用?

1.5　测量某电路电流共 5 次,测得数据(单位为 mA)分别为 168.41、168.54、168.59、168.40、168.50。试求算术平均值和标准差。

1.6　测量某物质中铁的含量为

1.52	1.46	1.61	1.54	1.55	1.49	1.68	1.46	1.83	1.50	1.56

(单位略),试用格鲁布斯准则检查测量值中是否有坏值。

第2章　能量控制型传感器

能量控制型传感器将被检测参数转换为电阻、电容、电感等非能量型的电参数，再通过外部供电(直流或交流)的转换电路，进一步将信号转变为电压或电流以便于信号的传输和处理。这类传感器可称为无源传感器，本章所介绍的应变片、差动变压器、电容传感器、电涡流传感器是这种类型传感器具有代表性的典型元件或装置。

2.1　电阻应变式传感器

电阻应变式传感器具有悠久的历史，且具有结构简单、体积小、使用方便、性能稳定、可靠、灵敏度高、动态响应快、适合静态及动态测量、测量精度高等诸多优点，因此是目前应用最广泛的传感器之一。电阻应变式传感器由弹性元件和电阻应变片构成。当弹性元件感受被测物理量时，其表面产生应变，粘贴在弹性元件表面的电阻应变片的电阻值将随着弹性元件的应变而相应变化。通过测量电阻应变片的电阻值变化，可以用来测量位移、加速度、力、力矩、压力等参数。

2.1.1　金属电阻应变片的工作原理

1. 金属的应变效应

电阻应变片的工作原理基于金属的应变效应。金属丝的电阻随着它所受的机械形变(拉伸或压缩)的大小而发生相应的变化，这种现象称为金属的电阻应变效应。

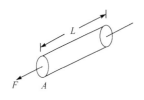

图 2-1　应变效应示意图

电阻应变效应原理如图 2-1 所示，对于一根圆形截面的金属电阻丝，当受到轴向外力 F 作用后，电阻丝的长度伸长了 ΔL，截面积缩小了 ΔA，电阻率的变化为 $\Delta\rho$，电阻的相对变化量 ΔR 则为

$$\frac{\Delta R}{R} = \frac{\Delta \rho}{\rho} + \frac{\Delta L}{L} - \frac{\Delta A}{A} \tag{2-1}$$

金属材料电阻率的变化率 $\Delta\rho/\rho$ 很小，可以忽略不计，而几何尺寸变化率较大，即金属电阻的变化率主要是由式(2-1)后两项引起的，材料几何尺寸变化引起的电阻变化现象称为应变效应。因为圆截面的电阻丝横截面积 $A=\pi D^2/4$，故可以得出

$$\frac{\Delta A}{A} = 2\frac{\Delta D}{D} \tag{2-2}$$

式中，D 为电阻丝直径。

在受到拉伸作用力时，金属丝沿轴向伸长，沿径向缩短。$\Delta D/D$ 称为金属电阻丝的径向应变，$\Delta L/L$ 称为金属电阻丝的轴向应变。根据材料力学可知

$$\frac{\Delta D}{D} = -\mu \frac{\Delta L}{L} \tag{2-3}$$

式中，μ 为材料的泊松系数。

$$\frac{\Delta R}{R} = (1+2\mu)\frac{\Delta L}{L} + \frac{\Delta \rho}{\rho} \tag{2-4}$$

在工程中，将轴向应变 dL/L 定义为应变量 ε，而金属材料 $\Delta\rho/\rho \ll (1+2\mu)\varepsilon$，所以式(2-4)可定义为

$$\frac{\Delta R}{R} = (1+2\mu)\varepsilon + \frac{\Delta \rho}{\rho} \approx (1+2\mu)\varepsilon = K\varepsilon \tag{2-5}$$

金属材料受外力影响产生的相对电阻变化率和其应变量近似成正比，$K = 1+2\mu$ 称为金属电阻的应变灵敏系数。

2. 应变片的结构与种类

应变片的种类分为丝式、箔式和薄膜式等，结构如图 2-2 所示。为提高应变片的电阻初值，丝式应变片采用了极细的金属丝(直径为 0.015～0.05mm，长度为 0.2～200mm)，以减小导线截面积，同时为了减小体积，金属丝采用了栅状的排列方式(敏感栅)，敏感栅用黏合剂固定在厚度为 0.02～0.04mm 的纸或胶膜基底上，表面以极薄的覆盖膜进行保护。而箔式应变片的金属敏感栅采用光刻、腐蚀等工艺制成，箔栅厚度为 3～10μm。相比于丝式应变片，箔式应变片具有表面积大、散热性好、允许通过较大的电流等特点，其可挠性和灵敏度系数较高。而薄膜式应变片是采用真空镀膜的方式在薄的基底材料上制成一层金属薄膜，再利用蚀刻技术制成各种形状的金属栅，其厚度一般在 0.1μm 以下，其性能更优于箔式应变片。

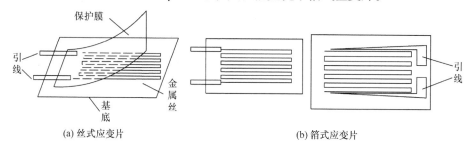

(a) 丝式应变片　　　　　　　　　　　　　　(b) 箔式应变片

图 2-2　电阻应变片结构

应变片使用时有方向性，测量时应变方向应该与敏感栅的轴向(纵向)一致，这样才能产生较大的输出信号，如果应变方向垂直于敏感栅的轴向，应变片产生的电阻变化非常微小，无法测量。

2.1.2 电阻应变片的特性

在实际应用中，选择应变片时，要考虑应变片的性能参数，主要有应变片的电阻值、灵敏度、允许电流和应变极限等。用于动态测量时，还应当考虑成变片本身的动态响应特性。金属应变片产品的电阻值已趋于标准化，主要规格有 60Ω、120Ω、350Ω、600Ω 和 1000Ω 等，其中 120Ω 用得最多。

1. 应变片的灵敏系数

将电阻应变丝做成电阻应变片后，其电阻的应变特性与金属单丝时是不同的，因此必须通过实验重新测定。此实验必须按规定的统一标准进行。实验证明，$\Delta R/R$ 与 ε 的关系在很大范围内仍然有很好的线性关系，即

$$\frac{\Delta R}{R} = K\varepsilon \quad \text{或} \quad K = \frac{\dfrac{\Delta R}{R}}{\varepsilon} \tag{2-6}$$

式中，K 称为电阻应变片的灵敏系数。

实验表明，应变片的灵敏系数恒小于电阻丝的灵敏系数。究其原因，主要是在应变片中存在着所谓的横向效应。应变片的灵敏系数是通过抽样测定得到的，产品包装上标明的"标称灵敏系数"是出厂时测定的该批产品的平均灵敏系数值。

2. 横向效应

应变片的敏感栅除了有纵向丝栅外，还有圆弧形或直线形的横栅。横栅既对应变片轴线方向的应变敏感，又对垂直于轴线方向的横向应变敏感。当电阻应变片粘贴在一维拉力状态下的试件上时，应变片的纵向丝栅因发生纵向拉应变 ε_x，使其电阻值增加，而应变片的横栅因同时感受纵向拉应变 ε_x 和横向压应变 ε_g，使其电阻值减小，因此，应变片电阻变化抵消了一部分，从而降低了整个电阻应变片的灵敏度。这就是应变片的横向效应。横向效应给测量带来了误差，其大小与敏感栅的构造及尺寸有关。敏感栅的纵栅越窄、越长，横栅越宽、越短，则横向效应的影响越小。

3. 温度误差及其补偿

由于测量现场环境温度的改变而给测量带来的附加误差，称为应变片的温度

误差。产生应变片温度误差的主要因素是材料的电阻温度特性和受温度影响产生的热胀冷缩现象。

1) 电阻温度系数的影响

金属电阻丝多采用铜或铜合金材料，其阻值随温度变化的关系表示为

$$R_t = R_0(1 + \alpha_0 \Delta t) \tag{2-7}$$

式中，R_0 为温度为 t_0 时的电阻值；R_t 为温度为 t 时的电阻值；α_0 为金属丝的电阻温度系数；Δt 为温度变化值，$\Delta t = t - t_0$。

半导体材料制造的压阻元件，其阻值同样会受到温度的影响，其温度-电阻特性可表示为

$$R_T = R_0 e^{B\left(\frac{1}{T} - \frac{1}{T_0}\right)} \tag{2-8}$$

式中，T、T_0 为温度值；R_T 为温度是 T(单位 K)时的电阻值；R_0 为温度是 T_0(单位 K)时的电阻值；B 为与温度有关的材料常数。

所以当温度变化时，应变式传感器的电阻会随着温度的变化发生改变，产生附加误差。

2) 弹性构件材料和电阻丝材料的线膨胀系数的影响

使用时应变片必须和可产生形变的弹性构件粘贴在一起。当弹性构件与电阻丝材料的线膨胀系数相同时，不论环境温度如何变化，电阻丝的变形仍和自由状态一样，不会产生附加变形。当弹性构件和电阻丝线膨胀系数不同时，由于环境温度的变化，电阻丝会产生附加变形，从而产生附加电阻。

如图 2-3 所示，设电阻丝和弹性构件在温度为 0℃时的长度均为 L_0，它们的线膨胀系数分别为 β_S 和 β_g，若两者不粘贴，温度变化 Δt 时，则它们的长度分别为

$$L_S = L_0(1 + \beta_S \Delta t) \tag{2-9}$$

$$L_g = L_0(1 + \beta_g \Delta t) \tag{2-10}$$

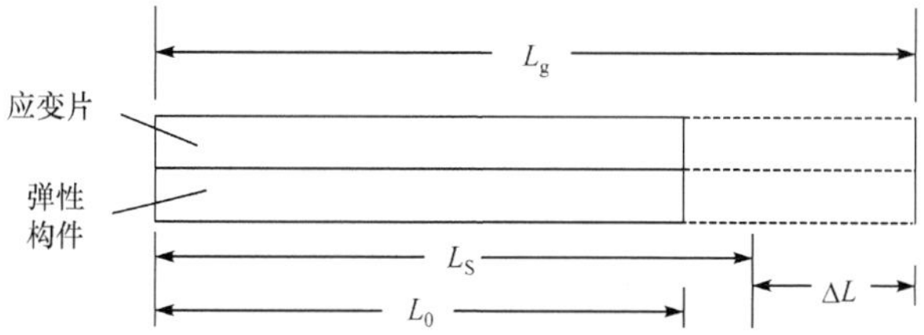

图 2-3　线膨胀系数对应变片的影响

当二者粘贴在一起时，电阻丝产生的附加变形 ΔL，附加应变 ε_β 和附加电阻变

化ΔR_L分别为

$$\Delta L = L_{\mathrm{g}} - L_{\mathrm{S}} = (\beta_{\mathrm{g}} - \beta_{\mathrm{S}})L_0 \Delta t \qquad (2\text{-}11)$$

$$\varepsilon_{\beta} = \Delta L / L_0 = (\beta_{\mathrm{g}} - \beta_{\mathrm{S}})\Delta t \qquad (2\text{-}12)$$

$$\Delta R_L = K_0 R_0 \varepsilon_{\beta} = K_0 R_0 (\beta_{\mathrm{g}} - \beta_{\mathrm{S}})\Delta t \qquad (2\text{-}13)$$

由式(2-7)和式(2-13)可得，由于温度变化而引起应变片总电阻相对变化量为

$$\frac{\Delta R}{R_0} = \frac{\Delta R_t + \Delta R_L}{R_0} = \alpha_0 \Delta t + K_0 (\beta_{\mathrm{g}} - \beta_{\mathrm{S}})\Delta t$$

$$= [\alpha_0 + K_0 (\beta_{\mathrm{g}} - \beta_{\mathrm{S}})]\Delta t = \alpha \Delta t \qquad (2\text{-}14)$$

由式(2-14)可知,因环境温度变化而引起的附加电阻的相对变化量除了与环境温度有关外，还与应变片自身的性能参数以及弹性构件线膨胀系数有关。

为了避免环境温度对测量的影响，需要在进行应变片信号转换时，通过测量电路进行温度补偿，以减小环境温度带来的系统误差。

2.1.3　应变片的测量电路

应变片产生的电阻信号需进一步转换为电压或电流信号，以便于进行测量信号的远传和处理。常用的方法是采用直流或交流电桥，将电阻变化转换为电压信号，提高测量的精度和灵敏度，减少环境因素带来的测量误差。

1. 测量桥路

应变式传感器电阻信号的测量多采用不平衡电桥，电桥有直流电桥与交流电桥之分。如果采用正弦波电压对电桥供电，这种电桥称为交流电桥；如果采用直流电压对电桥供电，这种电桥则称为直流电桥。

交流电桥易受传输线分布电容的影响，调平衡困难，通频带较窄，因此传输电缆不宜过长。随着集成电路技术的进步，各种低噪声、低漂移、高效益、高精度、高共模抑制比的运算放大器不断出现，专用信号处理电路模块和高精度的直流电源模块也相继制造成功，直流电桥的应用越来越多。这种新型直流电桥电路的最大优点是频率响应特性好、精度高、不需烦琐地调平衡，允许使用的传感器电缆引线长度远大于交流电桥允许的引线长度。采用直流电桥及相应的二次仪表，比采用载频式交流电桥及二次仪表更为经济。以下重点对不平衡直流电桥的应用进行说明。

如图 2-4 所示，桥路电源电压 U 为直流，4 个桥臂阻值分别为 R_1、R_2、R_3、R_4，当 $R_1=R_2=R_3=R_4$ 时，称为等臂电桥；当 $R_1=R_2=R$ 及 $R_3=R_4=R_0(R\neq R_0)$时，称为输出对称电桥；当 $R_1=R_3=R$ 及 $R_2=R_4=R_0(R\neq R_0)$时，称为电源对称电桥。

当输出端 ab 间开路时，则有电流

$$I_1 = \frac{U}{R_1 + R_2}, \quad I_2 = \frac{U}{R_3 + R_4} \quad (2\text{-}15)$$

在电阻 R_1 及 R_3 上的电压降分别为

$$U_{ac} = \frac{R_1}{R_1 + R_2}U, \quad U_{bc} = \frac{R_3}{R_3 + R_4}U \quad (2\text{-}16)$$

所以，桥路输出电压可表示为

$$U_o = U_{ac} - U_{bc} = \frac{R_1 R_4 - R_2 R_3}{(R_1 + R_2)(R_3 + R_4)}U \quad (2\text{-}17)$$

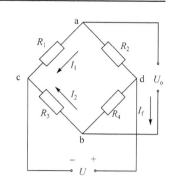

图 2-4　直流电桥结构

当 $U_o=0$ 时，称为电桥平衡，此时

$$\frac{R_1}{R_2} = \frac{R_3}{R_4} \quad (2\text{-}18)$$

式(2-18)称为直流电桥的平衡条件，电桥达到平衡时其相邻两臂的电阻比值相等。设

$$\frac{R_1}{R_2} = \frac{R_3}{R_4} = \frac{1}{n} \quad (2\text{-}19)$$

式中，n 为桥臂电阻比。

当 $n=1$ 时，桥路输出的灵敏度最大，此时有 $R_1=R_2=R_3=R_4$，即电桥为全等臂直流电桥，因此全等臂直流电桥是电阻应变式传感器中常采用的形式。

全等臂直流电桥在单臂、半桥、全桥工作时的情况讨论如下。

1) 单臂电桥

如图 2-5 所示，桥路结构中只有一个桥臂是测量应变片，其他为固定电阻，且 $R_1=R_2=R_3=R_4=R$，单臂工作时，应变式传感器电阻发生变化，即 $R_1=R+\Delta R$，其他电阻 $\Delta R=0$，有

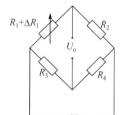

图 2-5　单臂电桥结构

$$U_o = U_{ac} - U_{bc} = \frac{R_1 R_4 - R_2 R_3}{(R_1 + R_2)(R_3 + R_4)}U = \frac{(R + \Delta R)R - R^2}{2R(2R + \Delta R)}U$$

$$= \frac{\Delta R}{2(2R + \Delta R)}U = \frac{U}{4[1 + \Delta R/(2R)]}\frac{\Delta R}{R} \quad (2\text{-}20)$$

当 $\Delta R \ll R$ 时，令 $1+\Delta R/(2R) \approx 1$，则有

$$U_o = \frac{U}{4}\frac{\Delta R}{R} \quad (2\text{-}21)$$

　　电桥的输出信号与应变片电阻变化率近似成正比。可见电桥可利用其输出电压与应变的函数关系，将压力信号转换为可远传的电信号。

　　单臂电桥在转换中，有两个因素对测量准确度有影响。其一是近似线性化会带来非线性误差；其二是应变片受环境温度影响产生的附加电阻变化会使电桥失去平衡，产生误差。为此，在桥路中应用差动测量的方法来减少这些因素的影响，提高测量准确度。

　　采用差动测量方式的电桥有两种结构，分别称为半桥和全桥。

　　2) 半桥电路

　　如图 2-6(a)所示，相邻桥臂为两个相同类型的应变式传感器，分别定位于弹性构件适当的位置上,当弹性构件产生形变时,两个应变片受到效果相反的作用,即一个应变片受拉伸作用，另一个应变片受变化量相同的压缩作用。其电阻变化情况，一臂为 $R_1+\Delta R$，而另一臂为 $R_2-\Delta R$。在 $R_1=R_2=R_3=R_4=R$ 时，有

$$U_o = U_{ac} - U_{bc} = \frac{R_1 R_4 - R_2 R_3}{(R_1 + R_2)(R_3 + R_4)}U = \frac{2R\Delta R}{4R^2}U = \frac{U}{2}\frac{\Delta R}{R} \tag{2-22}$$

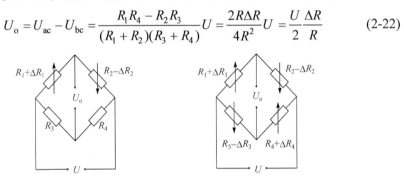

(a) 半桥电路　　　　　　　　　　(b) 全桥电路

图 2-6　差动电桥结构

　　可见，由于差动的补偿作用，从理论角度而言，引起非线性误差的因素互相抵消；同时输出信号的灵敏度较单臂电桥提高了一倍。

　　当环境温度变化时，应变片电阻的变化方式相同，即一臂电阻变为 $R_1+\Delta R_1$，而另一臂也为 $R_2+\Delta R_2$，由于应变片类型相同，所以有$\Delta R_1=\Delta R_2=\Delta R_t$，若电桥原处于平衡状态，在环境温度变化时桥路的输出状态为

$$U_o = \frac{R_1 R_4 - R_2 R_3}{(R_1 + R_2)(R_3 + R_4)}U = \frac{(R+\Delta R)R - (R+\Delta R)R}{2R(2R+2\Delta R)}U = 0 \tag{2-23}$$

可见，桥路仍然处于平衡状态，环境温度的影响被大大减小。

　　3) 全桥电路

　　如图 2-6(b)所示，四个桥臂均由参与测量的应变片元件组成，其相邻桥臂的应变片在弹性构件产生形变时，相邻桥臂的两个应变片受到效果相反的作用。根

据式(2-17)可推导出

$$U_o = U\frac{\Delta R}{R} \tag{2-24}$$

可见全桥电路的灵敏度是半桥的 2 倍,同时全桥电路同样具有差动电桥的非线性误差和温度误差的补偿功能。

2. 测量桥路信号的后续处理

通常,应变片测量桥路输出的电信号是微弱的,多为毫伏或微伏级信号,且与电路之间的连接具有一定的距离,因此需要进行信号放大。对测量放大电路的基本要求是:放大电路的输入阻抗应与传感器输出阻抗相匹配;稳定的放大倍数;低噪声;低的输入失调电压和输入失调电流以及低的漂移;足够的带宽和转换速率(无畸变地放大瞬态信号);高共模输入范围(如达几百伏)和高共模抑制比;可调的闭环增益;线性度好、精度高;成本低。总体来说,测量放大电路是一种综合指标很好的高性能放大电路。

在实际应用中最常用的是单片集成测量放大器,单片集成测量放大器具有体积小、精度高、使用方便的特点。以下以 ADI(ANALOG DEVICES)公司推出的一种单片多功能信号调理电路 AD693 为例,介绍这类放大器的使用方法。

图 2-7 为 AD693 作为电阻应变片的信号调理器的应变片测量电路原理图。测量电桥中包含 4 个 350Ω 的箔式应变片,其灵敏度为 2mV/V。RP1 和 RP2 分别为零点调节电位器和满度调节电位器。

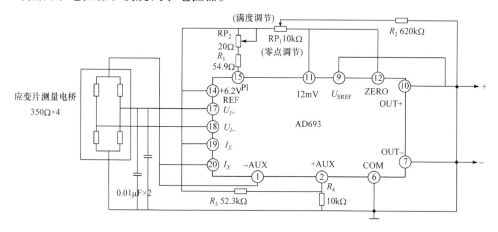

图 2-7　利用 AD693 构成的应变信号测量电路原理图

若用 R_{RP1} 来表示 RP1 的总电阻值,则供桥电压为

$$E = U_{RP_1}R_4/(R_3+R_4) = +6.2V\times10k\Omega/(52.3k\Omega+10k\Omega) \approx +0.995V$$

　　将应变片牢固地粘贴在被测试件表面上，当试件受到外力(拉力或压力)时就会产生形变，使得应变片的电阻值改变。当试件受力发生形变时，测量电桥的平衡被破坏，产生输出电压ΔU，再经过 AD693 进行 U/I(电压-电流)转换，最终获得与应变值成正比的4～20mA 电流信号。

2.1.4　电阻应变式传感器的应用

　　金属应变片除了测量试件应力、应变外，还可以制造成多种应变式传感器用来测量力、扭矩、位移、压力、加速度等其他物理量。应变式传感器由弹性元件和粘贴于其上的应变片构成。弹性元件将获得与被测物理量成正比的应变，再通过应变片转换为电阻的变化后输出。下面介绍其典型应用。

　　1. 应变式力传感器

　　被测量为荷重或力的应变式传感器，统称为应变式力传感器，是工业测量中用得较多的一种传感器，传感器量程从几克到几百吨，主要用作各种电子秤与材料试验机的测力元件、发动机的推力测试、水坝坝体承载状况监测等。

　　应变式力传感器要求有较高的灵敏度和稳定性，当传感器受到侧向作用力或力的作用点发生轻微变化时，不应对输出有明显的影响。

　　应变式力传感器的弹性元件有柱式、悬梁式、环式、框式等。

　　1) 柱(筒)式力传感器

　　柱(筒)式力传感器的弹性元件分为实心和空心两种，如图 2-8(a)和(b)所示。

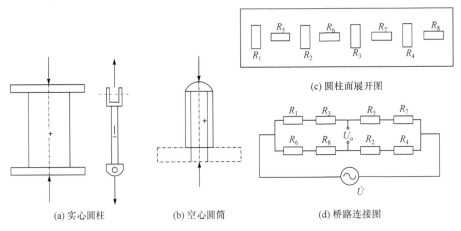

(c) 圆柱面展开图

(a) 实心圆柱　　　　　　(b) 空心圆筒　　　　　　(d) 桥路连接图

图 2-8　柱(筒)式应变弹性体结构

实心圆柱可以承受较大的负荷，在弹性范围内，应力与应变呈正比关系，即

$$\varepsilon = \frac{\Delta l}{l} = \frac{\varepsilon}{E} = \frac{F}{SE} \tag{2-25}$$

式中，F 为作用在弹性元件上的集中力；S 为圆柱的横截面积；E 为弹性元件的弹性模量。

空心圆筒多用于小集中力的测量。应变片粘贴在弹性体外臂应力分布均匀的中间部分，对称地粘贴多片，电桥接线时应尽量减小载荷偏心和弯矩的影响，贴片在圆柱面上的位置及其在桥路中的连接如图 2-8(c)和(d)所示，R_1 和 R_3 串接，R_2 和 R_4 串接，并置于桥路对臂上以减小弯矩影响，横向贴片做温度补偿用。

2) 悬臂梁式力传感器

图 2-9 给出了一种等强度悬臂梁式应变力传感器的示意图。弹性元件为一端固定的悬臂梁，力作用在自由端。在梁固定端附近的上、下表面顺着横向方向各粘贴 2 片电阻应变片。4 片应变片在悬臂梁上的粘贴位置如图中所示。若 R_1 和 R_4 受拉，则 R_2 和 R_3 受压，两者发生极性相反的等量应变。应变片组成全桥，组桥方式如图 2-10 所示。当在自由端加上作用力时，在梁上各处产生的应变力的大小相等。因此应变片沿纵向的粘贴位置误差为零，但上下片对应的位置要求很严格。应变力的大小与梁的厚度、宽度及其截面积大小有关。

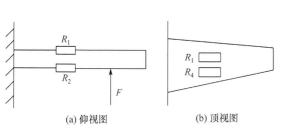

图 2-9　等强度悬臂梁式应变式传感器示意图

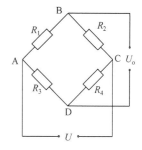

图 2-10　全桥电路结构

2. 应变式压力传感器

应变式压力传感器的结构有许多种形式，现以应变筒式和膜片式为例介绍。

应变筒式压力传感器结构如图 2-11 所示，应变筒的上端与外壳固定在一起，它的下端与不锈钢密封膜片紧密接触，两片应变片 R_1 和 R_2 分别用黏合剂粘贴在应变筒的外壁上。R_1 沿应变筒的径向贴放，R_2 沿应变筒的轴向贴放，要求应变片与筒体之间不会发生滑动现象，并且保持电气绝缘。当被测压力 P 作用于密封膜片上而使应变筒做轴向受压变形时，沿轴向贴放的应变片 R_2，产生轴向压缩应变，其阻值变小；而应变筒在受到轴向压缩变形的同时，径向产生拉伸

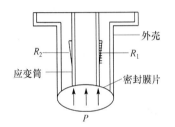

图 2-11　应变筒式压力传感器结构

变形，那么沿着径向贴放的应变片 R_1 将引起拉伸应变，其阻值增大。利用两个应变片，结合固定电阻构成直流惠斯登电桥，可将应变片的电阻变化转换为与之成正比的直流电压信号进行远传和标准化处理。

图 2-12 为膜片式压力传感器的剖面图。在压力 P 的作用下，膜片产生径向应变 ε_r 和切向应变 ε_t，表达式分别为

$$\varepsilon_r = \frac{3P(1-\mu^2)(R^2-3x^2)}{8h^2E} \tag{2-26}$$

$$\varepsilon_t = \frac{3P(1-\mu^2)(R^2-x^2)}{8h^2E} \tag{2-27}$$

式中，P 为膜片上均匀分布的压力；R 和 h 分别为膜片的半径和厚度；x 为应变片距离圆心的径向距离。

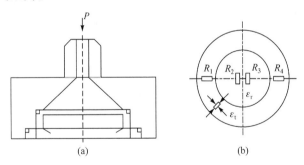

图 2-12　膜片式压力传感器结构及剖面图

膜片弹性元件承受压力 P 时，其应变变化曲线的特点为：当 $x=0$ 时，$\varepsilon_r=\varepsilon_t=\varepsilon_{max}$，而当 $x=R$ 时，$\varepsilon_t=0$，$\varepsilon_r=-2\varepsilon_{max}$。

根据以上特点，一般在平膜片圆心处切向粘贴 R_2 和 R_3 两个应变片，在边缘处沿径向粘贴 R_1 和 R_4 两个应变片，接成全桥测量电路，以提高灵敏度并进行温度补偿。全桥测量电路亦如图 2-10 所示。

2.2　压阻式传感器

金属电阻应变片性能稳定，精度较高，至今还在不断地改进和发展中，并广泛应用在一些高精度应变式传感器中。但这类应变片的主要缺点是应变灵敏系数较小。而 20 世纪 50 年代中期出现的半导体应变片可以改善这一不足，其灵敏系数比金属

电阻应变片约高 50 倍，主要有体型半导体应变片和扩散型半导体应变片。用半导体应变片制作的传感器称为压阻式传感器，其工作原理是基于半导体的压阻效应。

2.2.1　半导体的压阻效应

半导体的压阻效应是指单晶半导体材料在沿某一轴向受外力作用时，其电阻率发生很大变化的现象。不同类型的半导体，施加载荷的方向不同，压阻将不一样。目前，使用最多的是单晶硅半导体。

一个长为 l、横截面积为 A、电阻率为 ρ 的均匀条形半导体材料，其电阻值为

$$R = \rho \frac{l}{A} \tag{2-28}$$

当该均匀条形材料受一个沿着长度方向的纵向应力 F 作用后，由于几何形状及内部结构发生变化，其电阻值发生变化。用与 2.1 节分析金属电阻丝应变效应相同的方法可以得到

$$\frac{\Delta R}{R} = (1 + 2\mu) \frac{\Delta L}{L} + \frac{\Delta \rho}{\rho} \tag{2-29}$$

式中，μ 为泊松比；$\Delta \rho / \rho$ 为半导体材料的电阻率相对变化，其值与条形半导体材料纵向所受的应力 σ 之比为一常数，即

$$\frac{\Delta \rho}{\rho} = \pi_l \sigma \quad \text{或} \quad \frac{\Delta \rho}{\rho} = \pi_l E \varepsilon \tag{2-30}$$

式中，π_l 为体材料的压阻系数，它与半导体材料种类、应力方向与晶轴方向之间的夹角有关；ε 为纵向应变；E 为半导体材料的弹性模量，与材料的晶轴方向有关。

将式(2-30)代入式(2-29)，可得

$$\frac{\Delta R}{R} = (1 + 2\mu + \pi_l E) \varepsilon \tag{2-31}$$

式中，$1 + 2\mu$ 项是由材料几何形状变化引起的，而 $\pi_l E$ 项为压阻效应的影响，随电阻率而变化。实验表明，对半导体材料而言，$\pi_l E \gg (1 + 2\mu)$，故 $1 + 2\mu$ 项可以忽略不计。因此有

$$\frac{\Delta R}{R} = \pi_l E \varepsilon = \pi_l \sigma \tag{2-32}$$

可见，半导体材料的电阻值变化主要是由电阻率变化引起的，而电阻率的变化是由应变引起的。因此，半导体单晶的应变灵敏系数可表示为

$$K = \frac{\dfrac{\Delta R}{R}}{\varepsilon} = \pi_l E \tag{2-33}$$

半导体的应变灵敏系数还与掺杂浓度有关，它随杂质的增加而减小。

2.2.2 半导体应变片的结构及应用

1. 半导体应变片的结构

半导体电阻应变片是从单晶硅或锗上切下薄片制成的应变片,图 2-13 为其典

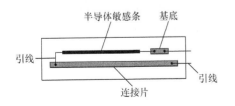

图 2-13　半导体应变片的典型结构

型结构。半导体应变片的主要优点是灵敏系数比金属电阻应变片的灵敏系数大数十倍,通常不需要放大器就可以直接输入显示器或记录仪,可简化测试系统;另外,它的横向效应和机械滞后极小。但是,半导体应变片的温度稳定性和线性度比金属电阻应变片差得多,很难用它制作高精度的传感器,只能作为其他类型传感器的辅助元件。近年来由于半导体材料和制作技术的提高,半导体应变片的温度稳定性和线性度都得到了改善。

在半导体应变片组成的传感器中,均由 4 个应变片组成全桥电路,将 4 个应变片粘贴在弹性元件上,其中 2 个应变片在工作时受拉,而另外 2 个则受压,从而使电桥输出的灵敏度达到最大。电桥的供电电源可采用恒流源,也可以采用恒压源,因此,桥路输出的电压与应变片阻值变化的函数关系有所不同。以下分别讨论。

当恒压源供电时,考虑到环境温度变化的影响,桥路输出电压与应变片阻值变化的关系为

$$U_{\mathrm{o}} = \frac{U \Delta R}{R + \Delta R_T} \tag{2-34}$$

式中,U_{o} 为电桥输出电压;U 为电桥供电电压;R 为应变片阻值;ΔR 为应变片阻值变化;ΔR_T 为应变片由于环境温度变化而引起的阻值变化。

式(2-34)说明,电桥输出电压与 $\Delta R/R$ 成正比,同时也说明采用恒压源供电时,输出电压会受到环境温度的影响。

若电桥采用电流为 I 的恒流源供电,则桥路输出电压为

$$U_{\mathrm{o}} = I \cdot \Delta R \tag{2-35}$$

式(2-35)说明,电桥输出电压与 ΔR 成正比,且环境温度的变化对其没有影响。

由于半导体应变片是采用粘贴的方法安装在弹性元件上的,存在着零点漂移和蠕变,用它制成的传感器长期稳定性差。

2. 压阻式压力传感器

压阻式压力传感器主要由压阻芯片和外壳组成。图 2-14(a)为典型的压阻式压力

传感器的结构原理图。压阻芯片采用周边固定的硅杯结构，封装在外壳内，硅膜片上的扩散电阻接成电桥形式，用引线引出。构成全桥的四片电阻条中，有两片位于受压应力区，另外两片位于受拉应力区，彼此的位置相互对称于膜片中心。硅膜片两边有两个压力腔，一个是与被测压力相连接的高压腔，另一个是低压腔，通常是小管和大气相通。传感器的外形结构因被测压力的性质和测压环境而有所不同。

　　形状有圆形、方形和矩形等，圆形硅杯结构多用于小型传感器，方形硅杯结构多用于尺寸较大以及输出较大的传感器，图 2-14(b)为采用波纹膜片的圆形硅杯表面半导体应变片布置示意图。

　　在波纹膜片上的不同位置，在受到压力影响产生形变时，会产生不同的变化趋势，R_1、R_4 应变片位置的应变方向与 R_2、R_3 应变片位置的应变方向相反，而变化量相同，利用这一特点，可以选用不同数量的应变片组成测量桥路，以改善传感器的特性。

　　压阻式压力传感器的特点是易于微小型化，灵敏度高，它的灵敏系数比金属应变的灵敏系数高 50～100 倍；它的测量范围很宽，可以低至 10Pa 的微压(用于血压测量)，高至 60MPa 的高压测量。它的精度高、工作可靠，其精度可以达到 1/1000，而高精度的产品可以达到 2/10000(可用于大型飞机作为大气数据计算机的压力传感器或计量用标准压力计上的传感器)。1/1000 左右精度的压阻式传感器已被广泛地用于石油、化工、电站等工业领域。

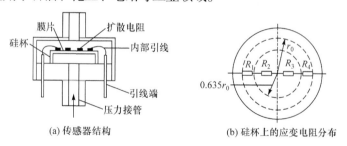

图 2-14　压阻式压力传感器结构和硅杯的应变电阻分布

2.3　电感式传感器

　　电感式传感器是利用电磁感应原理，把被测量转换成关于电感线圈自感系数 L 或互感系数 M 的变化的装置。利用电感式传感器可以把连续变化的线位移或角位移转换成线圈的自感或互感的连续变化，再由测量电路转换为电压或电流输出。它的种类很多，以下介绍常用的自感式和互感式两种传感器。

2.3.1 自感式传感器

1. 工作原理

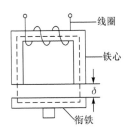

图 2-15　自感式传感器结构

简单的自感式传感器结构如图 2-15 所示。它由线圈、铁心和衔铁三部分组成。铁心和衔铁均由导磁材料制成。在铁心与衔铁之间为空气隙，气隙厚度为 δ。压力传感元件与衔铁相连，传感元件的位移会引起空气隙变化，从而改变磁路的磁阻，使线圈电感值发生变化。由电工学可知，线圈中的电感可以表示为

$$L = \frac{N^2}{R_M} \tag{2-36}$$

式中，N 为线圈匝数；R_M 为磁路总磁阻。

当空气隙厚度 δ 较小时，可以忽略磁路的铁损，总磁阻可以表示为

$$R_M = \frac{l}{\mu A_1} + \frac{2\delta}{\mu_0 A} \tag{2-37}$$

式中，l 为导磁体的长度；μ 为导磁体的磁导率；μ_0 为空气的磁导率；A_1 为导磁体的截面积；A 为气隙的截面积；δ 为气隙的厚度。

一般导磁体的磁阻与空气隙的磁阻相比要小得多，所以式(2-37)中的前项可以忽略不计，因此线圈的磁路总磁阻可以表示为

$$R_M \approx \frac{2\delta}{\mu_0 A} \tag{2-38}$$

而线圈的电感可表示为

$$L \approx \frac{\mu_0 A N^2}{2\delta} \tag{2-39}$$

由式(2-39)可知，当线圈匝数 N 确定之后，只要改变 δ 和 A 均可以引起电感 L 的变化，但考虑灵敏度等因素，绝大多数电感式传感器通常都采用改变气隙厚度 δ 的方式。

图 2-16 是气隙厚度 δ 与电感 L 的关系曲线，下面分析变气隙式电感传感器的输出特性。

设衔铁处于起始位置时，初始气隙厚度为 δ_0，对应的初始电感为

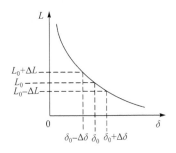

图 2-16　电感式传感器 L-δ 特性

$$L_0 = \frac{\mu_0 A N^2}{2\delta_0} \tag{2-40}$$

当衔铁上移 $\Delta\delta$ 时，传感器的气隙减小 $\delta=\delta_0-\Delta\delta$，对应的电感量为

$$L = \frac{\mu_0 A N^2}{2(\delta_0 - \Delta\delta)} \tag{2-41}$$

电感的变化量为

$$\Delta L = L - L_0 \approx \frac{\mu_0 A N^2}{2} \frac{\Delta\delta}{\delta_0(\delta_0 - \Delta\delta)} = L_0 \frac{\Delta\delta}{\delta_0 - \Delta\delta} \tag{2-42}$$

电感的相对变化量为

$$\frac{\Delta L}{L_0} = \frac{\Delta\delta}{\delta_0 - \Delta\delta} = \frac{\Delta\delta}{\delta_0} \frac{1}{1 - \Delta\delta/\delta_0} \tag{2-43}$$

当 $\Delta\delta/\delta_0 \ll 1$ 时，对以上函数表达式展开成级数形式，忽略 $(\Delta\delta/\delta_0)^2$ 以上的高次项，进行线性化处理，可得

$$\left| \frac{\Delta L}{L_0} \right| = \frac{\Delta\delta}{\delta_0} \tag{2-44}$$

灵敏度 k_0 为

$$k_0 = \frac{\dfrac{\Delta L}{L_0}}{\Delta\delta} = \frac{1}{\delta_0} \tag{2-45}$$

若 $\Delta\delta/\delta$ 较小，传感器的非线性可以得到改善，但这样又会使得传感器的测量范围减小。所以自感式传感器输出特性的线性度及灵敏度与测量范围之间是矛盾的，一般取 $\Delta\delta/\delta=0.1\sim0.2$。

2. 差动式自感传感器

为了改善变气隙式传感器的非线性，采用限制测量范围即减小衔铁移动范围的方法，构成如图 2-17 所示的差动结构。它的特点是上、下两个完全对称的自感传感器合用一个活动衔铁，传感器的两只电感线圈作为交流电桥的相邻桥臂，与另外两个固定电阻组成交流电桥。$\dot{U}$ 为桥路交流电源，$\dot{U}_o$ 为桥路交流输出。

起始位置时，衔铁处于中间位置，上、下两侧气隙相同，即 $\delta_1=\delta_2=\delta_0$，则 $Z_1=Z_2=Z_0$，故桥路输出电压 $U_0=0$，电桥处于平衡状态。

当衔铁偏离中间位置，向上或者向下移动时，两只电感线圈的电感量一个增一个减，$\delta_1\neq\delta_2$，则 $Z_1\neq Z_2$，电桥失去平衡，桥路输出的大小与衔铁移动的大小成比例，其相位则与衔铁移动的方向有关。若向上移动时电压为正，则向下移动时电压为负。桥路输出电压 U_0 与差动电感的变化量 ΔL 有关，设衔铁上移 $\Delta\delta$，差动传感器电感的总的变化量，即 $\Delta L=\Delta L_1+\Delta L_2$ 为

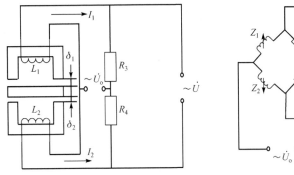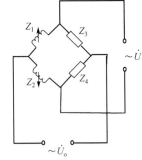

(a) 变气隙厚度差动自感传感器　　　　　　　(b) 等效电路

图 2-17　差动式自感传感器结构图及等效电路图

$$\Delta L = \Delta L_1 + \Delta L_2 = 2L_0 \frac{\Delta \delta}{\delta} \left[1 + \left(\frac{\Delta \delta}{\delta} \right)^2 + \left(\frac{\Delta \delta}{\delta} \right)^4 + \cdots \right] \qquad (2\text{-}46)$$

式中，L_0 为衔铁在中间位置时单个线圈的初始电感量。

对式(2-46)进行线性化处理，即忽略高次项可得

$$\frac{\Delta L}{L_0} = \frac{2\Delta \delta}{\delta_0} \qquad (2\text{-}47)$$

灵敏度 k_0 为

$$k_0 = \frac{\dfrac{\Delta L}{L_0}}{\Delta \delta} = \frac{2}{\delta_0} \qquad (2\text{-}48)$$

比较式(2-45)和式(2-48)可以得到以下结论：

(1) 差动变间隙式自感传感器的灵敏度是单线圈式自感传感器的 2 倍；

(2) $\Delta \delta / \delta_0 \ll 1$，单线圈式忽略 $(\Delta \delta / \delta_0)^2$ 以上的高次项，差动式忽略 $(\Delta \delta / \delta_0)^3$ 以上的高次项，因此差动式自感传感器线性度得到明显的改善。

3. 电感信号的测量电路

1) 变压器式交流电桥

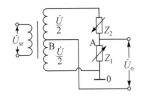

变压器式电桥结构如图 2-18 所示。图中相邻两工作臂为 Z_1、Z_2，是差动电感式传感器的两个线圈的阻抗；另两臂为变压器次级线圈的两半(每臂电压为 $\dot{U}/2$)，输出电压取自 A、B 两点。

假定 0 点为零电位，且传感器线圈为高 Q 值，其

图 2-18　变压器式电桥结构

线圈电阻远远小于其感抗，即 $r \ll \omega L$，则可以推导其输出特性公式为

$$\dot{U}_o = \dot{U}_A - \dot{U}_B = \frac{Z_1}{Z_2 + Z_1}\dot{U} - \frac{1}{2}\dot{U} \tag{2-49}$$

在初始位置，即衔铁位于差动电感式传感器中间时，由于两线圈完全对称，因此 $Z_1 = Z_2 = Z_0$，此时桥路平衡，即 $\dot{U}_o = 0$。

当衔铁上移或下移时，电桥输出为

$$U_o = \pm \frac{\Delta L}{2L}\dot{U} \tag{2-50}$$

且输出电压相位相反，随 ΔL 的变化输出电压幅变也相应改变。据此，经适当电路处理可判别位移的大小及方向。

2) 调幅、调频电路

图 2-19 为将感抗变化转换为交流信号幅值的电路，称为调幅电路。图 2-19(a) 中，传感器 L 与固定电容 C、变压器 T 串联在一起，接入外接电源 u 后，变压器的次级将有电压 u_o 输出。输出电压的频率与电源频率相同，幅值随 L 变化。图 2-19(b) 为输出电压与电感 L 的关系曲线，其中 L_0 为谐振点的电感值。实际应用时，可以使用特性曲线一侧接近线性的一段。这种电路的灵敏度很高，但线性度差，适用于对线性度要求不高的场合。

图 2-20(a) 为将感抗变化转换为交流信号频率的电路，称为调频电路。把传感器电感 L 和一个固定电容 C 接入一个振荡回路中，其振荡频率为

$$f = \frac{1}{2\pi\sqrt{LC}} \tag{2-51}$$

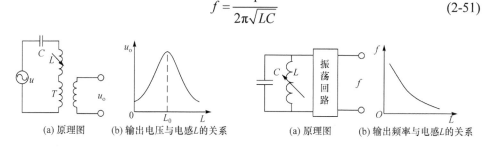

| (a) 原理图 | (b) 输出电压与电感L的关系 | (a) 原理图 | (b) 输出频率与电感L的关系 |

图 2-19　调幅电路图　　　　　　　图 2-20　调频电路图

当 L 变化时，振荡频率随之变化，根据频率大小即可测出被测量的值。图 2-20(b) 为频率和电感变化的关系。因其具有严重的非线性，后续电路需做适当线性化处理。

3) 相敏检波电路

图 2-21 是相敏检波电路的原理图。电桥由差动电感式传感器线圈 Z_1 和 Z_2 以

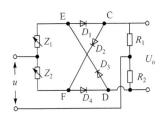

图 2-21　相敏检波电路

及平衡电阻 R_1 和 R_2 组成，$R_1=R_2$。$D_1 \sim D_4$ 构成的相敏整流器桥的一个对角线接有交流电源 u，另一个对角线接有直流电压表 U_0。当差动衔铁位于中间位置时，$Z_1=Z_2=Z$，输出电压 $U_0=0$。

当衔铁偏离中间位置而使 $Z_2=Z+\Delta Z$ 时，Z_1 减小为 $Z_1=Z-\Delta Z$，这时当输入交流电源 u 上端为正，下端为负时，电阻 R_2 上的压降大于 R_1 上的压降；而当输入电流电源 u 上端为负，下端为正时，电阻 R_1 上的压降大于 R_2 上的压降。这两种情况都会使输出电压表的上端为正，下端为负。

当衔铁偏离中间位置而使 $Z_1=Z+\Delta Z$ 时，Z_2 减小为 $Z_2=Z-\Delta Z$，这时当输入交流电源 u 上端为正，下端为负时，电阻 R_1 上的压降大于 R_2 上的压降；而当输入电流电源 u 上端为负，下端为正时，电阻 R_2 上的压降大于 R_1 上的压降。这两种情况都会使输出电压表的上端为负，下端为正。

综上所述，输出电压的幅值大小表示了衔铁位移的大小，输出电压的极性反映了衔铁移动的方向，而与输入交流电压 u 所处的正半周期或负半周期无关。

2.3.2　互感式传感器

互感式传感器将被测的位移或形变转换为线圈互感量变化，这种传感器是根据变压器的原理进行转换的，且次级绕组都是采用差动形式连接，故也称为差动变压器式传感器。差动变压器结构形式有多种，但工作原理基本相同，现仅以目前采用较多的螺管式结构为例进行介绍。它可以测量 $1 \sim 100$mm 的机械位移，并且具有精度高、结构简单、性能可靠等优点，常用来进行压力、液位、流量等参数的测量。

1. 工作原理

螺管式差动变压器如图 2-22(a)所示。它由一个初级线圈、两个次级线圈及铁心组成。其结构类似变压器，初级线圈作为激励相当于变压器原边；完全对称的两个次级线圈形成变压器的副边。不同之处是：一般变压器为闭合磁路，原、副边之间的互感是常数，而差动变压器为非闭合磁路，原、副边之间的互感随衔铁移动进行相应的变化。

差动变压器电气原理如图 2-22(b)所示。两个次级线圈反相串联，当初级线圈通以适当频率的激励电压时，两个次级线圈产生的感应电压分别为 $\dot{U}_1$ 和 $\dot{U}_2$，它们的大小取决于铁心的位置，输出电压为 $\dot{U}_0 = \dot{U}_1 - \dot{U}_2$。当铁心处于两个次级线圈的中间位置时，$\dot{U}_1 = \dot{U}_2$，$\dot{U}_0 = 0$；当铁心偏离中间位置向上(或向下)移动时，互感 M_1(或 M_2)增大，输出电压 $\dot{U}_0 \neq 0$，但输出电压的相位相差 $180°$。

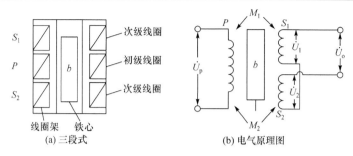

(a) 三段式　　　　　　(b) 电气原理图

图 2-22　差动变压器结构及原理图

差动变压器的等效电路如图 2-23 所示。

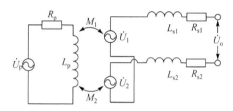

图 2-23　差动变压器的等效电路图

图中，L_p、R_p 为初级线圈电感和损耗电阻；M_1、M_2 为初级线圈与两个次级线圈之间的互感系数；$\dot{U}_p$ 为激励电压；$\dot{U}_o$ 为输出电压；L_{s1}、L_{s2} 为两个次级线圈的电感；R_{s1}、R_{s2} 为两个次级线圈的损耗电阻。

根据变压器原理，当次级开路时，初级线圈的交流电流为

$$\dot{I} = \frac{\dot{U}_p}{R_p + j\omega L_p} \tag{2-52}$$

式中，ω 为激励电压的角频率

次级线圈的感应电压为

$$\dot{U}_1 = -j\omega M_1 \dot{I}_p, \quad \dot{U}_2 = -j\omega M_2 \dot{I}_p \tag{2-53}$$

差动变压器的输出电压为

$$\dot{U}_o = -j\omega(M_1 - M_2)\frac{\dot{U}_p}{R_p + j\omega L_p} \tag{2-54}$$

输出电压的有效值为

$$U_o = \frac{\omega(M_1 - M_2)U_p}{\sqrt{R_p^2 + (\omega L_p)^2}} \tag{2-55}$$

可见，当初级线圈结构和激励电压一定时，输出电压主要由互感 M_1 和 M_2 的大小决定。输出电压的相位反映了铁心移动的方向；输出电压的幅值反映了铁心

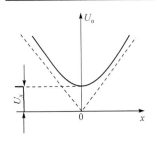

图 2-24　零点残余电压

移动的距离。

　　理想情况下，铁心处于中间位置时，输出电压 $U_0=0$。但实际上，两个次级线圈结构上的不完全对称，以及激励电压中所含高次谐波等因素的影响，使输出电压并不等于零，而是有一个微小电压 U_x，称为零点残余电压。如图 2-24 所示，一般在几十毫伏以下，必须设法消除，否则会影响测量的精度。

2. 测量电路

　　差动变压器输出的是交流电压，为了既能反映铁心移动方向，又能补偿零点残余电压，实际测量时，常常采用差动直流输出电路。差动直流输出电路有两种形式，即差动整流电路和相敏检波电路。

　　1) 差动整流电路

　　差动整流电路是将差动变压器的两个次级电压分别整流，然后把整流后的电压差值作为输出，如图 2-25 所示。

　　由图 2-25 可知，差动变压器的两个次级线圈分别接在了两个独立的电桥上进行全波整流，负载电阻均为 R。无论两个次级线圈的输出瞬时电压极性如何，两个电桥之间的连接使电路总的输出必须为两个整流桥路的差值，即 $U_0=|U_1|-|U_2|$。

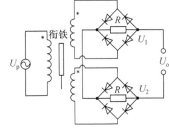

　　图 2-26 给出了衔铁在不同位置的输出波形。当衔铁在中间位置时，$U_0=0$；衔铁上移或下移时，输出电压的极性相反。因此，这种电路不需要考虑零点残余电压的影响，它会自动抵消。

图 2-25　差动整流电路图

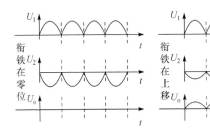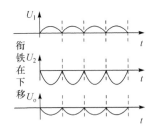

图 2-26　全波差动整流波形图

　　这种电路结构简单，分布电容影响小，不需要考虑相位调整和零点残余电压的影响，并且便于远距离传送，因此得到了广泛的应用。

2) 相敏检波电路

相敏检波电路可以采用由二极管构成的半波相敏检波电路或全波相敏检波电路，也可以采用集成化的相敏检波电路，如 LZXl 单片相敏检波电路。LZXl 为全波相敏检波放大器，它与差动变压器的连接电器如图 2-27 所示。

相敏检波电路要求辅助电压必须要与差动变压器的次级输出电压 U_1、U_2 频率相同，而其相位应与 U_1、U_2 一致或相差 180°。因此，需要在线路中加入移相电路。如果位移量Δx 很小，差动变压器输出还需要接入放大器，放大以后的信号再输入到 LZXl 的输入端。

通过 LZXl 全波相敏检波放大器输出的信号，还需要经过低通滤波器，滤去调制时引入的高频信号，只许与位移Δx 对应的直流电压信号通过。输出电压信号 U_o 与位移Δx 的关系可以用图 2-28 表示。可见输出电压不仅能反映衔铁移动的方向，而且可以使零点残余电压得到补偿。

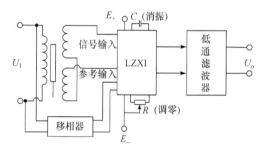

图 2-27 LZX1 与差动变压器连接电路图

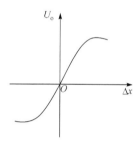

图 2-28 相敏检波后的特性曲线

3. 单片差动变压器信号调理电路 AD598

AD598 是集成化的差动变压器信号调理电路，通过与差动变压器的配合，可将机械位移转换为单极性或双极性输出的高精度直流电压。AD598 是一种完整的单片式线位移差动变压器(linear variable differential transformer, LVDT)信号调节系统。AD598 与差动变压器配合，能够将铁心的机械位置转换成单极性或双极性输出的高精度直流电压。AD598 将所有的电路功能都集中在一块芯片上，只要增加几个外接无源元件，就能确定励磁频率和输出电压的幅值。在芯片内部，AD598 将 LVDT 处理的次级输出信号按比例地转换成直流信号。

AD598 内部构图如图 2-29 所示。AD598 内部主要由初级激励信号产生部分和次级传感信号调理部分组成，前者包括用来产生 LVDT 初级励磁信号的低失真正弦波振荡器及其输出放大器，后者包括接收 LVDT 次级输出的两个正弦信号的输入级、除法器、滤波器及其输出放大器，其中除法器的功能是将来自 LVDT 次级输出的这两个信号之差除以这两个信号之和。

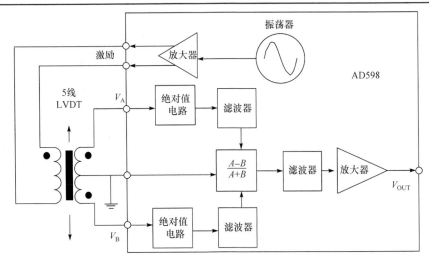

图 2-29　AD598 内部结构图

2.3.3　电感式传感器的应用

1. 压力测量

图 2-30(a)为变隙电感式压力计的结构图。它由波纹管、铁心、衔铁及线圈等组成，衔铁与膜盒的上端连在一起。

当压力进入波纹管时，波纹管的顶端在压力 P 的作用下产生与压力 P 大小成正比的位移。于是衔铁也发生移动，从而使气隙发生变化，流过线圈的电流也发生相应的变化，电流的大小反映了被测压力的大小。

图 2-30(b)为变隙式差动电感压力计的结构图。它主要由弹簧管、衔铁、铁心和线圈等组成。

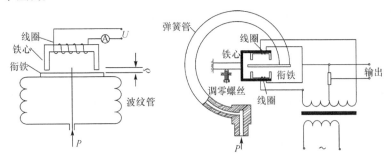

(a) 变隙电感式压力计　　　　　　(b) 变隙式差动电感压力计

图 2-30　自感式压力计结构

当被测压力进入弹簧管时，弹簧管产生变形，其自由端发生位移，带动与自由端连接成一体的衔铁运动，使线圈 1 和线圈 2 中的电感发生大小相等、符号相反的变化，即一个电感量增大，另一个电感量减小。电感的这种变化通过电桥电路转换成电压输出。由于输出电压与被测压力之间呈比例关系，所以只要用检测仪表测量出输出电压，即可得知被测压力的大小。

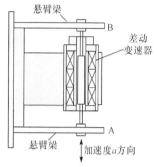

图 2-31　加速度传感器结构

2. 加速度测量

图 2-31 为差动变压器式加速度传感器结构图，它由悬臂梁和差动变压器组成。测量时，将悬臂梁底座及差动变压器的线圈骨架固定，而将衔铁的 A 端与被测振动体相连，此时，传感器作为加速度测量的惯性元件，它的位移与被测加速度成正比，使加速度的测量转变为位移的测量。当被测体带动衔铁以 $\Delta x(t)$ 进行上下振动时，差动变压器的输出电压也按相同的规律变化。这样，通过输出电压值的变化就可以间接地反映所测加速度的变化。

2.4　电容式传感器

电容式传感器具有结构简单、适应性强、动态特性良好、本身发热小、信号可以非接触测量等特点。随着电子技术的不断发展、电容式传感器的应用技术也在不断完善，从而得到更广泛的应用。

2.4.1　电容式传感器的工作原理

根据平行板电容器的电容量表达式

$$C = \frac{\varepsilon A}{d} \tag{2-56}$$

式中，ε 为电容极板间介质的介电常数；A 为两极板相对覆盖的面积；d 为两极板间距；

由式(2-56)可知，改变 A、d、ε 中任意一个参数都可以使电容量发生变化，在实际测量中，大多采用保持其中两个参数不变，而仅改变 A 或 d 一个参数的方法，把参数的变化转换为电容量的变化。改变极极相对覆盖面积 A 只适用于测量厘米数量级的位移；改变极极间距 d 能够获得较高的灵敏度，可以测量微米数量级的位移。

1. 改变极板相对覆盖面积 A

如图 2-32(a)所示，1 为动极板，2 为定极板，θ 为被测压力引起的电容器动极板的角位移。当动极板有一个角位移变化时，与定极板的覆盖面积改变，从而改变了两极板之间的电容量。

当无被测压力时，$\theta=0$，两极板面积重合，其电容量为

$$C_0 = \frac{\varepsilon A}{d} \tag{2-57}$$

当有被测压力时，$\theta \neq 0$，则

$$C_x = \frac{\varepsilon A\left(1-\dfrac{\theta}{\pi}\right)}{d} = C_0\left(1-\frac{\theta}{\pi}\right) \tag{2-58}$$

式中，C_x 为角位移为 θ 时的电容量，即被测压力对应的电容量。

2. 改变极板间距 d

1) 传感器电容量与极板极距的关系

传感器原理如图 2-32(b)所示，1 为动极板，2 为定极板，3 为弹性元件，P 为被测压力。当动极板产生 x 的位移变化时，两极板的间距改变了，从而会引起电容量的变化。

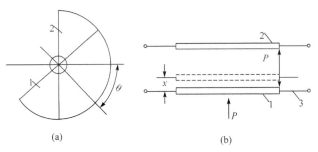

(a) 　　　　　　　　　　　　　　　(b)

图 2-32　平行板电容器图

当 $P=0$ 时，动极板的位移 $x=0$，两极板间距为 d，电容量为 C_0，表达式同式(2-57)。当 $P \neq 0$ 时，动极板会产生位移，使极板间距减小 x，则电容量为

$$C_x = \frac{\varepsilon A}{d-x} = \frac{\varepsilon A}{d\left(1-\dfrac{x}{d}\right)} \tag{2-59}$$

当 $x \ll d$ 时，式(2-59)可近似为

$$C_x = \frac{\varepsilon A}{d-x} \approx C_0\left(1+\frac{x}{d}\right) \tag{2-60}$$

由式(2-59)可知，电容量 C 与极板间距 d 不是
线性关系，而是呈如图 2-33 所示的双曲线关系。
所以 C_x 与位移 x 近似呈线性关系，改变两极板间
距的电容式传感器往往设计成在极小的范围内变
化。由图 2-33 可以看出，当 d 较小时，对于同样
x 变化所引起的电容变化量ΔC 可增大，使传感器
的灵敏度提高，但 d 过小，容易引起电容器击穿，
可在两极板之间加入云母片来改善击穿条件。

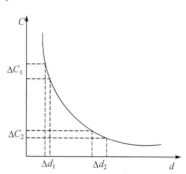

图 2-33　电容量与极板间距关系

　2) 差动式变极距电容式传感器

　变极距电容式传感器改变电容极距，以产
生与被测量相关的电容变化。它具有较高的灵敏度，但是极距 d 与电容量 C 之间
的函数关系是非线性的，如果采用近似线性化的处理方法，会产生一定的非线性
误差。为了进一步提高测量的精度和灵敏度，常采用差动结构来组成传感器。采

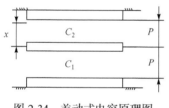

图 2-34　差动式电容原理图

用差动电容法的好处是灵敏度高，可以减小非线
性影响，并且可以减小由于介电常数 ε 受温度影
响引起的不稳定性。

　差动式电容原理如图 2-34 所示，设初始时
$C_1 = C_2 = C_0$，当中间的动极板移动 x 时，一边极
距增大，$C_{x1} = C_1 - \Delta C$；一边极距减小，$C_{x2} = C_2 + \Delta C$。
其中：

$$C_{x1} = \frac{\varepsilon A}{d+x}, \quad C_{x2} = \frac{\varepsilon A}{d-x} \tag{2-61}$$

则

$$\frac{\Delta C}{C_2} = \frac{\dfrac{x}{d}}{1-\dfrac{x}{d}}, \quad \frac{\Delta C}{C_2} = \frac{\dfrac{x}{d}}{1+\dfrac{x}{d}} \tag{2-62}$$

当 $x/d \ll 1$ 时，可利用泰勒级数将式(2-62)分别展开进行合并简化可得总输出
电容为

$$\frac{\Delta C}{C} = \frac{\Delta C}{C_1} + \frac{\Delta C}{C_2} = 2\frac{x}{d}\left[1+2\left(\frac{x}{d}\right)^2 + 2\left(\frac{x}{d}\right)^4 + \cdots\right] \tag{2-63}$$

由式(2-63)可见，式中不含有奇次项，故非线性影响大大减小，而灵敏度却提

高了一倍。

2.4.2 电容式传感器的测量电路

为实现信号的远传和规范化，电容信号还需进一步变换为电压或电流信号，对电容信号的处理方法有多种，如利用交流电桥、交流整流电路、谐振电路等。以下选择一些较为典型的转换方法进行介绍。

1. 调频测量电路

调频测量电路把电容式传感器作为振荡器谐振回路的一部分，当被测量导致电容量发生变化时，振荡器的振荡频率就发生变化。

虽然可将频率作为测量系统的输出量，用以判断被测非电量的大小，但此时系统是非线性的，不易校正，因此加入鉴频器，将频率的变化转换为振幅的变化，经过放大就可以用仪器指示或记录下来。调频测量电路原理图及测量电路图分别如图 2-35 和图 2-36 所示。

图 2-35　调频式测量电路原理图

图 2-36 中振荡器的振荡频率为

$$f = \frac{1}{2\pi\sqrt{LC}} \tag{2-64}$$

式中，L 为振荡回路的电感；C 为振荡回路的总电容，$C=C_1+C_i+C_0\pm\Delta C$，C_1 为振荡回路固有电容；C_i 为传感器引线分布电容；$C_0\pm\Delta C$ 为传感器的电容。

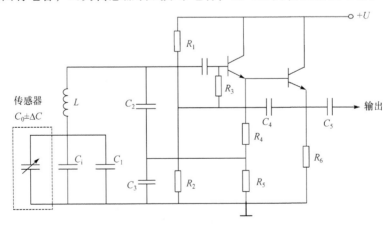

图 2-36　调频式测量电路图

当被测信号为零时，$\Delta C=0$，振荡器存在固有振荡频率 f_0：

$$f_0 = \frac{1}{2\pi\sqrt{L(C_1 + C_i + C_0)}} \tag{2-65}$$

$$f = \frac{1}{2\pi\sqrt{L(C_1 + C_i + C_0 \pm \Delta C)}} = f_0 \pm \Delta f \tag{2-66}$$

可见调频信号的频率变化与电容变化呈一定的函数关系。传感器具有较高的灵敏度,可测至 0.001μm 级位移变化量,易于用数字仪器测量,并与计算机通信,抗干扰能力强。

2. 交流电桥

含紧耦合电感臂的交流电桥具有较高的灵敏度和稳定性,且寄生电容影响小,大大简化了电桥的屏蔽和接地,适合在高频电源下工作。变压器电桥使用元件最少,桥路内阻最小,因此目前在测量电容中较多采用。图 2-37 为两种交流电桥的结构示意图,图 2-38 为电桥测量电路的原理图。

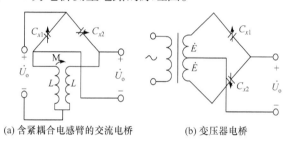

(a) 含紧耦合电感臂的交流电桥　　　　(b) 变压器电桥

图 2-37　交流电桥结构示意图

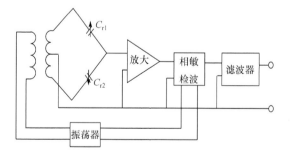

图 2-38　电桥测量电路原理图

电桥的输出电压与电源电压成比例,因此要求电源电压波动极小,需采用稳幅、稳频等措施。在要求精度很高的场合,可采用自动平衡电桥;传感器必须工作在平衡位置附近,否则电桥非线性增大;接有电容式传感器的交流电桥输出阻抗很高,输出电压幅值又小,所以必须后接高输入阻抗放大器将信号放大后才能测量。

3. 运算放大器式电路

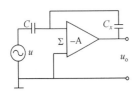

图 2-39 运算放大器式电路原理图

运算放大器的放大倍数 K 非常大,而且输入阻抗 Z_i 很高。运算放大器的这一特点可以使其作为电容式传感器比较理想的测量电路。图 2-39 是运算放大器式电路原理图。C_x 为电容式传感器,C 为固定电容,u 是交流电源电压,u_o 是输出信号电压。由运算放大器工作原理可知:

$$U_o = -\frac{\dfrac{1}{\mathrm{j}\omega C_x}}{\dfrac{1}{\mathrm{j}\omega C}}U = -\frac{C}{C_x}U \tag{2-67}$$

又根据式(2-57)中 $C_x = \dfrac{\varepsilon A}{d}$,所以有

$$U_o = -\frac{UC}{\varepsilon A}d \tag{2-68}$$

可见运算放大器的输出电压与动极板的板间距离 d 成正比。运算放大器电路解决了单个变极距型电容式传感器的非线性问题。这就从原理上保证了变极距型电容式传感器的线性。如果电容式传感器是变面积式或变介电常数式,可交换 C 和 C_x 在电路中的位置,仍可使 U_o 与被测参数的函数关系为线性。

式(2-68)是在运算放大器的放大倍数和输入阻抗无限大的条件下得出的,因此实际情况下,仍然存在一定的非线性误差,但目前集成运算放大器的放大倍数和输入阻抗已达到 $10^5 \sim 10^6$ 数量级,所以这种误差很小。

2.4.3 电容式传感器的应用

1. 电容式差压传感器

电容式传感器的应用多为压力/差压测量,在此仅介绍以此原理制成的电容式差压变送器,压力变送器的原理和结构与其基本相同。变极距式压力传感器基本上采用了差动方式。

电容式差压传感器结构如图 2-40 所示。左右对称的不锈钢基座的外侧加工成环状波纹沟槽,并焊上波纹隔离膜片。基座内侧有玻璃层,基座和玻璃层中央开有孔,使隔离膜片与测量膜片连通。玻璃层内表面磨成凹球面,球面除边缘部分外镀有一层金属膜,金属膜电容的左、右定极板经导线引出,与测量膜片(即动极板)构成两个串联电容 C_1 和 C_2。测量膜片为弹性平膜片,被夹入和焊接在基座中央,将空间分隔成左、右两部分,并在测量膜片分离的左、右空间中充入硅油。隔离膜片

与壳体构成左、右两个测量室,称为正、负压室(即高、低压室)。当分别承受高压 P_1 和低压 P_2 时,硅油的不可压缩性和流动性便将差压 $\Delta P = P_1 - P_2$ 传递到测量膜片的两侧。因为测量膜片焊接前加有预张力,所以差压 $\Delta P = 0$ 时十分平整,与左、右定极板组成的电容量完全相等,即 $C_1 = C_2$。当 $\Delta P \neq 0$ 时,测量膜片发生变形,动极板与低压侧定极板之间的极距减小,而与高压侧定极板之间的极距增大,使得 $C_1 < C_2$。

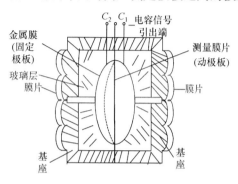

图 2-40　电容式差压传感器结构

如图 2-41 所示,无压差时,左、右两侧初始电容均为 C_0;有压差时,动极板变形到虚线位置,虚线位置与低压侧固定极板之间的电容为 C_2,与高压侧定极板之间的电容为 C_1,压力、差动电容的变化值与压力差成正比。压力与电容的函数关系为

$$\frac{C_2 - C_1}{C_2 + C_1} = K_1 \Delta p \tag{2-69}$$

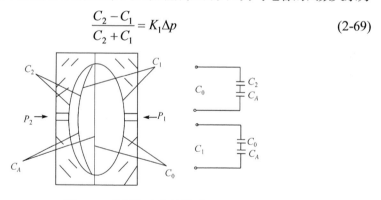

图 2-41　差压与电容的关系

2. 变面积式电容压力传感器

变面积式电容压力传感器结构如图 2-42(a)所示。被测压力作用在金属膜片上,通过中心柱 2 和支撑簧片 3,使可动电极 4 随簧片中心位移而动作。可动电极 4 与固定电极 5 都是金属材质加工成的同心多层圆筒构成的,断面呈梳齿形,其电容量由两电极交错重叠部分的面积所决定,如图 2-42(c)所示。

固定电极的中心柱6经绝缘支架7与外壳之间绝缘,可动电极则与外壳导通。压力引起的极间电容变化由中心柱引至电子线路,变为 4～20mA 直流信号输出,电子线路与传感部分安装在同一外壳中,整体小巧紧凑。结构如图 2-42(b)所示。

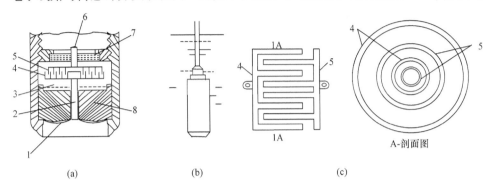

(a)　　　　　　　　(b)　　　　　　　　(c)

图 2-42　变面积式电容压力传感器结构
1-金属膜片;2,6-中心柱;3-支撑簧片;4-可动电极;5-固定电极;7-绝缘支架;8-挡块

金属膜片为不锈钢材质,或加镀金层,具有一定的防腐蚀能力。为了保护膜片在过载时不至于损坏,在其背面加入了带有波纹表面的挡块 8,压力过高时,膜片与挡块贴紧可以避免变形过大。膜片中心位移不超过 0.3mm,其背面无硅油,可视为恒定的大气压。

2.5　电涡流式传感器

根据法拉第电磁感应定律,块状金属导体置于变化的磁场中或在磁场中做切割磁力线运动时(与金属是否块状无关,且切割不变化的磁场时无涡流),导体内将产生呈涡旋状的感应电流,称电涡流,以上现象称为电涡流效应。而根据电涡流效应制成的传感器称为电涡流式传感器。电涡流式传感器最大的特点是能对位移、厚度、表面温度、速度、应力、材料损伤等进行非接触式连续测量,另外还具有体积小、灵敏度高、频率响应宽等特点,应用极其广泛。

2.5.1　电涡流式传感器的工作原理

如图 2-43 所示,高频信号 i_s 施加于临近金属一测的电感线圈 L 上,L 产生的高频磁场作用于金属板的表面。由于集肤效应,高频电磁场不能透过具有一定厚度的金属板,而仅作用于表面的薄层内,而金属板表面感应的涡流 i 产生的电磁场又反作用于线圈 L 上改变了线圈的等效阻抗 Z,其变化程度取决于线圈 L 的外形尺寸、线圈 L 至金属板之间的距离 x、金属板材料的磁导率 ρ、电导率 $\mu(\rho$ 均与材料的质地及温度有关)以及 i_S 的频率 f 等。对非导磁金属($\mu \approx 1$)而言，若 i_S 及 L 等参数均已定，当金属板的厚度远大于涡流渗透深度时，表面感应的涡流 i 几乎只取决于线圈 L 到金属板的距离，而与板的厚度及电阻率的变化无关。以下分别讨论集肤效应和线圈的等效阻抗。

当高频(频率 f 大约为 100kHz)信号源产生的高频电压施加到一个靠近金属导体附近的电感线圈 L 时，将产生高频磁场 H。当被测导体置于该交变磁场范围之内时，被测导体就产生电涡流 i。i 在金属导体的纵深方向并不是均匀分布的，而只集中在金属导体的表面，这称为集肤效应(也称趋肤效应)。集肤效应与激励源频率 f、工件的电导率 σ、磁导率 μ 等有关。频率 f 越高，电涡流渗透的深度就越浅，集肤效应就越严重。

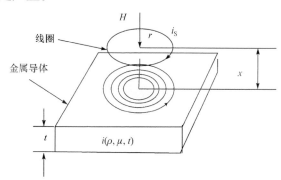

图 2-43　电涡流式传感器原理图

涡流大小与导体磁导率 ρ、电导率 μ、厚度 t、线圈到金属导体表面的距离 x 以及线圈的激励电流频率 f 等参数有关。磁场变化频率越高，涡流的集肤效应越显著，即涡流的穿透深度越小，其穿透深度 h 可表示如下：

$$h = 5030\sqrt{\frac{\rho}{\mu f}}\,(\text{cm}) \tag{2-70}$$

式中，ρ 为导体的电阻率，$\Omega \cdot \text{cm}$；μ 为导体相对磁导率；f 为交变磁场频率，Hz。

由式(2-70)可知，涡流穿透深度 h 与激励电流频率 f 有关，涡流线圈受电涡流影响时的等效阻抗 Z 的函数表达式为

$$Z = R + j\omega L = F(f, \mu, \sigma, r, x) \tag{2-71}$$

式中，r 是金属导体的表面因素(粗糙度、沟痕、裂纹)；x 是线圈到金属导体的距离。

由此可见，线圈阻抗的变化完全取决于被测金属导体的电涡流效应，分别与以上因素有关：如果只改变式(2-71)中的一个参数，保持其他参数不变，传感器线圈的阻抗 Z 就只与该参数有关，如果测出传感器线圈阻抗的变化，就可以确定该参数。在实际应用中，通常是改变线圈到导体的距离 x，而保持其他参数不变，

来实现位移和距离的测量。

电涡流传感器的工作原理实际上是由于受到交变磁场影响的导体中产生的电涡流起到调节线圈原来阻抗的作用。当改变影响阻抗 Z 的因素中的某一个量，而固定其他量时，可以通过测量等效阻抗 Z 的变化来确定该参数的变化。在目前的测量电路中，也通常有通过测量 ΔZ 或 ΔL 等来测量 f、μ、σ、r、x 的情况。

因为电涡流式传感器的等效电气参数是互感系数及电感的函数。通常总是利用其等效电感的变化组成测量电路，所以电涡流式传感器属于电感式(互感式)传感器。

电涡流的强度与距离呈非线性关系，且随着 x/r 的增加而迅速减小。当利用电涡流式传感器测量位移时，只有在 $x/r \ll 1$(一般取 0.05~0.15)才能得到较好的线性和较高的灵敏度。

2.5.2 电涡流式传感器的结构及测量电路

1. 传感器结构

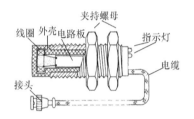

电涡流式传感器的结构比较简单，主要由一个安置在框架上的扁平圆形线圈构成，结构如图 2-44 所示。涡流式传感器的电感线圈绕成一个扁平圆形线圈，粘贴于框架上，或者也可以在框架上开一条槽，将导线绕制在槽内形成一个线圈。

图 2-44　电涡流式传感器结构图

2. 调幅式测量电路

调幅式测量电路如图 2-45 所示。图中电感线圈 L_x 和电容器 C_0 是构成传感器的基本元件。石英晶体振荡器输出的电压经放大后经由电阻 R 加到传感器上。电感线圈产生的高频磁场 ϕ 作用于金属表面。由于表面的涡流反射作用，L_x 的电感量降低，使回路失谐，从而改变了检波电压 $\dot{U}_0$ 的大小，并经由检波和放大环节进一步转变成直流信号 U_0。这样可以将 L_x-x 的关系转变成 U_0-x 的关系。通过测量检波电压 U_0，就可以确定距离 x 的大小。

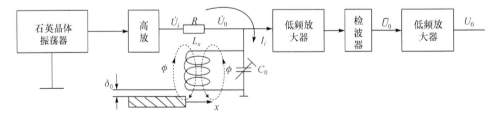

图 2-45　调幅式测量电路

若改变金属板与传感器之间的距离，则 U_0-x 的曲线如图 2-46 所示。

3. 调频式测量电路

调频式测量电路如图 2-47 所示，传感器线圈作为组成 LC 振荡器的电感元件，当传感器等效电感在涡流影响下因被测量变化而发生变化时，振荡器的振荡频率也发生变化，该频率可直接由数字频率计测得，或通过频率-电压变换后用数字电压表测量出对应的电压。

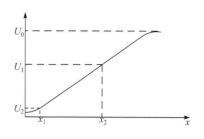

图 2-46 电涡流式传感器的 U_0-x 输出特性曲线

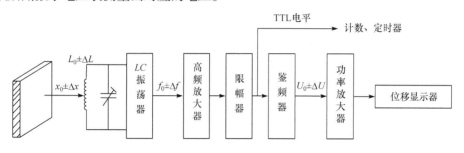

图 2-47 调频式测量电路

2.5.3 电涡流式传感器的应用

电涡流式传感器由于具有测量范围大、灵敏度高、结构简单、抗干扰能力强和可以非接触测量等优点，广泛用于工业生产和科学研究的各个领域。

在使用传感器时，应该注意被测材料对测量的影响，被测体导电率越高，灵敏度越高，在相同量程下，其线性范围越宽。其次，被测体形状对测量也有影响，被测物体的面积远大于传感器检测线圈面积时，传感器灵敏度基本不发生变化；当被测物体面积为传感器线圈面积的一半时，其灵敏度减少一半；更小时，灵敏度则显著下降。当被测物体为圆柱体时，当它的直径 D 是传感器线圈直径 d 的 2.5 倍以上时，不影响测量结果；当 $D/d=1$ 时，灵敏度降低至原来的 70%。下面简单介绍几种主要的电涡流式传感器的应用实例。

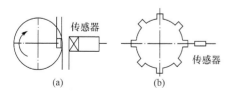

图 2-48 转速测量示意图

1. 转速测量

在一个旋转体上开一条或数条槽(图 2-48(a))或者做成齿状(图 2-48(b))，再在旁边安装一个电涡流传感器，当旋转体转动时，电涡流传感器将周期性地改变输出信号，此电压信号经过放大、整形，可用频率计指示出频率值。该数值与被测转速以及齿轮的齿数有关，即

$$N = 60\frac{f}{z} \tag{2-72}$$

式中，f为频率值，Hz；z为旋转体的槽数(齿数)；N为被测轴的转速，r/min。

2. 厚度测量

电涡流式传感器可以无接触地测量金属板厚度和非金属板的镀层厚度。图2-49(a)为电涡流式厚度计的测量原理图。当金属板 1 的厚度变化时，将使传感器探头 2 与金属板间的距离改变，从而引起输出电压的变化。在工作过程中金属板会上下波动，这将影响测量精度，因此，一般电涡流式测厚计常用比较的方法测量，如图 2-49(b)所示。在被测板的上、下方各装一个传感器探头，其间距离为 D，而它们与板的上、下表面分别相距 d_1 和 d_2，这样，板厚度为 $t = D - (d_1 + d_2)$，当两个传感器在工作时分别测得 d_1 和 d_2 所对应的电压后，两者相加。相加后的电压与两传感器间距离 D 对应的设定电压相减，就得到与板厚度相对应的电压值了。

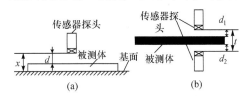

图 2-49　厚度测量示意图

3. 涡流探伤

电涡流式传感器可以用来检查金属的表面裂纹、热处理裂纹，还可用于焊接部位的探伤等。使传感器与被测体距离不变，若有裂纹出现，将引起金属的电阻率、磁导率的变化。在裂纹处也可以说有位移值的变化。这些综合参数 (x, ρ, μ) 的变化将引起传感器参数的变化，通过测量传感器参数的变化即可达到探伤的目的。

在探伤时，导体与线圈之间是有相对运动速度的，在测量线圈上会产生调制频率信号，这个调制频率取决于相对运动速度和导体中物理性质的变化速度，如缺陷、裂缝，它们出现的信号总是比较短促的。所以缺陷、裂缝会产生较高的频率调幅波。剩余应力趋向于中等频率调幅波，热处理、合金成分变化趋向于较低的频率调幅波。因此，在探伤时，要将缺陷信号和干扰信号区分开来。可以使用滤波器，使裂缝信号能通过而干扰信号被抑制。

电涡流式传感器可以探测地下埋没的管道或金属体，包括探测带金属零件的地雷。探雷时，探雷者戴上耳机，平时耳机里没有声音，探到金属体时，探雷传感器的电感量 L 变化，耳机有声音报警。

思考题与习题

2.1　什么叫应变效应？利用应变效应解释金属电阻应变片的工作原理。

2.2　金属电阻应变片与半导体应变片的工作原理有何区别？各有何优缺点？

2.3　环境温度影响应变片测量的因素有哪些？为什么差动直流电桥电路可以减小温度对应变片测量的影响？

2.4　图 2-50 为一应变片测量桥路。U=10V，$R_1=R_2=R_3=R_4=350\Omega$。

(1) R_1 为测量应变片，其余电阻为常值电阻。当应变片变化 $\Delta R_1 = 2.5\Omega$，求桥路的输出电压 U_{out}。

(2) R_1 和 R_2 均为应变片，且批号相同，感受应变的极性和大小都相同，其余电阻为常值电阻。当 $\Delta R_1 = \Delta R_2 = 2.5\Omega$ 时，电桥电源电压 U。求桥路的输出电压 U_{out}。

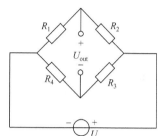

图 2-50　题 2.4 桥路

(3) 题(2)中，如果 R_2 与 R_1 感受应变的极性相反，即 $\Delta R_1 = -\Delta R_2 = 2.5\Omega$。求桥路的输出电压 U_{out}。

2.5　利用电容量变化测量非电量的方法按原理可分为哪几类？

2.6　为什么变极距式差动电容传感器可以减少测量的非线性误差？

2.7　自感式压力传感器和互感式差动传感器在测量原理上有什么区别？为什么要使用差动结构进行信号转换？

2.8　为什么互感式差动传感器存在零点残余电压？怎样消除零点残余电压对测量的影响？

2.9　试述调幅式和调频式电涡流式传感器测量电路的工作原理。

第 3 章　能量转换型传感器

被测物理量转换为电量信号的方式除变换为电阻抗外，还可以变换为电流、电势等信号。传感器本身可主动输出电能量，属于能量转换型的传感器。这种类型的传感器种类很多，可利用某种特定的物理效应，将被测非电量信号量转换为电能形式输出。本章将介绍的霍尔传感器、压电式传感器和光电式传感器均属于这一类型。

3.1　霍尔传感器

霍尔传感器通过"霍尔效应"将弹性元件的形变或位移信号转换为电势信号，实现测量信号的远传和处理。"霍尔效应"是美国物理学家霍尔于 1879 年在金属材料中发现的一种磁电效应，直到 19 世纪 20 年代中期，随着半导体材料的加工和应用技术的不断完善，这一物理效应才逐渐应用于工业检测，目前利用半导体材料制造的各类霍尔传感器，已广泛应用在工业测量和控制的各个领域。

3.1.1　霍尔传感器的工作原理

霍尔传感器的传感元件使用硅(Si)、锗(Ge)、锑化铟(InSb)、砷化铟(InAs)等半导体材料制造。这类材料制造的半导体薄片，在磁场和电流的共同作用下会产生"霍尔效应"。

一个半导体薄片，若使控制电流 I 通过它的两个相对侧面，在与电流垂直的另外两个相对侧面施加磁感应强度为 B 的磁场，那么在半导体薄片与电流和磁场均垂直的另外两个侧面上将产生电势信号 U_H。这一现象称为霍尔效应，产生的电势称为霍尔电势，其大小和控制电流 I 和磁感应强度 B 的乘积成正比。

霍尔效应的产生是由于运动电荷受磁场中洛伦兹力作用的结果，如图 3-1 所示，假设在 N 型半导体薄片的垂直方向上加一磁感应强度为 B 的恒定磁场，在半导体薄片相对两侧

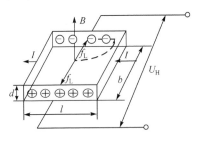

图 3-1　霍尔效应原理

加控制电流 I 时，半导体材料中的电子运动由于受到洛伦兹力的作用，电子运动的轨道发生偏移，沿图中虚线所示的轨迹运动，一个端面因电子积累显负极性，另一个端面因失去电子而显正极性，因此在与磁场 B 和电流 I 均垂直的两个端面上出现电位差。

霍尔电势 U_H 的大小与半导体材料、控制电流 I、磁感应强度 B 以及霍尔元件的几何尺寸等有关。可表示为

$$U_H = \frac{IB}{ned} = R_H \frac{IB}{d} \tag{3-1}$$

式中，I 为控制电流；B 为磁感应强度；n 为半导体材料单位体积内的电子数；e 为电子电量；d 为霍尔片厚度；R_H 为霍尔常数，$R_H = 1/(ne)$，它反映了材料霍尔效应的强弱，其大小由材料决定。

金属材料中的自由电子浓度 n 很高，因此霍尔常数 R_H 很小，则产生的霍尔电势 U_H 极小，故金属材料不宜作为霍尔元件，所以霍尔元件都是由半导体材料制成的。

令 $K_H = \dfrac{R_H}{d}$，则得到

$$U_H = K_H IB \tag{3-2}$$

式中，K_H 为霍尔元件的灵敏度，表示单位电流和单位磁场作用下，开路时霍尔电势的大小。它与元件的厚度成反比，霍尔片越薄，灵敏度系数越大。但在考虑提高灵敏度的同时，必须兼顾元件的强度和内阻。

由式(3-2)可知，霍尔电势的大小正比于控制电流 I 和磁感强度 B，提高 I 和 B 值可增大 U_H。I 的大小与霍尔元件的尺寸有关，尺寸越小，I 越小，一般，$I=3\sim 20\text{mA}$(尺寸大的可达数百毫安)；B 约为 0.1T，则 U_H 为几毫伏到几百毫伏。若磁感强度 B 与霍尔片法线之间有夹角 α，则有

$$U_H = KIB\cos\alpha \tag{3-3}$$

3.1.2　霍尔元件的基本特性

使用霍尔器件时，除注意其灵敏度外，还应考虑输入阻抗、输出阻抗、控制电流、温度系数和使用温度范围。输入阻抗是指其电流输入端之间的阻抗；输出阻抗是指霍尔电压输出正负端子间的内阻，外接负载阻抗最好与它相等，以便达到最佳匹配；由于半导体材料对环境温度比较敏感，所以控制电流大小、温度系数和使用温度范围也不容忽视，以免引起过大误差。

1. 控制电流

当霍尔器件的控制电流使器件本身在空气中产生 10℃温升时，对应的控制

电流值称为额定控制电流。以器件允许的最大温升为限制，所对应的控制电流值称为最大允许控制电流。因为霍尔电势随控制电流的增加而线性增加，所以实际应用中总希望选用尽可能大的控制电流，因而需要知道器件的最大允许控制电流。当然，与许多电气元器件一样，改善它的散热条件还可以增大最大允许控制电流值。

2. 输入电阻

输入电阻指在没有外磁场和室温变化的条件下，电流输入端的电阻值。霍尔器件工作时需要加控制电流，这就需要知道控制电极间的电阻，即输入电阻。

3. 输出电阻

在没有外磁场和室温变化的条件下，霍尔电极输出霍尔电动势。由于对后续电路而言，霍尔电极输出的霍尔电动势是电源，因此需要知道霍尔电极之间的电阻，称输出电阻。输出电阻在无外接负载时测得。

4. 乘积灵敏度 S_H

在单位控制电流 I_c 和单位磁感应强度 B 的作用下，霍尔器件输出端开路时测得的霍尔电压 S_H 称为乘积灵敏度，其单位为 $V/(A \cdot T)$。乘积灵敏度还可以表示为 $S_H = R_H/d = \rho u/d$。由此看出，半导体材料的电子迁移率 u 越大，或半导体晶片厚度越薄，则乘积灵敏度 S_H 越大。

5. 不等位电动势 U_0

当霍尔器件的控制电流为额定值 I_c 时，若器件所处位置的磁感应强度为零，则它的霍尔电动势应该为零，但实际不为零，这时测得的空载霍尔电势称为不等位电动势 U_0。这是由于在生产中工艺条件的限制，会出现霍尔电压输出端的两个电极位置不能完全对称、厚度不均匀或焊接不良等现象。U_0 越小，霍尔器件性能越好。

6. 霍尔电动势温度系数 β

在一定磁感应强度和控制电流作用下，环境温度每变化 1℃，霍尔电压 U_H 的相对变化值称为霍尔电压温度系数，用 β 表示，其单位为%/℃。β 越小，表明霍尔器件的温度稳定性越好。

3.1.3 霍尔元件的误差及补偿

霍尔元件在实际应用中存在的误差主要有两类：一是由于制造工艺缺陷造成

的不等位电势；二是由于温度变化对半导体材料特性的影响。以下就误差产生的原因进行具体的说明。

1. 不等位电动势及其补偿

不等位电动势是零位误差的主要成分。它是由器件输出极焊接不对称、厚薄不均匀、两个输出极接触不良等造成的，可以通过桥路平衡的原理加以补偿。

在分析不等位电动势时，可以把霍尔器件等效为一个电桥。如图 3-2 所示，4个桥臂电阻分别为 r_1、r_2、r_3、r_4。当两个霍尔电动势电极处于同一等位面时，$r_1=r_2=r_3=r_4$，电桥平衡，这时输出电压 U_o 等于零；当霍尔电动势电极不在同一等位面上时，若 r_3 增大，r_4 减小，则电桥失去平衡，输出电压 U_o 就不等于零。恢复电桥平衡的办法是减小 r_2、r_3。如果在制造过程中确知霍尔电极偏离等位面的方向，就应采用机械修磨或化学腐蚀的方法来减小不等值电动势。

对已经制成的霍尔器件，可以采用外接补偿线路进行补偿。图 3-3 为一种常见的具有温度补偿的不等位电动势补偿电路。该补偿电路接成桥式电路，其工作电压由霍尔器件的控制电压提供；其中一个桥臂为热敏电阻 R_t，且 R_t 与霍尔器件的等效电阻的温度特性相同。在该电桥的负载电阻 R_{r2} 上取出电桥的部分输出电压(称为补偿电压)，与霍尔器件的输出电压反接。在磁感应强度 B 为零时，调节 R_{r1} 和 R_{r2}，使补偿电压抵消霍尔器件此时输出的不等位电动势，从而使 $B=0$ 时总输出电压为零。

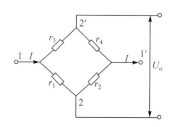

图 3-2　霍尔器件的等效电路

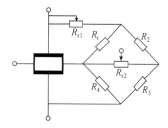

图 3-3　不等位电动势的桥式补偿电路

在霍尔器件的工作温度下限为 T_1 时，热敏电阻的阻值为 $R_t(T_1)$。电位器 R_{r2} 保持在某确定位置，通过调节电位器 R_{r1} 来调节补偿电桥的工作电压，使补偿电压抵消此时的不等位电动势，此时的补偿电压称为恒定补偿电压。

当工作温度由 T_1 升高到 $T_1+\Delta T$ 时，热敏电阻的阻值为 $R_t(T_1+\Delta T)$。R_{r1} 保持不变，通过调节 R_{r2}，使补偿电压抵消此时的不等位电动势。此时的补偿电压实际上包含了两个分量：一个是抵消工作温度为 T_1 时的不等位电动的恒定补偿电压分量，另一个是抵消工作温度升高 ΔT 时的不等位电动势的变化量的变化补偿电压分量。

根据上述讨论，可知采用桥式补偿电路，可以在霍尔器件的整个工作温度范围内对不等位电动势进行良好的补偿，并且对不等位电动势的恒定部分和变化部分的补偿可相互独立地进行调节，从而达到相当高的补偿精度。

2. 温度误差及其补偿

由于半导体材料载流子浓度和迁移率随着温度变化，引起电阻率也随温度变化，因此，霍尔器件的性能参数，如内阻、霍尔电动势等对温度的变化也是很敏感的。各种材料的霍尔器件的输出电动势与温度变化的关系如图 3-4 所示。由图示关系可知，锑化铟材料霍尔器件的输出电动势对温度变化的敏感最显著，且是负温度系数；砷化铟材料的霍尔器件比锗材料的霍尔器件受温度变化影响小，但它们都有一个转折点，到了转折点就从正温度系数转变成负温度系数，转折点的温度就是霍尔器件的上限工作温度，考虑到器件工作时的温升，其上限工作温度

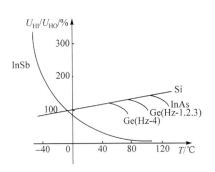

图 3-4　霍尔器件输出电动势与温度变化的关系

应适当地降低一些。硅材料霍尔器件的温度电动势特性较好。

为了减小霍尔器件的温度误差，除选用温度系数小的材料(如砷化铟)或采取恒温措施外，用恒流源供电方式往往可以得到比较明显的效果，如图 3-5 所示。恒流源供电的作用是减小器件内阻随温度变化所引起的控制电流变化，但是采用恒流源供电不能完全解决霍尔电动势的稳定性问题，必须配合其他补偿线路。

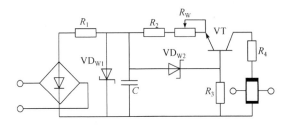

图 3-5　恒流源补偿电路

3.1.4　霍尔集成传感器

由霍尔元件及有关电路组成的传感器称为霍尔传感器。随着微电子技术的发展，目前，霍尔传感器都已集成化，即把霍尔元件、放大器、温度补偿电路及稳压电源或恒流电源等集成在一个芯片上，由于其外形与集成电路相同，故又称霍尔集成电路。霍尔传感器的霍尔材料仍以半导体硅为主要材料，按其输出信号的

形式可分为线性型和开关型两种。

线性型霍尔传感器由霍尔元件、恒流源、线性放大器和射极跟随器组成，它输出模拟量。输出电压较高，使用非常方便。UGN3501M 就是一种具有双端差动输出特性的线性霍尔器件。图 3-6 为其内部集成电路示意图和输出特性曲线。当其感受的磁场为零时，其第 1 脚相对于第 8 脚的输出电压为零。当感受的磁场为正向(磁钢的 S 极对准霍尔器件的正面)时，输出为正；当磁场为反向时，输出为负，因此使用起来非常方便。它的第 5、6、7 脚外接一只微调电位器时，就可以微调并消除不等位电压引起的差动输出零点漂移。

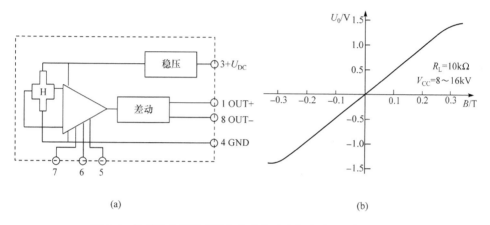

图 3-6   差动输出线性型霍尔集成电路内部电路图及特性曲线

开关型霍尔传感器由稳压器、霍尔元件、差分放大器、斯密特触发器和 OC 门等组成，它输出数字量。当外加磁场强度超过规定的工作点时，OC 门由高阻变为导通状态，输出变为低电平，当外加磁场强度低于释放点时，OC 门重新变为高阻态，输出为高电平。图 3-7 为其内部集成电路示意图和输出特性曲线。常见的型号有美国 SPR 公司的 UGN(S)3019T、UGN(S)3020T，日本松下公司的 DN837、DN6839 等。

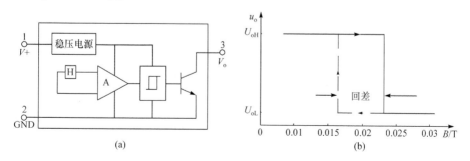

图 3-7   开关型霍尔集成电路内部电路框图及特性曲线

3.1.5　霍尔传感器的应用

霍尔元件具有结构简单、体积小、质量轻、频带宽、动态特性好和寿命长等许多优点，因而得到广泛应用。在电磁测量中，由它测量恒定或交变的磁感应强度、有功功率、无功功率、相位和电能等参数，多用于电磁、位移、加速度、压力和振动等参数的测量。

1. 霍尔式压力传感器

由上述霍尔电势产生的原理可知，对于材料和结构已定的霍尔元件，其霍尔电势仅与 B 和 I 有关。若控制电流 I 一定，改变磁感应强度 B，则会使霍尔电势 U_H 变化，霍尔压力传感器正是采用了这样一种检测方式。

如图 3-8 所示，图(a)、图(b)分别为以弹簧管和膜盒作为弹性元件测量压力的压力表结构，被测压力 P 使弹性元件产生形变，采用各自的机械连接方式，使霍尔片发生位移。在霍尔片的上、下垂直安装两对磁极，使霍尔片处于两对磁极形成的非均匀磁场中。霍尔片的四个端面引出四根导线，其中与磁钢平行的两根导线和恒流稳压电源相连，另外两根导线用来输出霍尔电势信号。磁场采用了图 3-9(a)所示的特殊几何形状的磁极极靴形成线性度均匀分布情况，即均匀梯度的磁场。y_0 一般为 1～2mm。

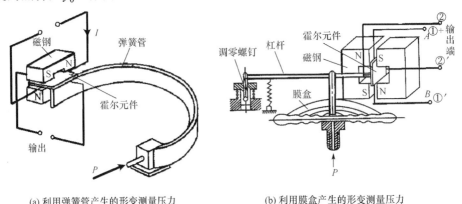

(a) 利用弹簧管产生的形变测量压力　　　　　　(b) 利用膜盒产生的形变测量压力

图 3-8　霍尔式远传压力表结构

当无压力且霍尔片处于两对极靴之间的对称位置时，由于霍尔片两侧所通过的磁通大小相等、方向相反，故由两个相反方向磁场作用而产生的霍尔电势大小相等、极性相反。因此霍尔片两端输出的总电势 U_H 为零。当传感器通入被测压力 P 后，弹性元件的位移带动霍尔片做偏离其平衡位置的移动，这时霍尔片两端所产生的两个极性相反的电势之和就不再为零，由于沿霍尔片位移方向磁感应强度的分布呈均匀梯度状态，故由霍尔片两端输出的霍尔电势与弹性元件的位移呈线性关系，如图 3-9(b)所示，从而实现了压力-位移-霍尔电势的转换。

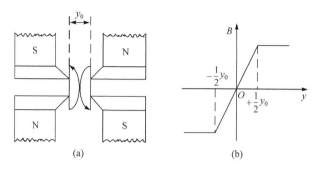

图 3-9　极靴间磁感应强度的分布

2. 磁场的测量

由式(3-2)可知，在控制电流恒定的情况下，霍尔电势的大小与磁感应强度成正比，由于霍尔元件的结构特点，它特别适用于微小气隙中的磁感应强度、高梯度磁场参数的测量。

由式(3-3)可知，若磁感应强度 B 方向与霍尔片法线方向成 α 角，显然只有磁感应强度 B 在基片法线方向上的分量 $B\cos\alpha$ 才产生霍尔电势，即 $U_H=KIB\cos\alpha$。所以霍尔电势 U_H 是磁场方向与霍尔基片法线方向之间夹角 α 的函数。运用这个原理，可以制成霍尔磁罗盘、霍尔方位传感器、霍尔转速传感器等。

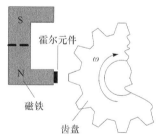

图 3-10 为霍尔转速表示意图。在被测转速的转轴上安装一个齿盘，也可选取机械系统中的一个齿轮，将霍尔元件及磁路系统靠近齿盘，随着齿盘的转运，磁路的磁阻也周期性地变化，测量霍尔元件输出的脉冲频率就可以确定被测物的转速。

图 3-10　霍尔转速表

3.2　压电式传感器

压电传感是根据"压电效应"原理把被测参数变换成电信号。当某些晶体沿着某一个方向受压或受拉发生机械变形(压缩或伸长)时，在其相对的两个表面上会产生异性电荷，这种现象就是"压电效应"。压电效应是可逆的，当晶体受到外电场影响时会产生形变，这种现象称为"逆压电效应"，也称电致伸缩效应。压电式传感器具有体积小、重量轻、结构简单、工作可靠、动态特性好、静态特性差的特点。该传感器多用于加速度和动态力或压力的测量。

具有压电效应的材料称为压电材料，压电材料能实现机-电能量的相互转化，具有一定的可逆性。目前能够广泛使用的压电材料有石英晶体和人工制造的压电陶瓷、钛酸钡、锆钛酸铅等材料，这些材料都具有良好的压电效应。

3.2.1 压电特性的产生

1. 压电晶体的压电特性

常用的压电晶体为石英晶体(二氧化硅)，它是单晶结构，为六角形晶柱，两端呈六棱锥形状，如图 3-11 所示。在三维直角坐标系中，x 轴称为电轴，y 轴称为机械轴，z 轴称为光轴。石英晶体在 3 个不同方向上的物理特性是不同的。沿电轴 x 方向施加作用力产生的压电效应称为纵向压电效应；沿机械轴 y 方向施加作用力产生的压电效应称为横向压电效应；而沿光轴 z 方向施加作用力则不产生压电效应。

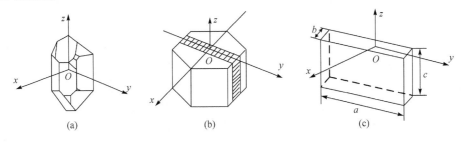

图 3-11　石英晶体

从石英晶体上沿 y 方向切下一块如图 3-11(c)所示的晶片，当沿着 x 轴方向施加作用力 f_x 时，则在与 x 轴垂直的两个平面上有等量的异性电荷 q_x 与 $-q_x$ 出现，如果 A_x 代表 x 方向的受力面积，p 代表作用在 A_x 上的压力，则 $f_x = pA_x$，产生的电荷为

$$q_x = k_1 f_x = k_1 p A_x \qquad (3\text{-}4)$$

式中，k_1 为 x 轴方向受力的压电常数，$k_1 = 2.31 \times 10^{-12} \text{C/N}$。

当在同一切片上，沿 y 轴方向施加作用力 $f_y = pA_y$ 时，则仍然会在与 x 轴垂直的平面上产生电荷，其值为

$$q_y = k_2 \frac{a}{b} p A_y = -k_1 \frac{a}{b} p A_y \qquad (3\text{-}5)$$

式中，k_2 为 y 轴方向受力的压电常数，因石英轴对称，所以 $k_2 = -k_1$；a、b 为分别为晶片的长度和厚度。

电荷 q_x 和 q_y 的符号由受拉力还是受压力作用决定。由式(3-4)、式(3-5)可知，q_x 的大小与晶片几何尺寸无关，而 q_y 则与晶片几何尺寸有关。因此采用式(3-4)方式测量更方便，当 A_x 确定，则测出 q_x 便可以得到 p。

石英晶体是一种天然晶体，作为常用的压电传感器，具有转换效率和转换精度高、线性范围宽、重复性好、固有频率高、动态特性好、工作温度高达 550℃(压电系不随温度变化而改变)、工作湿度高达 100%等优点，它的稳定性是其他压电材料所无法比拟的。

2. 压电陶瓷的压电特性

压电陶瓷是人造多晶体，它的压电机理与石英晶体并不相同。压电陶瓷属于铁电体物质，是一种经极化处理后的人工多晶体，由无数细微的电畴组成。

在无外电场时，各电畴杂乱分布，其极化效应相互抵消，因此原始的压电陶瓷不具有压电特性，如图 3-12(a)所示。只有在一定的高温(100~170℃)下，对两个极化面加高压电场进行人工极化(图 3-12(b))后，陶瓷体内部保留很强的剩余极化强度，如图 3-12(c)所示。

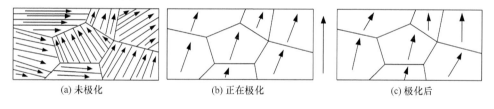

(a) 未极化   (b) 正在极化   (c) 极化后

图 3-12 压电陶瓷的极化

当沿极化方向(定义为 x 轴)施力时,在垂直于该方向的两个极化面上产生正、负电荷，其电荷量 q_x 与力 f_x 成正比，即

$$q_x = k_1 f_x = k_1 p A_x \tag{3-6}$$

式中，k_1 为压电陶瓷的纵向压电系数，可达几十至几百。

对压电陶瓷来说，平行于极化方向的轴为 x 轴,垂直于极化方向的轴为 y 轴,它不再具有 z 轴，这是与压电晶体不同的地方。

应该注意的是，刚刚极化后的压电陶瓷的特性是不稳定的，经过两三个月以后，压电常数才近似保持为一定常数。经过几年以后，压电常数又会下降，所以做成的传感器要经常校准。另外，压电陶瓷也存在逆压电效应。

压电陶瓷主要有极化的铁电陶瓷(钛酸钡)、锆钛酸铅等。钛酸钡是使用最早的压电陶瓷，它具有较高的压电常数，约为石英晶体的 50 倍。但它的居里点低，约为 120℃，机械强度和温度稳定性都不如石英晶体。压电陶瓷的压电常数大，灵敏度高，价格低廉。在一般情况下，都采用它作为压电式传感器的压电元件。

3. 高分子压电材料

新型压电材料主要包括有机压电薄膜、压电半导体等。有机压电薄膜是由某些高分子聚合物经延展、拉伸、极化后形成的具有压电特性的薄膜，如聚偏二氟乙烯、聚氟乙烯等，具有柔软、不易破碎、面积大等优点，可制成大面积阵列传感器和机器人触觉传感器。

有些材料如硫化锌、氧化锌、硫化钙等，既具有半导体特性，又具有压电特性。由于同一材料上兼有压电和半导体两种物理性能，既可以利用其压电性能制作敏感元件，又可以利用半导体特性制成电路器件，形成新型集成压电式传感器。

高分子压电材料的工作温度一般低于 100℃。当温度升高时，灵敏度将降低。它的机械强度不够高，而紫外线能力较差，不宜暴晒，以免老化。

4. 新型材料

现在还开发出一种压电陶瓷-高聚物复合材料，它是无机压电陶瓷和有机高分子树脂构成的压电复合材料，兼具无机和有机压电材料的性能。可以根据需要，综合二相材料的优点，制作性能更好的换能器和传感器。它的接收灵敏度很高，更适合于制作水声换能器。

3.2.2　压电元件的等效电路

压电元件是在压电晶片产生电荷的两个工作面上进行金属蒸镀，形成两个金属膜电极，如图 3-13 所示。

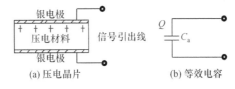

(a) 压电晶片　　　　　　　(b) 等效电容

图 3-13　压电元件

当压电晶片受力时，在晶片的两个表面上聚积等量的正、负电荷，晶片两表面相当于电容器的两个极板。两极板之间的压电材料等效于一种介质，因此压电晶片本身相当于一只平行极板介质电容器，其电容量为

$$C_a = \frac{\varepsilon_r \varepsilon_0 A}{d} \tag{3-7}$$

式中，A 为极板面积；ε_r 为压电材料的相对介电常数；ε_0 为空气的介电常数，为 $8.86 \times 10^{-14} \text{F/cm}$；$d$ 为压电晶片的厚度。

当压电式传感器受力的作用时，两个电极上呈现电压。因此，压电式传感器可以等效为一个与电容相串联的电压源，也可以等效为一个电荷源。压电式传感器的等效电路如图 3-14 所示。在实际应用中，由于需要和测量电路连接，还需考虑连接电缆的等效电容、放大器的输入电阻、输入电容以及压电式传感器的泄漏电阻等因素的影响。

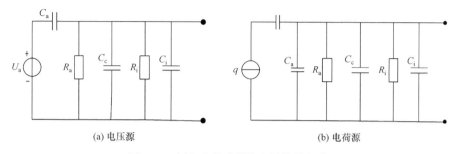

(a) 电压源　　　　　　　　　　　　　　　(b) 电荷源

图 3-14　压电式传感器的实际等效电路

由于后续电路的输入阻抗不可能无穷大，压电元件本身也存在漏电阻，极板上的电荷由于放电而无法保持不变，从而造成测量误差。因此，不宜利用压电式传感器测量静态信号。当测量动态信号时，由于交变电荷变化快，通电量相对较小，故压电式传感器适宜做动态测量。

3.2.3　压电式传感器的测量电路

1. 测量电路

压电式传感器输出的电荷量很小，而且压电元件本身的内阻很大，因此通常把传感器信号先输入高输入阻抗的前置放大器，经其放大、阻抗变换后，再进行其他后续处理。前置放大器的作用是将压电式传感器的输出信号放大，并将高阻抗输出变为低阻抗输出。

压电式传感器的输出可以是电压，也可以是电荷量。因此，前置放大器有电压放大器和电荷放大器两种形式。电压放大器可采用高输入阻抗的比例放大器，其电路比较简单，但输出受到连接电缆对地电容的影响。目前常采用电荷放大器作为前置放大器。

电荷放大器实际上是一个具有深度电容负反馈的高增益放大器，其等效电路如图 3-15 所示。图中 K 是放大器的开环增益，若放大器的开环增益足够高，则运算放大器的输入端的电位接近地电位。放大器的输入级采用了场效应晶体管，因此放大器的输入阻抗极高，放大器输入端几乎

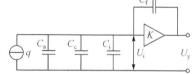

图 3-15　电荷放大器的等效电路

没有电流，电荷 q 只对反馈电容 C_f 充电，充电电压接近于放大器的输出电压，即

$$U_y = \frac{-Kq}{C_a + C_c + C_i + (1+K)C_f} \approx -\frac{q}{C_f} \tag{3-8}$$

式(3-8)表示，电荷放大器的输出电压只与输入电荷量和反馈电容有关，而与放大器的放大系数的变化或电缆、电容等均无关系，因此只要保持反馈电容的数值不变，就可以得到与电荷量 q 变化呈线性关系的输出电压。还可以看出，反馈电容 C_f 越小，输出就越大，因此要达到一定的输出灵敏度要求，就必须选择适当的反馈电容。要使输出电压与电缆电容无关是有一定条件的，当 $(1+K)C_f \gg (C_a+C_c+C_i)$ 时，放大器的输出电压和传感器的输出灵敏度就可以认为与电缆电容无关。这是使用电荷放大器很突出的一个优点。

2. 压电式传感器的合理使用

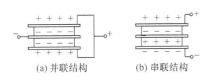

(a) 并联结构　　(b) 串联结构

图 3-16　压电元件的连接方式

在压电式传感器中，为了提高灵敏度，压电材料通常采用两片或两片以上组合在一起。因为压电材料是有极性的，所以连接方式有两种，如图 3-16 所示。

图 3-16(a)为并联结构。将两个压电元件的负端黏结在一起，中间插入金属电极作为压电元件连接件的负极，将两边连接起来作为连接件的正极。输出电容 C'、电荷量 Q' 为单片电容的两倍，而输出电压 U' 等于单片电压 U，即 $Q'=2Q$，$C'=2C$，$U'=U$。

并联接法输出电荷大，本身电容大，时间常数大，适用于测量慢变信号，并且以电荷作为输出量的地方。

图 3-16(b)为串联结构，将两个压电元件的不同极性黏结在一起。输出总电荷 Q' 等于单片电荷 Q，而输出电压 U' 等于单片电压 U 的两倍，总电容 C' 为单片电容 C 的一半，即 $U'=2U$，$Q'=Q$，$C'=C/2$。

串联接法输出电压大，本身电容小，适用于以电压作为输出信号，并且测量电路输入阻抗很高的地方。

3.2.4　压电式传感器的应用

1. 压电式加速度传感器

图 3-17 为压电式加速度传感器的结构图，压电元件一般由两片压电片组成。在压电片的两个表面上镀银层，并在银层上焊接输出引线，或在两个压电片之间夹一片金属，引线就焊接在金属片上，输出端的另一根引线直接与传感器基座相连。在压电片上放置一个密度较大的质量块，然后用一硬弹簧或螺栓、螺帽对质量块预加载荷。整个组件装在一个厚基座的金属壳体中，为防止试件的任何应变传递到压电元件上去，避免产生假信号输出，一般要加厚基座或选用刚度较大的材料来制造。

测量时，将传感器基座与试件刚性固定在一起。当传感器感受到振动时，弹簧的刚度相当大，而质量块的质量相对较小，可以认为质量块的惯性很小，因此质量块感受到与传感器基座相同的振动，并受到与加速度方向相反的惯性力作用。这样，质量块就会产生正比于加速度的交变力作用在压电片上。压电片具有压电效应，因此在它的两个表面上就产生了交变电荷(电压)，当振动频率远低于传感器的固有频率时，传感器的输出电荷(电压)与作用力成正比，亦即与试件的加速度成正比。输出电量由传感器输出端引出，输入到前置放大器后就可以用普通的测量仪器测出试件的加速度。若在放大器中加适当的积分电路，则可以测出试件的振动速度或位移。

压电陶瓷元件受外力后表面上产生的电荷为 $Q=d_{33}F$，因为传感器质量块 m 的加速度 a 与作用在质量块上的力 F 有如下关系：$F=ma$。

2. 压电式测力传感器

压电式测力传感器是利用压电元件直接实现力-电转换的传感器，通常多采用双片或多片石英晶片作为压电元件。其刚度大，测量范围宽，线性及稳定性高，动态特性好。当采用大时间常数的电荷放大器时，可测量准静态力。

图 3-18 为压电式单向测力传感器的结构图。上盖为传力元件，其变形壁的厚度为 0.1～0.5mm，由测力范围(F_{max}=5000N)决定。绝缘套用来绝缘和定位。基座内外底面对其中心线的垂直度、上盖及晶片、电极的上下底面的平行度与表面光洁度都有极严格的要求，否则会使横向灵敏度增加或使压电片因应力集中而过早破碎。

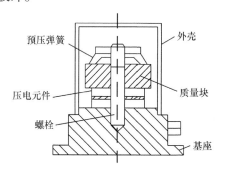

图 3-17　压电式加速度传感器结构

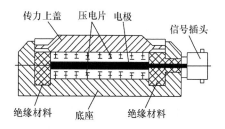

图 3-18　压电式单向测力传感器结构

3. 压电谐振式压力计

压电谐振式传感器利用了压电晶体谐振器的共振频率随被测物理量变化而变化的特性进行测量。当在压电晶体的电极上加上电激励信号时，利用逆压电效应，振子将按固有共振频率产生机械运动，与此同时按正压电效应，电极板上又将出现交变电荷，通过连接的外电路对振子进行适当的能量补充，构成了使振荡等幅持续进行的振荡电路。

石英振子的固有谐振频率为

$$f_0 = \frac{1}{2h}\sqrt{\frac{c}{\rho}} \tag{3-9}$$

式中，h 为石英晶片厚度；c 为石英晶体的厚度剪切模量；ρ 为晶体密度。

当石英振子受到静态压力作用时，振子的共振频率将发生变化，且频率变化与所施加的压力的函数近似呈线性关系。这主要是由于石英晶体的厚度剪切模量 c 随压力变化而产生的。

图 3-19 为石英谐振式压力传感器的结构。图中石英谐振器靠薄弹簧片悬浮于传压介质油中。压力容器由铜套筒和钢套筒构成，隔膜与钢套筒连接。石英谐振器的温度由内加热器和外加热器共同控制。当传感器工作时，石英谐振器保持在 ±0.05℃恒温以内，从而使振子达到零温度系数。

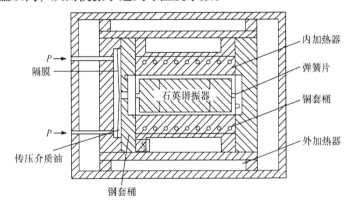

图 3-19　石英谐振式压力传感器的结构

3.3　光电式传感器

光电式传感器是将光信号转化为电能信号的光电器件，其物理基础是光电效应，它先将被测非电量转化成光量，然后通过光电器件将相应的光量转化成电量。光电元件具有响应快、结构简单、可靠性高、能实现非接触测量等优点，因此在检测和控制领域中得到广泛的应用。

3.3.1　光电效应和光电器件

在光线作用下使物体的电子逸出表面的现象称为外光电效应，也称光电发射效应。其中，向外发射的电子称为光电子，能产生光电效应的物质称为光电材料。基于外光效应工作原理制成的光电器件，一般都是真空的或充气的光电器件，如光电管和光电倍增管。在光线的作用下，物体内的电子不能逸出物体表面，而使物体的电导率发生变化或产生光生电动势的效应称为内光电效应。内光电效应又可分为光电导效应和光生伏特效应。基于光电导效应工作原理而制成的光电器件有光敏电阻。在光线的作用下，半导体材料吸收光能后，引起 PN 结两端产生电动势的现象称为光生伏特效应。基于光生伏特效应工作原理制成的光电器件有光电二极管、光电三极管和光电池等。

1. 光电管

光电管的结构如图 3-20 所示。在一个真空的玻璃泡内装有两个电极：光电阴极和阳极。光电阴极有的是贴附在玻璃泡内壁，有的是涂在半圆筒形的金属片上，阴极对光敏感的一面是向内的，在阴极前装有单根金属丝或环状的阳极，当阴极受到适当波长的光线照射时便发射电子，电子被带正电位的阳极吸引，这样在光电管内就产生了电子流，在外电路中便产生了电流。

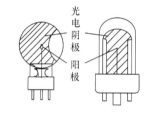

图 3-20　光电管的结构

当光通量一定时，阳极电压与阳极电流的关系曲线称为光电管的伏安特性曲线，图 3-21(a)为真空光电管的伏安特性。光电管的工作点应选在光电流与阳极电压无关的区域内。

除了真空光电管外，还有一种充气光电管，它的构造与真空光电管基本相同，不同的仅是在玻璃光内充以少量的惰性气体，如氩或氖。当光电极被光照射而发射电子时，光电子在趋向阳极的途中将撞击惰性气体的原子使其电离，从而使阳极电流急速增加，提高了光电管的灵敏度。图 3-21(b)给出了充气光电管的伏安特性曲线。充气光电管的优点是灵敏度高，但其灵敏度随电压显著变化的稳定性及频率特性等都比真空光电管差。

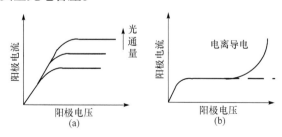

图 3-21　光电管的伏安特性

2. 光电倍增管

当入射光极为微弱时，光电管能产生的光电流很小，即使光电流能被放大，但噪声同时也被放大了，为了克服这个缺点，就要采用光电倍增管。

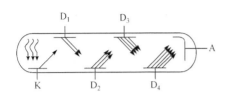

图 3-22　光电倍增管结构

光电倍增管结构如图 3-22 所示。它由光电阴极、若干倍增极和阳极三部分组成。光电阴极是由半导体光电材料制造的，入射光在它上面打出光电子。倍增极数目为 4～14 个不等，在各倍增极上加上一定的电压，阳极收集电子，外电路形成电流输出。

工作时，各个倍增电极上均加上电压，阴极 K 电位最低，从阴极开始，各倍增极 D_1、D_2、D_3、D_4(或更多)电位依次升高，阳极 A 电位最高。

入射光在光电阴极上激发电子，因为各极间有电场存在，所以阴极激发电子被加速，轰击第一倍增极，这些倍增极具有这样的特性，在受到一定数量的电子轰击后，能放出更多的电子，称为"二次电子"。光电倍增管倍增极的几何形状被设计成每个极都能接收前一极的二次电子，而在各倍增极上顺序加上越来越高的正电压。这样如果在光电阴极上由于入射光的作用而发射出一个电子，这个电子将被第一倍增极的正电压所加速而轰击第一倍增极，设这时第一倍增极有 σ 个二次电子发出，这 σ 个电子又轰击第二倍增极，而其产生的二次电子又增加 σ 倍，经过 n 个倍增极后，原先一个电子将变为 σ^n 个电子，这些电子最后被阳极所收集而在光电阴极与阳极之间形成电流。构成倍增极材料的 $\sigma>1$，设 $\sigma=4$，在 $n=10$ 时，放大倍数为 $\sigma=4^{10}$，可见，光电倍增管的放大倍数是很高的。

光电倍增管的伏安特性曲线的形状与光电管很相似，其他特性也基本相同。

3. 光敏二极管和光敏晶体管

1) 工作原理

光敏二极管的结构与一般二极管相似，装在透明玻璃外壳中，如图 3-23(a) 所示，它的 PN 结装在管顶，可直接受到光照射，光敏二极管在电路中一般是处于反向工作状态的，如 3-23(b)所示。

光敏二极管在电路中处于反向偏置，在没有光照射时，反向电阻很大，反向电流很小，称为暗电流。当光照射在 PN 结上，光子打在

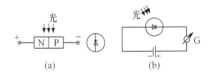

图 3-23　光敏二极管

PN 结附近时，PN 结附近产生光生电子和光生空穴对，少数载流子的浓度大大增

加，因此通过 PN 结的反向电流也随之增加。如果入射光照度变化，光生电子-空穴对的浓度也相应变动，通过外电路的光电流强度也随之变化，可见光敏二极管能将光信号转换为电信号输出。

光敏晶体管与一般晶体管很相似，具有两个 PN 结。它在把光信号转换为电信号的同时，又将信号电流加以放大。图 3-24 为 NPN 型光敏晶体管的结构简化模型和基本电路。

当集电极加上相对于发射极为正的电压而不接基极时，基极-集电极结就处于反向偏置。当光照射在基极-集电极结上时，就会在结附近产生电子-空穴对，从而形成光电流，输入到晶体管的基极。由于基极电流增加，集电极电流是光生电流的 β 倍。因此，光敏晶体管有放大作用。

光敏晶体管的结构与普通晶体管十分相似，不同的是光敏晶体管的基极往往不接引线。实际上许多光敏晶体管仅集电极和发射极两端有引线，尤其是硅平面光敏晶体管，因为其泄漏电流很小(小于 10mA)，所以一般不备基极外接点。

2) 基本特性

(1) 光谱特性。光敏二极管和光敏晶体管的光谱特性曲线如图 3-25 所示。由图可以看出，当入射光的波长增加时，相对灵敏度下降，这是很容易理解的，因为光子能量太小，不足以激发电子-空穴对。当入射光的波长缩小时，相对灵敏度也下降，这是因为光子在半导体表面附近就被吸，透入深度小，在表面激发的电子-空穴对不能到达 PN 结，所以灵敏度下降。由图 3-25 可知，硅光敏管(含二极管、晶体管)的响应光谱的长波为 1100nm，锗为 1800nm，而短波分别在 400nm 和 500nm 附近。两者的峰值波长约为 900nm 和 1500nm，因为锗管的暗电流较大，所以性能较差，在可见光或探测炽热状态物体时，一般都用硅管。但在红外光进行探测时，锗管较为适宜。

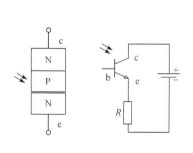

图 3-24 NPN 型光敏晶体管

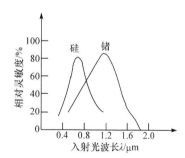

图 3-25 硅和锗光敏二极管/晶体管的光谱特性

(2) 光照特性。图 3-26 为硅光敏二极管和光敏晶体管的光照特性曲线。可以

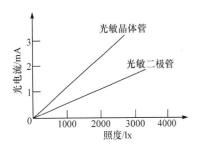

图 3-26　硅光敏管的光照特性

看出，光敏晶体管光电特性曲线的斜率要大于光敏二极管，其灵敏度较高。另外，无论光敏二极管或光敏晶体管的光电流 I 与光照度呈线性关系。

(3) 伏安特性。图 3-27 为硅光敏晶体管在不同照度下的伏安特性。由图可见，光敏晶体管的光电流比相同管型的二极管大上百倍。此外在零偏压时，二极管仍有光电流输出，而晶体管则没有。

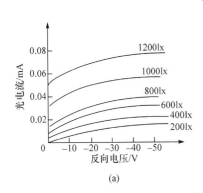

(a)

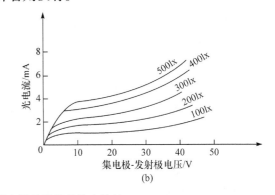

(b)

图 3-27　硅光敏晶体管的伏安特性

4. 光电池

光电池在光线作用下实质上就是电源，电路中有了这种器件就不再需要外加电源。光电池的种类很多，有硒光电池、氧化亚铜光电池、锗光电池、硅光电池、磷化镓光电池等。其中最受重视的是硅光电池，因为它具有稳定性好、光谱范围宽、频率特性好、换能效率高、耐高温辐射等一系列优点。

1) 工作原理

光电池是一种直接将光能转换为电能的光电器件，它是一个大面积的 PN 结。当光照射到 PN 结上时，便在 PN 结的两端产生电动势(P 区为正，N 区为负)。这是因为当 N 型半导体和 P 型半导体结合在一起构成一块晶体时，由于热运动，N 区中的电子就向 P 区扩散，而 P 区中的空穴则向 N 区扩散，结果在 P 区靠近交界处聚集起较多的电子，而在 N 区靠近交界处聚集起较多的空穴，于是在过渡区形成了一个电场，电场的方向由 N 区指向 P 区。这个电场阻止电子进一步由 N 区向 P 区扩散和空穴进一步由 P 区向 N 区扩散，但是却能推动 N 区中的空穴(少数载流子)和 P 区中的电子(也是少数载流子)分别向对方运动。

当光照到 PN 结上时，如果光子能量足够大，将在 PN 结区附近激发电子-空穴对。在 PN 结电场作用下，N 区的光生空穴被拉向 P 区，P 区的光生电子被拉向 N 区。结果在 N 区聚积了负电荷，带负电；P 区聚积了正电荷，带正电。这样 N 区和 P 区之间就出现了电位差。用导线将 PN 结两端连接起来，电路中就有电流流过，电流的方向由 P 区流经外电路至 N 区，若将电路断开，就可以测出光生电动势。

2) 基本特性

(1) 光谱特性。光电池对于不同波长的光，灵敏度是不同的，图 3-28 为硅光电池和硒光电池的光谱特性曲线。从图中可知，不同材料的光电池，光谱响应峰值所对应的入射光波长是不同的，硅光电池的光谱响应峰值在 800nm 附近，而硒光电池的光谱响应峰值在 500nm 附近。硅光电池的光谱响应波长范围为 400～1200nm，而硒光电池的光

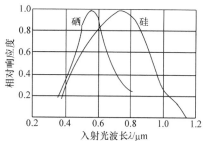

图 3-28　硅光敏晶体管的光谱特性

谱响应范围为 380～750nm。可见，硅光电池可以在很宽的波长范围内得到应用。

(2) 光照特性。光电池在不同光照度下，光电流和光生电动势是不同的。图 3-29 为硅光电池的开路电压和短路电流与光照的关系曲线。由图 3-29 可见，短路电流在很大范围内与光照度呈线性关系；开路电压(负载电阻无限大时)与光照度的关系是非线性的，而且在光照为 200lx 时就趋向饱和了。因此光电池作为测量元件使用时，应把它当作电流源的形式使用，利用短路电流与光照度呈线性关系的优点，而不要把它当作电压源使用。

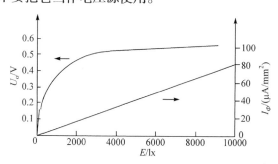

图 3-29　硅光电池的开路电压和短路电流与光照关系

光电池的短路电流是指，外接负载电阻相对于它的内阻来说很小的情况下的电流值。从实验可知，负载越小，光电流与照度之间的线性关系越好，而且线性范围越宽。实验证明，当负载电阻为 100Ω 时，照度在 0～1000lx 变化时，光照特性还是比较好的，而负载电阻超过 200Ω 以上，其线性逐渐变差。

(3) 温度特性。光电池的温度特性是指开路电压和短路电流随温度变化的关系。由于它关系到应用光电池的仪器设备的温度漂移，影响到测量精度或控制精度等重要指标，因此温度选择性是光电池的重要特性之一。

图 3-30 为硅光电池在 1000lx 照度下的温度特性曲线。由图可知，开路电压随温度上升而下降很快，当温度上升 1℃时，开路电压约降低了 3mV，这个变化是比较大的，但短路电流随温度的变化却是缓慢增加的，温度每升高 1℃，短路电流只增加 2×10^{-6}A。

温度对光电池的工作有很大影响，因此当它作为测量器件应用时，最好能保证温度恒定或采取温度补偿措施。

(4) 频率响应。光电池作为测量、计数、接收器件时，常用调制光作为输入。光电池的频率响应就是指输出电流随调制光频率变化的关系，图 3-31 为光电池的频率响应曲线。由图可知，硅光电池具有较高的频率响应能力，而硒光电池则较差。因此，在高速计数的光电转换中一般采用硅光电池。

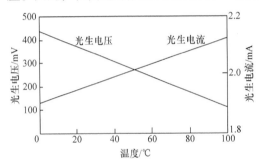

图 3-30　硅光电池的温度特性　　　　　图 3-31　光电池的频率特性

(5) 稳定性。当光电池密封良好、电极引线可靠、应用合理时，光电池的性能是相当稳定的，使用寿命很长，而硅光电池的性能比硒光电池更稳定。光电池的性能和寿命除了与光电池的材料及制造工艺有关外，在很大程度上还与使用环境条件有密切的关系。例如，高温和强光照射，会使光电池的性能变坏，并且降低使用寿命，这在使用中要特别注意。

3.3.2　光电式传感器的应用

光电式传感器在检测与控制中应用非常广泛，可用于检测直接引起光信号变化的非电量，如光强、辐射测量、气体成分分析等；也可以用来检测能转换成光量变化的其他非电量，如零件线度、表面粗糙度、位移、速度、加速度等。它基本上可分为模拟式光电传感器和脉冲式光电传感器两类。

1. 模拟式光电传感器

模拟式光电传感器的作用原理是，基于光电器件的光电流随光通量而发生变化，是光通量的函数，也就是说，对于光通量的任意一个选定值，对应的光电流就有一个确定的值，而光通量又随被测非电量的变化而变化，这样光电流就成为被测非电量的函数。

图 3-32 为光电高温计的结构原理图。它采用硅光电池作为仪表的光敏元件，用以感受被测物体辐射亮度的变化，并将此亮度信号按比例转换成电信号，经滤波放大后送检测系统进行后续转换处理，最后显示出被测物体的亮度温度。

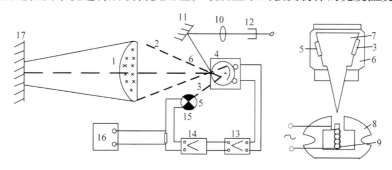

图 3-32　光电高温计的结构原理图

1-物镜；2-光阑；3, 5-孔；4-光电池；6-遮光板；7-调制器；8-永久磁钢；9-激磁绕组；10-透镜；11-反射镜；
12-观察孔；13-前置放大器；14-主放大器；15-反馈灯；16-电位差计；17-被测物体

测量时，从被测物体 17 的表面发生的辐射能由物镜 1 聚焦后，经孔径光阑 2 和遮光板 6 上的孔 3，透过装于遮光板 6 内的红色滤光片，射到硅光电池 4 上。反馈灯 15 发出的辐射能通过遮光板上的孔 5 和红色滤光片也射到硅光电池 4 上。在遮光板 6 的前面装有每秒钟振动 50 次的光调制器 7，它交替地打开和遮住孔 3 和孔 5，使被测物体的辐射能和反馈灯的辐射能交替地照射到硅光电池 4 上。当两个能量不相等时,硅光电池将产生一个与两个辐射亮度差成正比的脉冲光电流，经前置放大器 13 放大后，再送由倒相器、差动相敏放大器和功率放大器组成的主放大器 14 进行进一步放大后，输出驱动反馈灯 15；反馈灯 15 的辐射能随着驱动电流的改变而相应变化。以上过程一直持续到被测物体和反馈灯照射到硅光电池上的辐射能相等。这时硅光电池 4 的脉冲光电流接近于零，而流经反馈灯电流数值的大小就代表了被测物体的亮度温度。此电流值转换成电压后由电位差计 16 自动指示和记录被测物体的亮度温度。图中的透镜 10、反射镜 11 和观察孔 12 组成了一个人工观察瞄准系统，其作用是使光电高温计得以对准被测物体。

光电高温计的主要优点有：灵敏度高，能达到 0.005℃；精确度高。采用干涉滤光片或单色仪后，仪器的单色性能更好，延伸点的不确定度明显降低，在 2000K

为 0.25℃；使用波长范围不受限制在可见光与红外光范围均可应用，其测温下限可向低温扩展；光电探测器的响应时间短；便于自动测量与控制，可自动记录或远距离传送。

2. 脉冲式光电传感器

脉冲式光电传感器的作用原理是光电器件的输出仅有两个稳定状态，也就是"通"与"断"的开关状态，即光电器件受光照时，有电信号输出；光电器件不受光照时，无电信号输出。属于这一类的传感器大多是作为继电器和脉冲发生器应用的光电式传感器，如测量线位移、线速度、角位移、角速度(转速)的光电脉冲式传感器等。

图 3-33 为光电式数字转速表工作原理图。在被测转速的电机轴上固定一个调制盘，将光源发出的恒定光调制成随时间变化的调制光。光线每照射到光电器件上一次，光电器件就产生一个电信号脉冲，经放大器整形后计数处理。

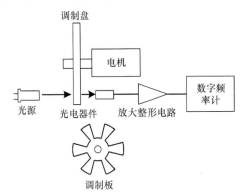

图 3-33　光电式数字转速表工作原理图

如果调制盘上开了 Z 个缺口，测量电路计数时间为 T(s)，补测转速为 N(r/min)，则此时得到的计数值 C 为

$$C = \frac{ZTN}{60} \tag{3-10}$$

为了使计数值 C 能直接读转速 N 值，一般取 $ZT = 60 \times 10^n$ ($n = 0, 1, 2, \cdots$)。

思考题与习题

3.1　试述霍尔效应的定义及霍尔传感器的工作原理。

3.2　简述霍尔传感器的组成，画出霍尔传感器的输出电路图。

3.3　简述霍尔传感器灵敏系数的定义。

3.4　简述霍尔传感器测量电流、磁感应强度、微位移、压力的原理。

3.5　比较石英晶体和压电陶瓷各自的特点。

3.6　说明压电元件的等效电路及其特点、电荷放大器的特点。

3.7　简述压电式传感器的特点及应用。

3.8　影响压电式传感器工作的主要因素有哪些？

3.9　光电式传感器的特点是什么？采用光电式传感器可以测量的物理量有哪些？

3.10　什么是外光电效应、内光电效应和光生伏特效应？其对应的典型光敏元件是什么？

3.11　光电器件的光谱特性和频率特性的意义有什么区别？在选用光电器件时应怎样考虑光电器件的这两种特性？

第4章 温度测量

4.1 概　述

温度是表征物体冷热程度的物理量，是工业生产和科学实验中最普遍、最重要的热工参数之一。物体的许多物理现象和化学性质都与温度有关，大多数生产过程均是在一定温度范围内进行的。因此，温度的测量是保证生产正常进行，确保产品质量和安全生产的关键环节。

4.1.1　温度测量方法

温度不能直接进行测量，只能借助于冷热不同的物体之间的热交换，以及物体的某些物理性质随冷热程度不同而变化的特性来进行间接测量。

常见的测温方式为接触测温，当任意两个冷热程度不同的物体相接触时，必然要发生热交换现象，热量将由受热程度高的物体传到受热程度低的物体，直到两物体的冷热程度完全一致，即达到热平衡状态。

接触法测温就是利用上述原理，选择某一物体同被测物体相接触，并进行热交换。当两者达到热平衡状态时，选择物体与被测物体温度相等，于是，可以通过测量选择物体的某一物理量(如金属薄片的位移、热电偶的热电势、导体的电阻等)，得到被测物体的温度数值。当然，为了精确测量温度，要求用于测温物体的物理性质必须是连续、单值地随着温度变化，并且要复现性好。

接触式测温为了实现精确测量，必须使温度计的感温部件与被测物体有良好的接触，才能得到被测物体的真实温度。一般来说，接触式测温测量精度高、应用广泛、简单、可靠，但由于测温元件与被测物体需要进行充分的热交换，需要一定的时间才能达到热平衡，会存在一定的测量滞后，而且有可能与被测物体产生化学反应。特别对于热容量较小的被测物体，还会因传热而破坏被测物体原有的温度场，测温上限也受到感温材料耐温性能的限制，不能用于很高温度的测量，另外对运动状态的固体测温困难较大。

4.1.2　温标

为了保证温度量值的统一和准确，应该建立一个用来衡量温度的标准尺度，简称为温标，它规定了温度的读数起点(零点)和测量温度的基本单位，各种温度计的刻度数值均由温标确定。随着人们认识的深入，温标在不断地发展和完善，下面进行简单介绍。

1. 经验温标

由特定的测温质和测温量所确定的温标称为经验温标。历史上影响比较大的经验温标有华氏温标和摄氏温标。1714 年，德国人华氏(Fahenhat)以水银的体积随温度而变化为依据，制成了玻璃水银温度计，并规定了氯化氨和冰的混合物为零度，水的沸点为 212 度，冰的熔点为 32 度，在沸点和冰点之间等分为 180 份，每份为 1 华氏度(1℉)，构成了华氏温标。1742 年，瑞典人摄氏(Celsius)规定水的冰点为零度，水的沸点为 100 度，两固定点之间等分为 100 份，每份为 1 摄氏度(1℃)，符号用 t 表示，构成了摄氏温标。它是中国目前工业测量上通用的温度标尺。摄氏温度值与华氏温度值的关系为

$$n℃=(1.8n+32)℉ \tag{4-1}$$

式中，n 为摄氏温标的度数。当 $n=0℃$ 时，华氏温度为 32℉，当 $n=100℃$ 时，华氏温度为 212℉。经验温标是借助于一些物质的物理量与温度之间的关系，用实验方法得到的经验公式来确定温度值的标尺，因此，具有局限性和任意性。

2. 热力学温标

1848 年，物理学家开尔文(Keivin)首先提出将温度数值与理想热机的效率相联系，即根据热力学第二定律来定义温度的数值，建立一个与测温质无关的温标——热力学温标，这样就可以与任何特定物质的性质无关了。热力学温标所确定的温度数值称为热力学温度，也称为绝对温度，用符号 T 表示，单位为开尔文，用 K 表示。定义水的三相点(固、液、气三相并存)的热力学温度标志数值为 273.16，取 1/273.16 为 1K。将计量单位 K 加上所标志的温度数值后，就形成了完整的热力学温度的表示方式。热力学温度的起点为绝对零度，所以它不可能为负值，且冰点是 273.15K，沸点是 373.15K。

3. 国际温标

建立在热力学第二定律基础上的热力学温标是一种科学的温标，通常可用定容气体温度计来实现热力学温标。1927 年，第七届国际计量大会决定采用热力学温标作为国际温标，称为 1927 年国际温标(ITS—27)。国际温标以下列 3 个条件为基础：

(1) 要求尽可能接近热力学温标；

(2) 要求复现准确度高，世界各国均能以很高的准确度加以复现，以确保温度量值的统一；

(3) 用于复现温标的标准温度计，必须使用方便，性能稳定。

国际温标的建立始于 1927 年，此后约隔 20 年进行一次重大修改，几经修改，相继有"1948 年国际温标"(ITS—48)、"1968 年国际实用温标"(IPTS—68)和"1990年国际温标"(ITS—90)。根据国际温标规定：热力学温度是基本温度，用符号 T 表示，单位是 K。它规定水的三相点热力学温度(即固态、液态、气态三相共存时的平衡温度)为 273.16K，定义 1K(开尔文 1 度)等于水的三相点热力学温度的 1/273.16。通常将比水的三相点温度低 0.01K 的温度值规定为摄氏零度，它与摄氏温度之间的关系为

$$t = T - 273.16 \tag{4-2}$$

式中，T 为热力学温度，K；t 为摄氏温度，℃。

自 1990 年 1 月 1 日开始，各国已陆续采用 ITS—90。ITS—90 温标对定义固定点、标准仪器以及内插公式进行了修改和补充，是以固定点温度指定值以及在此固定点上分度过的标准仪器来实现热力学温标的，各固定点间的温度是借助内插公式，使标准仪器的示值与国际温标的温度值相联系。

中国从 1991 年 7 月 1 日起，首先从各种标准温度计着手改值，并在国际电工委员会(International Electrotechnical Commission, IEC)修订的新分度表公布后，进行了工业测温仪表的改值，从 1994 年 1 月 1 日起已全面实行了新温标。

4.1.3 温度测量仪表的分类

温度测量范围甚广，测温仪表的种类也很多。最常用传感器按工作原理可分为膨胀式、热电式、电阻式等。

(1) 膨胀式。典型的膨胀式温度传感器有水银温度计、酒精温度计、双金属温度计等，其原理是利用液体或固体的热胀冷缩产生的体积或形状变化进行温度测量。其特点是结构简单，指示清楚，读数方便；但精度较低，测量范围小，无法进行高温测量。

(2) 热电式。利用金属或半导体材料受温度影响产生的电势变化进行温度测量。代表性的传感器有热电偶(金属材料)和集成温度传感器(半导体材料)。这是目前工业测量中温度测量的常用技术之一，其特点是测温范围大，精度高，便于远传，信号易处理，传感器可靠性、复现性及灵敏度高。

(3) 电阻式。利用金属或半导体电阻值随温度变化而产生的阻值变化进行温度测量，典型传感器有铂热电阻式、铜热电阻式、热敏电阻式等，这类传感器也是工业测量中常用的温度传感器类型，其测量精度高，信号处理和远传方便，传感器性能稳定，灵敏度高。

4.2　热电偶温度计

热电偶温度计是以热电效应为基础将温度变化转换为热电势变化进行温度测量的仪表。它的测量范围广、结构简单、使用方便、测温准确可靠，便于信号的远传、自动记录和集中控制，因而在工业生产和科研领域中应用极为普遍。可以用来测量–200～1600℃的温度，在特殊情况下，可测至2800℃的高温或4K的低温。

4.2.1　测量原理

热电偶的测温原理是基于1821年塞贝克(Seebeck)发现的热电现象。将两种不同的导体或半导体连接成图 4-1 所示的闭合回路，如果两个接点的温度不同(设$t>t_0$)，则在该回路内就会产生热电动势(简称热电势)，这种物理现象称为塞贝克热电效应。

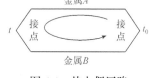

图 4-1　热电偶回路

在测量温度时，导体 A、B 称为热电极，一端采用焊接或铰接的方式连接在一起，感受被测温度，称为热电偶的测量端或热端；另一端通过导线与显示仪表相连，称为热电偶的冷端或参考端，结构如图 4-2 所示。

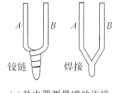

(a) 热电偶测量端的连接

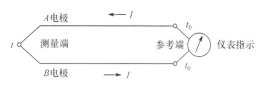

(b) 热电偶工作原理图

图 4-2　热电偶示意图

热电偶温度计由热电偶、连接导线及显示仪表 3 个部分组成，构成闭合回路。图 4-2(b)是最简单的热电偶温度计测温系统原理图。

实际上，在热电偶回路中，当存在温差时产生的热电势是由温差电势和接触电势两部分所组成的。

1. 温差电势

温差电势也称为汤姆逊电势。它是在同一导体材料的两端因其温度不同而产生的一种热电势。如图 4-3(a)所示，当导体两端的温度不同时，温度梯度的存在改变了电子的能量分布。高温(t)端的电子能量比低温(t_0)端的电子能量大，因而从高温端流向低温端的电子比从低温端流向高温端的电子数量要多，结果高温端因失去电子而带正电，低温端因得到电子而带负电，从而在高、低温两端会形成一个由高温端指向低温端的静电场。该电场将阻止电子从高温端流向低温端，同时加速电子从低温端向高温端移动，最后达到动态平衡，即从高温端流向低温端的电子数等于从低温端流向高温端的电子数，则高、低温两端之间便形成一个电位差，此电位差称为温差电势，记为 $e_A(t, t_0)$，可用下式表示：

$$e_A(t, t_0) = \int_{t_0}^{t} \sigma_A \mathrm{d}t \tag{4-3}$$

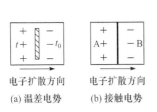

电子扩散方向　　电子扩散方向
(a) 温差电势　　(b) 接触电势

图 4-3　温差电势和接触电势

式中，σ_A 为导体的汤姆逊系数，它表示温差为 1℃(或 1K)时所产生的电动势数值，其大小与材料性质及两端温度有关。

由式(4-3)可见，温差电势只与导体材料的性质和导体两端的温度有关，而与导体长度、截面大小及沿导体长度上的温度分布无关。

2. 接触电势

接触电势也称珀尔帖(Peltiler)电势。它是两种电子密度不同的导体相互接触时产生的一种热电势。当两种电子密度不同的导体 A 和 B 相接触时，如图 4-3(b) 所示，就会发生自由电子的扩散现象，电子的扩散速率与两导体自由电子的密度差以及所处的温度成正比。假设导体 A 和 B 的电子密度分别为 N_A 和 N_B，并且 $N_A > N_B$，则在两导体的接触面上，电子在两个方向的扩散速率就不相同。在单位时间内，由导体 A 扩散到导体 B 的电子数比从导体 B 扩散到导体 A 的电子数要多。导体 A 失去电子而带正电，导体 B 获得电子而带负电。因此，在 A、B 两导体的接触面上便形成一个由导体 A 到导体 B 的静电场，这个电场将阻碍扩散作用的继续进行，同时加速电子向相反方向运动，最后达到动态平衡状态。此时 A、B 之间也形成一个电位差，这个电位差称为接触电势，记为

$$e_{AB}(t) = \frac{kt}{e} \ln \frac{N_A}{N_B} \tag{4-4}$$

式中，k 为玻尔兹曼常量；e 为单位电荷；N_A、N_B 为在温度为 t 时，导体 A 和 B 的电子密度；t 为接触点的温度。

此电势只与两种导体的性质和接触点的温度有关，当两种导体的材料一定，接触电势仅与其接触点温度 t 有关。温度越高，导体中的电子就越活跃，由导体 A 扩散到导体 B 的电子就越多，致使接触面处所产生的电场强度越高，因此接触电势也就越大。

综上所述，由 A、B 两种不同导体组成的热电偶回路中，如果两个接触点的温度和两个导体的电子密度不同，假设 $t>t_0$，$N_A>N_B$，则整个回路中会存在两个温差电势 $e_A(t, t_0)$ 和 $e_B(t, t_0)$，两个接触电势 $e_{AB}(t)$ 和 $e_{AB}(t_0)$，各电势的方向见图 4-4。由图中可知，两个温差电

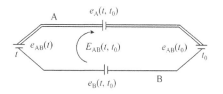

图 4-4　热电偶回路的总电势

势的方向相反，两个接触电势的方向也相反，回路中的总电势 $E_{AB}(t, t_0)$ 可表示为

$$E_{AB}(t,t_0) = e_{AB}(t) + e_B(t,t_0) - e_{AB}(t_0) - e_A(t,t_0)$$

$$= \frac{kt}{e}\ln\frac{N_{At}}{N_{Bt}} + \int_{t_0}^{t}\sigma_B\,dt - \frac{kt}{e}\ln\frac{N_{At_0}}{N_{Bt_0}} - \int_{t_0}^{t}\sigma_A\,dt \qquad (4\text{-}5)$$

式中，下标 AB 的顺序表示热电势的方向，因温差电势往往远小于接触电势，则回路总电势 $E_{AB}(t, t_0)$ 的方向取决于 $e_{AB}(t)$ 的方向。A 表示正极(电子密度大的)导体，B 表示负极(电子密度小的)导体，t 表示热端(测量端)温度，t_0 表示冷端(参考端)温度。

若次序改变，则热电势前的符号也应随之改变，即 $e_{AB}(t)=-e_{BA}(t)$，$e_A(t, t_0)=-e_A(t_0, t)$，因此：

$$E_{AB}(t,t_0) = -E_{BA}(t,t_0) = -E_{AB}(t_0,t) \qquad (4\text{-}6)$$

由热电偶回路中的总电势可知，当 A、B 两种导体材料确定之后，热电势仅与两接点的温度 t 和 t_0 有关，如果 t_0 端温度保持不变，即 $e_{AB}(t_0)$ 为常数，则热电偶回路中的总电势就成为热端温度 t 的单值函数。只要测出 $E_{AB}(t, t_0)$ 的大小，就能得到被测温度 t，这就是利用热电现象来测温的原理。

需要说明的是，如果组成热电偶回路的 A、B 导体材料相同(即 $N_A=N_B$)，则无论两接点温度如何，热电偶回路中的总电势为零。如果热电偶两端温度相同(即 $t=t_0$)，尽管 A、B 两种导体材料不同，热电偶回路内的总电势也为零。热电偶回路中的热电势除了与两接点处的温度有关外，还与热电极的材料有关，也就是说不同热电极材料制成的热电偶在相同温度下产生的热电势是不同的。

3. 热电偶的基本定律

1) 中间导体定律

为了测量热电偶产生的热电势，必须要用导线与显示仪表构成闭合回路，这样就在热电偶回路中加入了第三种导体，而第三种导体的引入又构成了新的接点，如图 4-5(a)中的点 3 和点 4，图 4-5(b)中的点 2 和点 3。引入第三种导体后会不会影响热电偶的热电势呢？下面分别对以上两种情况进行分析。

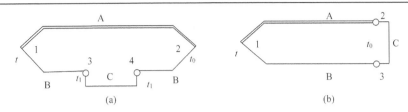

图 4-5　有中间导体的热电偶回路

在图 4-5(a)所示情况下(暂不考虑显示仪表)，热电偶回路中，3、4 接点温度相同，故回路中总的热电势为所有热电势的代数和，即

$$E_{ABC}(t,t_1,t_0) = e_{AB}(t) + e_B(t,t_1) + e_{BC}(t_1) + e_C(t_1,t_1)$$
$$+ e_{CB}(t_1) + e_B(t_1,t_0) + e_{BA}(t_0) + e_A(t_0,t) \tag{4-7}$$

根据温差电势和接触电势的定义可得

$$e_C(t_1,t_1) = 0$$
$$e_{BC}(t_1) = -e_{CB}(t_1)$$
$$e_{BA}(t_0) = -e_{AB}(t_0)$$
$$e_A(t_0,t) = -e_A(t,t_0)$$
$$e_B(t,t_1) + e_B(t_1,t_0) = e_B(t,t_0)$$

因此，式(4-7)可整理为

$$E_{ABC}(t,t_1,t_0) = e_{AB}(t) + e_B(t,t_0) - e_{AB}(t_0) - e_A(t,t_0) = E_{AB}(t,t_0) \tag{4-8}$$

可见式(4-8)与式(4-5)相同。

同理可以证明图 4-5(b)所示情况，在回路中的 2、3 接点的温度相同(均为 t_0)，故回路中总的热电势仍为 $E_{AB}(t, t_0)$，由此可得结论：由导体 A、B 组成的热电偶回路，当引入第三种导体 C 时，只要保持第三种导体 C 两端的温度相同，引入导体 C 后对回路总电势无影响。即回路中总的热电势在此情况下与第三种导体引入无关，这就是中间导体定律。这是热电偶回路中一个非常重要的定律，根据此定律才可以在回路中方便地连接各种导线及显示仪表。只要保证引入的导体两端温度相同，就不会影响热电偶回路中的热电势。

2) 均质导体定律

定律表述：由一种均质导体组成的闭合回路，无论导体的截面、长度以及各处的温度分布如何，都不产生热电势。

由热电偶的工作原理可知，如果热电偶为均质导体 A，在 t_0、t_1 两接点的接触电势分别为

$$e_{AA}(t_0) = \frac{kt_0}{e} \ln \frac{N_A}{N_A} = 0 , \qquad e_{AA}(t_1) = \frac{kt_1}{e} \ln \frac{N_A}{N_A} = 0$$

尽管导体 A 两端存在温度梯度，存在温差电势，但回路上下两半部温差电势大小相等、方向相反，因此回路中总的温差电势为零。反之，如果此回路的热电势不为零，则说明此导体是非均质导体。

该定律说明，如果热电偶的两根热电极由两种均质导体组成，那么热电偶的热电势仅与两接点温度有关，与沿热电极的温度分布无关。如果热电极为非均质导体，当处于具有温度梯度的情况时，将会产生附加电势，引起测量误差。因此，热电极材料的均匀性是衡量热电偶质量的主要标志之一。

3) 连接导体定律/中间温度定律

如图 4-6 所示，在热电偶测温回路中，常会遇到热电极的中间连接问题，如果连接点的温度为 t_n，连接导体 A'B' 是两种不同金属材料，则总的热电势等于热电偶与连接导体在各自温度环境中热电势的代数和，即

$$E_{ABB'A'}(t, t_n, t_0) = E_{AB}(t, t_n) + E_{A'B'}(t_n, t_0) \tag{4-9}$$

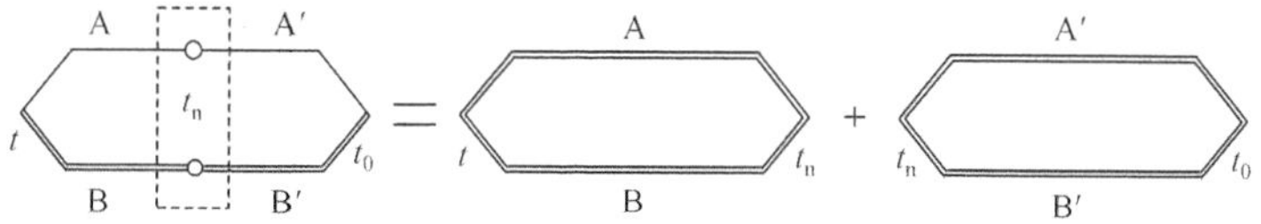

图 4-6 连接导体温度回路

连接导体定律为工业测温系统选择热电偶的连接导线提供了理论基础，如果需要把热电偶的参考端延长到远离热源的位置，以避免环境温度变化带来的测量误差，只要选择常温下热电特性与热电偶材料热电特性相近的两种廉价金属制作导线，即 $E_{A'B'}(t_n, t_0) = E_{AB}(t_n, t_0)$。这样整个回路仍旧可看作只有热电偶材料构成测量回路。在满足上述条件的情况下，此定律公式亦可变化为另一种表述形式：

$$\begin{aligned} E_{ABB'A'}(t, t_n, t_0) &= E_{AB}(t, t_n) + E_{A'B'}(t_n, t_0) \\ &= E_{AB}(t, t_n) + E_{AB}(t_n, t_0) = E_{AB}(t, t_0) \end{aligned} \tag{4-10}$$

式(4-10)表明，当使用与热电偶热电特性相同的导线对延长热电偶冷端时，只要保证导线连接点的温度相同，连接点温度 t_n 与热电回路的热电势无关。式(4-10)也称为中间温度定律，可利用此式推算热电偶参考端不为零时的热电回路的热电势大小。

4.2.2 热电偶材料与结构

1. 热电偶材料及特性

根据热电偶测温原理，理论上任意两种导体都可以组成热电偶。但实际情况并非如此，为了保证一定的测量精度，对组成热电极的材料必须进行严格的选择。工业用热电极材料应满足以下要求：热电极的物理和化学性能稳定性要高，即在

测量环境下，测温范围内的热电特性不随时间变化；电阻温度系数小，导电率高；温度每升高 1℃ 所产生的热电势要大，而且热电势与温度之间尽可能为线性关系；材料组织要均匀，有韧性，复现性好(用同种成分材料制成的热电偶其热电特性均相同的性质称复现性)，便于成批生产及互换等。在大范围温度条件下同时具备上述要求的热电极材料是难以找到的。因此，应根据不同的测温范围，选用不同的热电极材料。

目前国际电工委员会向世界各国推荐了 8 种标准化热电偶，中国均已采用。现将这 8 种标准化热电偶介绍如下，每种热电偶前者材料为正极，后者为负极。即前者材料的电子密度大于后者。其主要性能见表 4-1。

表 4-1 标准化热电偶的主要性能

分度号	热电偶名称	允许偏差/℃			最高使用温度/℃ (长期～短期)
		I 级	II 级	III 级	
S R	铂铑 $_{10}$-铂 铂铑 $_{13}$-铂	$0\sim1100\pm1$ $1100\sim1600$ $(1+(t-1100)\times0.3\%)$	$0\sim600\pm1.5$ $600\sim1100\pm0.25\%$	—	$\phi0.5$ $1300\sim1600$
B	铂铑 $_{30}$-铂铑 $_6$	—	$600\sim1700\pm0.25\%$	$600\sim800\pm4$ $800\sim1700\pm0.5\%t$	$\phi0.5$ $1600\sim1800$
K	镍铬-镍硅	$-40\sim1100\pm1.5$ 或 $0.4\%t$	$-40\sim1300\pm2.5$ 或 $0.75\%t$	$-200\sim40\pm2.5$ 或 $1.5\%t$	$\phi0.3$ $700\sim800$ $\phi3.2$ $1200\sim1300$
E	镍铬-铜镍	$-40\sim800\pm1.5$ 或 $0.4\%t$	$-40\sim900\pm2.5$ 或 $0.75\%t$	$-200\sim40\pm2.5$ 或 $1.5\%t$	$\phi0.3\sim0.5$ $350\sim450$ $\phi3.2$ $750\sim900$
J	铁-铜镍	$-40\sim750\pm1.5$ 或 $0.4\%t$	$-40\sim900\pm2.5$ 或 $0.75\%t$	—	$\phi0.3\sim0.5$ $300\sim400$ $\phi3.2$ $600\sim750$
T	铜-铜镍	$-40\sim350\pm1.5$ 或 $0.4\%t$	$-40\sim350\pm1$ 或 $0.75\%t$	$-200\sim40\pm1$ 或 $1.5\%t$	$\phi0.2$ $150\sim200$ $\phi1.6$ $350\sim400$
N	镍铬硅-镍硅	$-40\sim1100\pm1.5$ 或 $0.4\%t$	$-40\sim1300\pm2.5$ 或 $0.75\%t$	$-200\sim40\pm2.5$ 或 $1.5\%t$	$\phi0.3$ $700\sim800$ $\phi3.2$ $1200\sim1300$

各种标准热电偶的热电特性如图 4-7 所示。由图中可见热电势与温度之间并非呈线性关系。经实验已将其制成标准对应关系表，这种表称为热电偶的分度表。各种热电偶的分度表是在热电偶冷端温度 $t_0=0℃$ 的条件下得到的。分度号相同的热电偶可以共用同一分度表，而不同分度号的热电偶，其电势与温度的对应关系是不相同的。在本书附录列出了两种常用热电偶分度表，其他分度号热电偶的分度表可查阅相关工业手册。

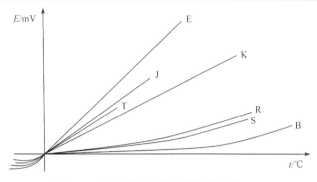

图 4-7 电偶的热电特性曲线(参考端 0℃)

2. 热电偶的结构

热电偶结构类型较多,当前应用最广泛的主要有普通型热电偶及铠装热电偶。

1) 普通型热电偶

普通型热电偶由热电极、瓷绝缘套管、不锈钢保护套管及接线盒四部分组成,其结构如图 4-8 所示。

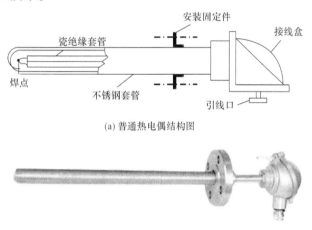

(a) 普通热电偶结构图

(b) 热电偶外观

图 4-8 普通型热电偶的基本结构

热电极的直径由材料的价格、机械强度、导电率以及热电偶的测温范围等决定。贵金属的热电极大多采用直径为 0.3～0.65mm 的细丝,普通金属的热电极直径一般为 0.5～3.2mm。其长度由安装条件及插入深度而定,一般为 350～2000mm。

2) 铠装热电偶

铠装热电偶的突出优点之一是动态特性好,测量时达到温度平衡状态所需时间较普通热电偶快几百至几万倍,此外由于结构小型化,易于制成特殊用途的形式，挠性好，能弯曲，解决了在结构复杂弯曲的对象上不便安装等问题，因此应用也比较普遍。

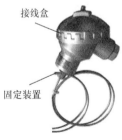

接线盒

固定装置

图 4-9　铠装热电偶

铠装热电偶是将热电偶丝与绝缘材料及金属套管经整体复合拉伸工艺加工而成可弯曲的坚实组合体。它的结构形式和外表与普通型热电偶相仿，如图 4-9 所示。但与普通热电偶不同之处是：铠装热电偶与金属保护套管之间被氧化镁绝缘材料填实，三者成为一体，具有一定的可挠性，一般情况下，最小弯曲半径为其直径的 5 倍，安装使用方便。套管材料一般采用不锈钢或镍基高温合金，绝缘材料采用高纯度脱水氧化镁或氧化铝粉末。

3）其他类型热电偶

除上述 2 种热电偶结构形式外，根据某些特殊需要，也出现了一些结构特殊的热电偶，如薄膜热电偶、热套式热电偶、高温耐磨热电偶等。

(1) 薄膜热电偶是由两种金属薄膜在绝缘基板上连接而成的一种特殊结构的热电偶，见图 4-10。这种薄膜热电偶的测量端既小又薄，它是采用真空蒸镀，在绝缘基板上形成一层热电极金属膜，厚度仅 3～6μm，上面再蒸镀一层二氧化硅薄膜作为绝缘和保护层。绝缘基板的厚度一般为 0.2mm，使用时用胶黏剂直接贴附或压在被测物体表面，用于表面温度测量。由于薄膜热电偶热容量极小，时间常数 $\tau \leqslant 0.01s$，能大大提高测量精度，用于测量快速变化的物体表面温度比较理想。应用时，因为使用温度受到胶黏剂和衬垫材料的限制，所以这类产品只适用于 –200～300℃ 的温度范围。

(2) 热套式热电偶。热套式热电偶结构见图 4-11。其特殊的热套形式，既保证了热电偶的插入深度，又缩短了热电偶悬臂的长度，解决了一般普通热电偶为了保证测温准确而要求有一定的插入深度，但又因插入深度太长易受高速液体冲刷折断的矛盾。因此，热套式热电偶多用在大容量火力发电厂的主蒸汽的温度测量中。

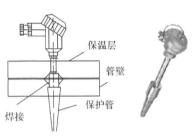

保温层

管壁

保护管

焊接

图 4-10　薄膜热电偶　　　　　图 4-11　热套式热电偶

(3) 高温耐磨热电偶主要是针对冶金、建材行业，要求保护管的材料不仅要耐热冲击及高温固体颗粒磨损，而且要具有足够的机械强度。高温耐磨热电偶多采用耐磨合合金电焊法或等离子喷涂法制备保护管，因此成本较高。这种热电偶主要用于水泥窑熟料及重油、粉煤混烧工段预热温度测量等。

4.2.3　热电偶冷端温度的处理方法

为了使用上的方便，与各种标准化热电偶配套的显示仪表，是根据所配用热电偶的分度表，将热电势转换为对应的温度数值来进行刻度的。各种热电偶的分度表均是在参考端即冷端温度(t_0)为 0℃的条件下，得到的热电势与温度之间的关系，即 $E(t, 0)$ 与 t 之间的对应关系。因此，要求热电偶测温时，冷端温度必须保持在 0℃，否则将会产生测量误差。但在工业上使用时，要使冷端保持在 0℃是比较困难的，所以，要根据不同的使用条件及要求的测量精度，对热电偶冷端温度采用一些不同的处理方法。常用的有下几种方法。

1. 补偿导线延伸法

由于热电偶接线盒与检测点之间的长度有限，一般为 150mm 左右(除铠装热电偶外)，这样热电偶的冷端距被测对象较近，冷端会受到被测对象温度及环境温度变化的影响，使其温度发生变化。如果把热电偶做得很长，使冷端延长到温度比较稳定的地方，这种办法由于热电极本身不便于敷设，且对于贵金属热电偶也很不经济。解决这个问题的方法是采用一种专用导线将热电偶的冷端延伸出来，其作用如图 4-12 所示，这种导线也是由两种不同金属材料制成，在一定温度范围内(100℃以下)与所连接的热电偶具有相同或十分相近的热电特性，其材料又是廉价金属，称为补偿导线。

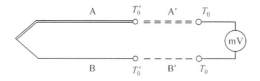

图 4-12　补偿导线的作用

根据热电偶补偿导线标准(GB 4989—85 和 GB 4990—85)，不同热电偶所配用的补偿导线不同，各种型号热电偶所配用的补偿导线材料列于表 4-2。其中型号中的第一个字母与配用热电偶的分度号相对应。补偿导线有正、负极性之分。由表 4-2 中可见，各种补偿导线的正极均为红色，负极的不同颜色分别代表不同分度号的导线。使用时要注意与型号相匹配，并注意极性不能接错，否则将引入较大的测量误差。

表 4-2　常用热电偶补偿导线

补偿导线型号	配用热电偶的分度号	补偿导线的线芯材料		绝缘层颜色	
		正级	负极	正极	负极
SC	S(铂铑 10–铂)	SPC(铜)	SNC(铜镍)	红	绿
KC	K(镍铬–镍硅)	KPC(铜)	KNC(康铜)	红	蓝
KX	K(镍铬–镍硅)	KPX(镍铬)	KNX(镍硅)	红	黑
EX	E(镍铬–铜镍)	EPX(镍铬)	ENX(铜镍)	红	棕
JX	J(铁–铜镍)	JPX(铁)	JNX(铜镍)	红	紫
TX	T(铜–铜镍)	TPX(铜)	TNX(铜镍)	红	白

　　根据所用材料，补偿导线分为补偿型补偿导线(C)与延伸型补偿导线(X)两类。一般补偿型补偿导线材料与热电极材料不同，即 A≠A′，B≠B′，因此常用于贵金属热电偶。它只能在一定的温度范围内与热电偶的热电特性一致；延伸型补偿导线是采用与热电极相同的材料制成的，即 A=A′，B=B′，适用于廉价金属热电偶。补偿型补偿导线在 0~60℃范围内误差较小，但在 100~150℃范围内有较大误差。如果测量精度要求较高，必须将热电偶与补偿导线连接处的温度保持在 100℃以下。

　　应该注意，无论补偿导线是补偿型还是延伸型的，本身并不能补偿热电偶冷端温度的变化，只是起到热电偶冷端的延伸作用，即改变热电偶的冷端位置，将其延伸到温度较稳定的地点，以便于采用其他补偿方法。另外，即使在规定使用温度范围内，补偿导线热电特性不可能与热电偶完全相同，因此仍存在一定的误差。

2. 冰点法

　　各种热电偶的分度表都是在冷端温度为 0℃的情况下制定的，如果把冷端置于能保持温度为 0℃的冰点槽内，则测得的热电势就代表被测的实际温度。如图 4-13 所示，保温瓶盛冰水混合物，为了防止信号短路，两根电极丝要分别插入各自加入绝缘油的试管中，将试管置于保温瓶中，使其温度保持在 0℃，然后用铜导线引出接入显示仪表。此方法要经常检查，并补充适量的冰，可以使冷端温度变化不超过±0.02℃。一般在实验室里精密测量中使用。因为这种方法需要保持冰水两相共存，使用起来比较麻烦，故一般工业测量中不采用。

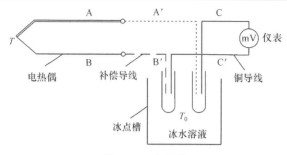

图 4-13 冰点法

3. 计算修正法

当热电偶冷端温度不是 0℃而是 t_0 时，测得的热电偶回路中的热电势为 $E(t, t_0)$，这时可采用中间温度定律公式进行修正，即

$$E(t, 0) = E(t, t_0) + E(t_0, 0) \tag{4-11}$$

式中，$E(t, 0)$ 为冷端为 0℃，测量端为 t 时的热电势；$E(t, t_0)$ 为冷端为 t_0，测量端为 t 时的热电势；$E(t_0, 0)$ 为冷端为 0℃，测量端为 t_0 时的热电势，即冷端温度不为 0℃时热电势校正值。

例：用铂铑 10-铂热电偶(热电偶分度号为 S)测温，热电偶冷端温度 t_0=30℃，测得的热电势 $E(t, t_0)$=10.121mV，求被测的实际温度。

由 S 分度号热电偶的分度表中查得 $E(30, 0)$=0.173mV，则

$$E(t, 0)=E(t, 30)+E(30, 0)=10.121+0.173=10.294mV$$

再反查 S 热电偶的分度表，得实际温度为 1061℃。

可以看出，用计算修正法来补偿冷端温度变化的影响，仅适用于实验室或临时性测温的情况，而对于现场的连续测量显然也是不实用的。

4. 仪表零点校正法

如果热电偶冷端温度比较恒定。与之配用的显示仪表零点调整又比较方便，则可采用这种方法实现冷端温度补偿。若冷端温度 t_0 稳定，且 t_0 已知，可将显示仪表的机械零点直接调至 t_0 处，这相当于在输入热电偶回路热电势之前就给显示仪表输入了一个电势 $E(t_0, 0)$，因为与热电偶配套的显示仪表是根据分度表刻度的，这样在接入热电偶之后，使得输入显示仪表的电势相当于 $E(t, t_0)+E(t_0, 0)=E(t, 0)$，因此显示仪表可显示测量端的温度 t。应当注意，当冷端温度如变化时需要重新调整仪表的零点，若冷端温度变化频繁，则此方法不宜采用。调整显示仪表的零点时，应在断开热电偶回路的情况下进行。

5. 补偿电桥法

补偿电桥法是采用不平衡电桥产生的直流毫伏信号来补偿热电偶因冷端温度变化而引起的热电势变化，又称为冷端温度补偿器。如图 4-14 所示，虚线框内的电桥就是冷端温度补偿器，由 4 个桥臂电阻 R_1、R_2、R_3、R_t 和桥路稳压电源组成。桥臂电阻 R_1、R_2 和 R_3 是由电阻温度系数很小的锰铜丝绕制的，其电阻值基本不随温度变化。R_t 是由电阻温度系数很大的铜丝绕制而成的。

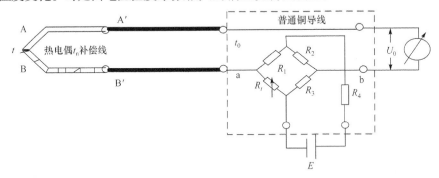

图 4-14　冷端温度补偿器的应用

桥路由直流稳压电源供电，R_4 为限流电阻，其阻值因热电偶分度号不同而不同。电桥输出电压 U_{ab} 串联在热电偶测温回路中。热电偶用补偿导线将其冷端连接到冷端补偿器内，使冷端温度与 R_t 电阻所处的温度一致。

因为一般显示仪表是工作在常温下，通常不平衡电桥取 20℃ 时平衡，这时电桥的 4 个桥臂电阻为 $R_1 = R_2 = R_3 = R_t = 1\Omega$，桥路平衡无输出，$U_{ab}=0$。当冷端温度 t_0 偏离 20℃ 时，例如 t_0 升高时，R_t 将随 t_0 升高而增大，则 U_{ab} 也随之增大，而热电偶回路中的总热电势却随 t_0 的升高而减小，适当选择桥路电流，可使 U_{ab} 的增加与热电势的减小数值相等，并使 U_{ab} 与热电势叠加后，保持总电势 U_0 不变，从而起到了冷端温度变化自动补偿的作用。

如果设计电桥是在 20℃ 时平衡，采用这种补偿电桥时，应将显示仪表的零位预先调到 20℃ 处。如果补偿电桥是按 0℃ 时电桥平衡设计的，则仪表零位应在 0℃ 处。

4.2.4　热电偶测温线路及误差分析

1. 热电偶测温线路

热电偶温度计由热电偶、显示仪表及中间连接导线组成。实际测温中，其连接方式有所不同，应根据不同的需求，选择准确、方便的测量线路。

目前工业用热电偶所配用的显示仪表，大多带有冷端温度的自动补偿作用，因此典型的测温线路如图 4-15 所示。热电偶采用补偿导线，将其冷端延伸到显示仪表的接线端子处，使得热电偶冷端与显示仪表的温度补偿装置处在同一温度下，从而实现冷端温度的自动补偿，显示仪表所显示的温度即为测量端温度。

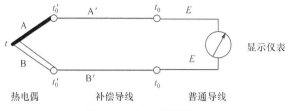

图 4-15　典型测温线路

如果所配用的显示仪表不带有冷端温度的自动补偿作用，则需采取上节内容所介绍的方法，对热电偶冷端温度的影响进行处理。

2. 热电偶测量误差分析

因为热电偶温度计是由补偿导线、冷端补偿器及显示仪表等组成，而且工业用热电偶一般均带有保护管，则在测温时，常包括如下误差因素。

1) 热电偶本身的误差

(1) 分度误差。对于标准化热电偶的分度误差就是校验时的误差，其值不得超过表 4-1 所列的允许偏差；对于非标准化热电偶，其分度误差由校验时个别确定。严格按照规定条件使用时，分度误差的影响并非主要的。

(2) 热电特性变化引起的误差。在使用过程中，由于热电极的腐蚀污染等因素，会导致热电特性发生变化，从而产生较大的误差。热偶丝遭受严重污染或发生不可逆的时效，使其热电特性与原标准分度特性严重偏离所引起的测量误差，称为"蜕变"误差或"漂移"。

不同种类的标准化热电偶，不仅其标准分度特性不一样，而且在抗玷污能力、抗时效、耐高温等方面也有所不同。因此，使用中应当注意，对热电偶进行定期的检查和校验。

2) 热交换引起的误差

热交换引起的误差是由于被测对象和热电偶之间热交换不完善，使得热电偶测量端达不到被测温度而引起的误差。这种误差的产生主要是热辐射损失和导热损失所致。

实际工业测量时，热电偶均有保护管，其测量端难以与被测对象直接接触，而是经过保护管及其间接介质进行热交换；加之热电偶及其保护管向周围环境也有热损失等，这就造成了热电偶测量端与被测对象之间的温度误差。热交换有对流、传导及辐射换热等形式，其情况又很复杂，故只能采取一定的措施，尽量减少其影响。例如，增加热电偶的插入深度，减小保护管壁厚和外径等。

3) 补偿导线引入的误差

补偿导线引入的误差是由于补偿导线的热电特性与热电偶不完全相同所造成的。例如，K 型热电偶的补偿导线，在使用温度为 100℃时，允许误差约为 ±2.5℃，如果使用不当，补偿导线的工作温度超出规定使用范围时，误差将显著增加。

4) 显示仪表的误差

与热电偶配用的显示仪表均有一定的准确度等级，说明了仪表在单次测量中允许误差的大小。大多数显示仪表均带有冷端温度补偿作用，如果显示仪表的环境使用温度变化范围不大，对于冷端温度补偿所造成的误差可以忽略不计。但当环境温度变化较大时，因为显示仪表不可能对冷端温度进行完全补偿，则同样会引入一定的误差。

总之，在应用热电偶测温时，首先必须进行正确的选型，合理的安装与使用，同时还应尽可能地避免污染及设法消除各种外界影响，以减小附加误差，达到测温准确、简便和耐用等目的，有关内容可参考相关工业手册。

4.3 热电阻温度计

在需要进行远传的温度测量中，热电偶温度计是一种较为理想的温度测量仪表，但在测量较低温度时，由于产生的热电势较小，测量精度相应降低。因此在 –200～500℃温度范围内，一般使用热电阻温度计测量效果较好。

热电阻温度计是将温度变化转换为电阻变化进行温度测量的仪表。热电阻温度计的特点是性能稳定，测量准确度高，不需冷端温度处理，因为热电阻输出的是电阻信号，所以与热电偶温度计一样，也便于远距离传递信号。但是热电阻温度计的感温元件——电阻体的体积较大，因此热容量较大，动态特性则不如热电偶，而且抗机械冲击与振动性能较差。

4.3.1 测温原理

1. 测温原理

热电阻温度计是基于金属导体或半导体电阻值与温度呈一定函数关系的原理实现温度测量的。

金属导体电阻与温度的关系一般可表示为

$$R_t = R_{t_0}[1 + \alpha(t - t_0)] \tag{4-12}$$

式中，R_t 是温度为 t 时的电阻值；R_{t_0} 是温度为 t_0 时的电阻值；α 是电阻温度系数，即温度每升高 1℃时的电阻相对变化量。

由于一般金属材料的电阻与温度的关系并非线性，故 α 值也随温度而变化，并非常数，但在某个范围内可近似为常数。

大多数半导体电阻与温度的关系为

$$R_T = Ae^{B/T} \tag{4-13}$$

式中，R_T 是温度为 T 时的电阻值；T 是热力学温度，K；e 是自然对数的底，约为 2.71828；A、B 是常数，其值与半导体材料结构有关。

电阻与温度的函数关系一旦确定之后，就可通过测量置于测温对象之中并与测温对象达到热平衡的热电阻的阻值来求得被测温度。

2. 热电阻材料与温度的关系

电阻值随温度的变化，通常以电阻温度系数来描述电阻与温度的关系。电阻温度系数的定义为：某一温度间隔内，当温度变化 1℃时，电阻值的相对变化量，常用 α 表示，即

$$\alpha = \frac{R_t - R_{t_0}}{R_{t_0}(t - t_0)} = \frac{1}{R_{t_0}}\frac{\Delta R}{\Delta t} \tag{4-14}$$

式中，R_t、R_{t_0} 是温度为 t 或 t_0 时的电阻值。

由式(4-14)可见，α 是在 $t_0 \sim t$ 温度范围内的平均电阻温度系数。实际上，一般导体的电阻与温度的关系并不是线性的，对于任意温度下的 α，式(4-14)应表示为

$$\alpha = \lim_{\Delta t \to 0} \frac{1}{R_{t_0}}\frac{\Delta R}{\Delta t} = \frac{1}{R}\frac{\mathrm{d}R}{\mathrm{d}t} \tag{4-15}$$

α 表示相对灵敏度。实验证明，大多数金属导体温度每上升 1℃，其电阻值均增大 0.36%～0.68%，具有正的电阻温度系数；而大多数半导体温度每上升1℃，其电阻值则下降 3%～6%，具有负的电阻温度系数。α 的大小与材料性质有关，对金属而言，其纯度越高，α 越大，相反，即使有微量杂质混入，其值也会变小，故合金的电阻温度系数在常温下通常总比某种金属小。为了表征热电阻材料的纯度及某些内在特性，需要引入电阻比的概念，即

$$W_t = \frac{R_t}{R_{t_0}} \tag{4-16}$$

如果令 t_0=0℃，t=100℃，则式(4-16)可为

$$W_{100} = \frac{R_{100}}{R_0} \tag{4-17}$$

对某种材料而言，W_{100} 也是表征热电阻特性的基本参数。它 α 与一样与材料纯度

有关，W_{100} 越大，电阻材料的纯度越高。根据国际温标的规定，作为标准的铂电阻温度计，其 $W_{100} \geq 1.39250$。

4.3.2 热电阻的材料与结构

1. 金属热电阻

1) 热电阻材料

按照热电阻的测温原理，各种金属导体均可作为热电阻材料用于温度测量，但实际使用中对热电阻材料提出如下要求：电阻温度系数大，即灵敏度高；物理化学性能稳定，能长期适应较恶劣的测温环境，互换性好；电阻率要大，以使电阻体积小，减小测温的热惯性；电阻与温度之间近似呈线性关系，测温范围广；价格低廉，复制性强，加工方便。目前，使用的金属热电阻材料有铜、铂、镍、铁等，其中因铁、镍提纯比较困难，其电阻与温度的关系线性较差；纯铂丝的各种性能最好，纯铜丝在低温下性能也好，所以实际应用最广的是铜、铂两种材料，并已列入了标准化生产。常用工业热电阻特性见表 4-3 和图 4-16。

表 4-3　工业热电阻的基本参数

热电阻名称	分度号	0℃时的电阻值		测温误差/℃		电阻比
		名义值	允许误差	测温范围	允许值	
铜热电阻	Cu50	50	±0.05	−50～150	$\Delta=\pm(0.3+6\times10^{-3}t)$	1.385±0.002
	Cu100	100	±0.1			
铂热电阻	Pt10	10 (0～850℃)	A 级±0.006 B 级±0.012	−200～850	A 级 $\Delta=\pm(0.15+2\times10^{-3}t)$ B 级 $\Delta=\pm(0.3+5\times10^{-3}t)$	1.385±0.001
	Pt100	100 (−200～850℃)	A 级±0.06 B 级±0.12			

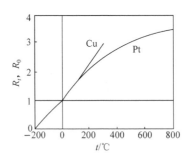

图 4-16　常用热电阻的特性

(1) 铂热电阻。铂热电阻由纯铂丝绕制而成，其使用温度(按国际电工协会标

准)为-200～850℃。铂电阻的特点是精度高、性能可靠、抗氧化性好、物理化学
性能稳定。另外它易提纯，复制性好，有良好的工艺性，可以制成极细的铂丝(直
径可达 0.02mm 或更细)或极薄铂箔，与其他热电阻材料相比，电阻率较高。因此，
它是一种较为理想的热电阻材料，除作为一般工业测温元件外，还可作为标准器
件。但它的缺点是电阻温度系数小，电阻与温度呈非线性，高温下不宜在还原性
介质中使用，而且属贵重金属，价格较高。

根据国际实用温标的规定，在不同的温度范围内，电阻与温度之间的关系也
不同。

在-200～0℃范围内，铂电阻与温度关系为

$$R_t = R_0[1 + At + Bt^2 + C(t-100)t^3] \tag{4-18}$$

在 0～850℃范围内，其关系为

$$R_t = R_0(1 + At + Bt^2) \tag{4-19}$$

式中，R_t、R_0 分别为 t 和 0℃时的阻值；A、B、C 分别为常数：

A=3.90802×10^{-3}1/℃， B=5.80195×10^{-7}1/℃， C=-4.27350×10^{-12}1/℃

工业上一般使用的铂热电阻，最常用的是国标规定的分度号为 Pt100 的铂热
电阻，另外还有 Pt10 和 Pt1000 分度号的铂热电阻。Pt100 在 0℃时相应的电阻值
为 R_0=100Ω。Pt10 和 Pt1000 则分别为 R_0=10Ω 及 R_0=1000Ω。不同分度号的铂热
电阻在相同温度下的电阻值是不同的，因此分度表也是不同的，本书附录列出了
Pt100 的分度表。

(2) 铜热电阻。铜热电阻一般用于-50～150℃的温度测量。它的特点是电阻
值与温度之间基本呈线性关系，电阻温度系数大，且材料易提纯，价格便宜，但
它的电阻率低，易氧化，所以在温度不高、测温元件体积无特殊限制时，可以使
用铜电阻温度计。

铜热电阻与温度的关系为

$$R_t = R_0(1 + At + Bt^2 + Ct^3) \tag{4-20}$$

式中，R_t、R_0 分别为 t 和 0℃时的阻值；A、B、C 分别为常数，A=4.28899×10^{-3}1/℃，
B=-2.133×10^{-7}1/℃，C=1.233×10^{-9}1/℃。

由于 B 和 C 很小，某些场合可以近似地表示为

$$R_t = R_0(1 + \alpha t) \tag{4-21}$$

式中，α 为电阻温度系数，取 α=4.28×10^{-3}1/℃。而一般铜导线的材质纯度不高，
其电阻温度系数约为 α=4.21×10^{-3}1/℃。

国内工业用铜热电阻的分度号分为 Cu50 和 Cu100 两种，其 R_0 的阻值分别为
50Ω 和 100Ω。其分度表可查阅工业手册。

2) 热电阻结构

(1) 普通热电阻/铠装热电阻。其结构形式与同类热电偶相仿。以普通热电阻为例，基本结构如图 4-17 所示，主要由感温元件、内引线、保护管等几部分组成。

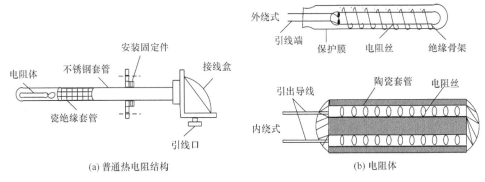

(a) 普通热电阻结构　　　　　　　　　　(b) 电阻体

图 4-17　普通热电阻

感温元件是热电阻的核心部分，常见的有外绕式和内绕式两种形式。外绕式将电阻丝绕制在绝缘骨架上构成，绝缘骨架用来缠绕、支承或固定热电阻丝，常用骨架材料有云母、玻璃(石英)、陶瓷等。内绕式将铂丝制成弹簧状，贯穿于两孔或四孔的微型瓷套管中，将各孔中的铂丝进行串联于一端引线引出，并在瓷管孔内灌上陶瓷颗粒来约束铂丝形状，以防止高温造成铂丝形变。

内引线将感温元件引至接线盒，以便于与外部显示仪表及控制装置相连接。它通常位于保护管内，因保护管内温度梯度大，作为引线要选用纯度高、不产生热电势的材料，以减小附加测量误差。其材料最好是采用与电阻丝相同，或者与电阻丝的接触电势较小的材料，以免产生附加热电势。工业用热电阻中，铂电阻一般用镍丝或银丝作为引出线，这样既可降低成本，又能提高感温元件的引线强度。铜电阻的内引线，一般均采用其本身的材料即铜丝。

保护管的作用同热电偶的保护管，使感温元件、内引线免受环境有害介质的影响，有可拆卸式和不可拆卸式两种，材质有金属或非金属等多种。

(2) 厚膜/薄膜热电阻元件。图 4-18 为厚膜/薄膜热电阻的外观和结构。这类热电阻的外观与晶体管、电阻、电容等电子元件相似，属于微型传感器，制造加工方式也与电子元件加工方式相仿。厚膜铂热电阻元件用铂浆料印刷在玻璃或陶瓷底板上，薄膜铂热电阻元件则是用真空沉积的薄膜技术把铂溅射在陶瓷基片上，再用玻璃烧结料把镍引线固定，经激光调阻制成热电阻元件。这类热电阻元件体积小、灵敏度高、用料省、生产流程全自动化、效率高、价格便宜，目前在常温低温测量中得到了广泛应用。

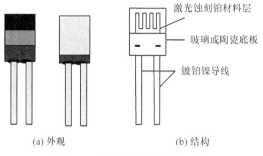

激光蚀刻铂材料层

玻璃或陶瓷底板

镀铂镍导线

(a) 外观　　　　　　　　　(b) 结构

图 4-18　厚膜/薄膜热电阻元件

3) 测量线路的连接方式

　　在热电阻与显示仪表的实际连接中，由于其间的连接导线长度较长，若仅使用两根导线连接在热电阻两端，导线本身的电阻会与热电阻串联在一起，造成测量误差。如果每根导线的电阻为 r，则加到热电阻上的绝对误差为 $2r$，而且这个误差并非定值，是随导线所处的环境温度而变化的，所以在工业应用时，为避免或减少导线电阻对测量的影响，常常采用三线制或四线制的连接方式来解决。

　　三线制即在热电阻的一端与一根导线相连，另一端与两根导线相连。当与电桥配合使用时，如图 4-19 所示。与热电阻 R_t 连接的三根导线，粗细、长短相同，阻值均为 r。

　　当桥路平衡时，可以得到下列关系：

$$R_2(R_t + r) = R_1(R_3 + r) \qquad (4\text{-}22)$$

由此可得

$$R_t = \frac{R_1(R_3 + r)}{R_2} - r = \frac{R_1 R_3}{R_2} + \frac{R_1 r}{R_2} - r \qquad (4\text{-}23)$$

　　电桥设计时，只要满足 $R_1 = R_2$，则式(4-23) 中 r 可以完全消去，即相当于 r 不存在。这种情况下，导线电阻的变化对热电阻毫无影响。必须注意，只有在全等臂电桥(4 个桥臂电阻相等)而且是在平衡状态下才如此，否则不可能完全消除导线电阻的影响，但分析可见，采用三线制连接方法会使它的影响大大减少。

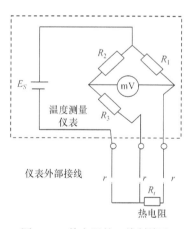

图 4-19　热电阻的三线制接法

　　需要说明的是：三线制若需要高精度测量，必须由电阻体的根部引出，即从内引线开始，而不能从热电阻的接线盒的接线端子上引出。内引线处于温度变化剧烈的区域，虽然在保护管中的内引线不长，但精确测量时，其电阻的影响不容忽视。因此热电阻内部引线和接线盒均需满足三线制接线要求。

2. 半导体热电阻

半导体热电阻亦称热敏电阻，通常用铁、锰、铝、钛、镁、铜等金属氧化物或碳酸盐、硝酸盐、氯化物等材料制造。由式(4-13)、式(4-15)可得，半导体热电阻温度系数为

$$\alpha = \frac{1}{R}\frac{\mathrm{d}R}{\mathrm{d}T} = -\frac{B}{T^2} \tag{4-24}$$

式中，B 称为热敏指数。它是描述热敏材料物理特性的一个常数，其大小取决于热敏材料的组成及烧结工艺，B 值越大，阻值也越大，灵敏度越高。常用半导体热敏电阻的 B 值为 1500～6000K。

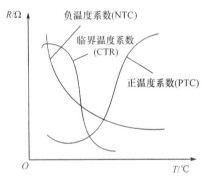

图 4-20　半导体热敏电阻的温度特性

由式(4-24)可见，大多数半导体热电阻具有负的电阻温度系数，而且并非常数，随温度上升，电阻温度系数急剧减小，即高温下的测量灵敏度很低，低温下反而更灵敏。这种电阻称为负温度系数(negative temperature coefficient，NTC)型热敏电阻，电阻与温度的关系如图 4-20 所示。

NTC 型热电阻与一般金属热电阻不同，已是由铁、镍等两种以上氧化物混合，用有机黏合剂成形，并经高温烧结而成。根据实际需要可以做成片形、棒形和珠形等不同的结构形式，直径厚度 1～3mm，长度不到 3mm。图 4-21 为几种常用的半导体热电阻的封装外形。

(a) 片形　　　　　　(b) 管形　　　　　　(c) 珠形

图 4-21　半导体热敏电阻的封装外形

半导体热敏电阻也有正温度系数(positive temperature coefficient，PTC)型热敏电阻，如图 4-20 中曲线所示。它是由 $BaTiO_3$ 和 $SrTiO_3$ 为主的成分中加入少量 V_2O_3 和 Mn_2O_3 构成的烧结体。其特性曲线是随温度升高而阻值增大，并且有斜率最大的区段。通过成分配比和添加剂的改变，可以使其斜率最大的区段处在不同的温度范围里。

如果用 V、Ge、W 等金属的氧化物在弱还原气氛中形成烧结体，还可以制成

临界型热敏电阻(critical temperature resistor，CTR)，其特性曲线如图 4-20 中曲线所示。它也是负温度系数类型，但在某个温度范围里阻值急剧下降，曲线斜率在此区段特别陡峭，灵敏度极高。

PTC 型和 CTR 型热敏电阻最适合用于位式作用的温度传感器，如在家用电器中作为定温加热器开关等，其用途越来越广。只有 NTC 型热敏电阻才适合制作连续测量的温度检测元件。

与金属热电阻相比，半导体热电阻具有如下优点：

(1) 它的电阻温度系数比金属热电阻要大 10～100 倍，灵敏度高；

(2) 电阻率大，电阻值常温下均在千欧以上，故连接导线电阻的变化可以忽略不计，不必采用三线制或四线制连接；

(3) 结构简单，可做成体积小巧的感温部件，目前最小珠状热敏电阻为 $\phi 0.2\text{mm}$，用以测量"点"温。

半导体热电阻的缺点是复现性(互换性)差，特性分散，非线性严重；电阻与温度的关系不稳定，随时间而变化。因此测温误差较大，均为 $2\% t$ (t 为所测温度)，使用受到了一定的限制。热敏电阻一般不适用于高精度温度测量，但在测温范围较小时也可获得较好的精度。因热敏电阻具有体积小、响应速度快、灵敏度高、价格便宜等优点，可用于液面、气体、固体、固熔体、海洋、深井、高空气象等方面的温度测量。通常它的测温范围为 $-10～+300℃$，也可实现 $-200～+10℃$ 和 $300～1200℃$ 的温度测量。图 4-22 为常用的热敏电阻测温典型电路。其中 R_t 为热敏电阻，R_1 为起始电阻，R_2、R_3 为平衡电阻，R_4 为满刻度电阻，R_5、R_6 为微安表修正、保护电阻，R_7、R_8、R_9 为分压电阻。也可以将电桥输出接至放大器的输入端或自动记录仪表上。此测量电路的精度可达 $0.1℃$，感温时间短于 10s。

3. 热电阻温度计的安装

热电阻温度计进行温度测量时，需要与被测物体接触，因此也会遇到具体的安装问题。如果热电阻温度计的安装不符合要求，往往会引入一定的测量误差，所以，热电阻温度计的安装必须按照规定要求进行。工业上要求热电阻温度计的插入深度在减去感温元件的长度后，应为金属保护管直径的 15～20 倍，非金属保护管直径的 10～15 倍。热电阻一般采用普通导线三线制或四线制连接，线路电阻应符合所配显示仪表的要求。

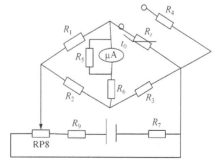

图 4-22 热敏电阻测温电路

4.4　半导体温度传感器

半导体材料除制造热敏电阻外，还可用于制造由 PN 结构成的集成温度传感器。本节主要介绍半导体硅 PN 结温度传感器测温技术。

4.4.1　半导体硅 PN 结温度传感器测温技术

PN 结温度传感器，即利用 PN 结测温的温度传感器。当 PN 结的正向电流不变时，PN 结的正向电压降随温度线性变化。PN 结温度传感器是一种较新的测温手段，具有线性好、灵敏度高、输出阻抗低的特点，适用于 50～150℃的温度测量。

1. 二极管 PN 结温敏元件的原理

由半导体 PN 结构成的二极管是半导体温度传感器的基本敏感元件。二极管 PN 结温敏元件的基本原理是在恒定的正向偏置电流之下，PN 结势垒的高度与温度相关这一物理现象。

正向偏置的 PN 结的电流 I 和温度的关系由以下半导体物理的经典公式表示：

$$I = I_0(e^{\frac{qV_g}{kT}} - 1) \tag{4-25}$$

式中，I_0 为 PN 结的反向饱和电流；q 为电子电荷；V_g 为 PN 结的正向电压降；k 为玻尔兹曼常量；T 为热力学温度。

在温度不太高时，式(4-25)可简化为

$$I = I_0 e^{\frac{qV_g}{kT}} \tag{4-26}$$

当电流 I 为恒定值时，根据理论推算硅二极管的 PN 结的温度系数为

$$\frac{dV_g}{dT} \approx -2mV/K \tag{4-27}$$

即温度每增加 1K，硅二极管的正向结电压降低 2mV。这是用二极管 PN 结测量温度的基础。应用中为保证电流 I 为恒定值，必须采用恒流源供电。以上讨论也适用于锗半导体二极管。而且从数值上说，锗二极管的温度系数与硅二极管相差不大。

2. 二极管温敏元件的特性和应用

半导体二极管是一种负温度系数的温敏元件。图 4-23 给出了硅半导体二极管

温度传感器的温度系数曲线。当温度高于 20K 时,它的温度系数大约是 –2mV/K。这一温度系数要比热电偶的典型热电系数(每开尔文数十微伏)大得多,因而也要容易测量得多。

如图 4-23 所示,当温度低于大约 20K 时,半导体二极管的温敏元件的温度系数和灵敏度大为提高。虽然这时它的线性度比较差,但经过校准后,仍不失为有效的低温温敏元件。

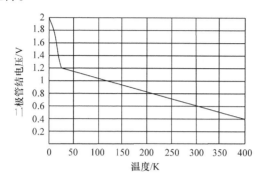

图 4-23 硅半导体二极管温度传感器的温度系数曲线

4.4.2 集成温度传感器

除去用于超低温测量的分立元件的二极管温度感器之外,基于半导体 PN 结的温度传感器都以集成电路的形式出现。集成电路温敏器件是用集成电路技术制造、封装成集成电路形式、使用方法与集成电路相同的温度传感器。原则上不仅二极管的 PN 结可以作为温敏元件,利用三极管的基极发射极之间 PN 结的势垒与温度的依赖关系也可以测量温度。集成电路温敏器件也可以本身就带有模数转换电路,能输出数字化的温度测量结果,甚至包含计算机标准接口,可将信号直接输给计算机。

集成电路温度传感器不但灵敏度高、线性好、产品一致性好,而且可以把用于将温度转换成电信号的前级三极管与信号放大、线性补偿、输出驱动等电路都集成在一起。集成电路温敏器件有模拟输出和数字输出两种。模拟输出的集成电路温敏器件设有运算放大器和输出驱动电路,其输出模拟信号有电压模式和电流模式两种。

美国 AD 公司生产的 AD590 就是基于上述原理制成的集成温度传感器。它是一种电压输入、电流输出型两端元件,其输出电流与绝对温度成正比。AD590 的测温范围为–55~150℃,在电路中,它既作为恒流器件,又起感温作用。因为 AD590 是恒流器件,所以适合于温度的自动检测和控制以及远距离传输。AD590 的封装和基本测温电路如图 4-24 所示。

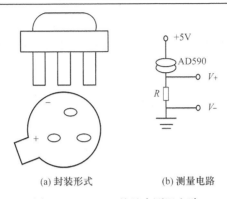

(a) 封装形式　　　　　　(b) 测量电路

图 4-24　AD590 的基本测温电路

AD590 具有线性优良、性能稳定、灵敏度高、无须补偿、热容量小、抗干扰能力强、可远距离测温且使用方便等优点，可广泛应用于各种冰箱、空调器、粮仓、冰库、工业仪器配套和各种温度的测量、控制等领域。

下面以利用 AD590 构成的数字显示温度计为例来介绍其应用。

AD590 转换电路输出的电压信号经过 A/D 转换变为数字信号后就可利用数码管显示温度值。实现功能的 A/D 转换和显示电路如图 4-25 所示。

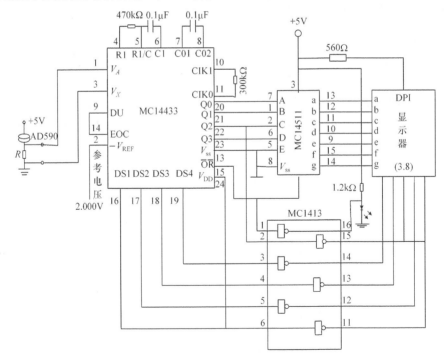

图 4-25　AD590 构成的数字显示温度计电路原理图

MC14433 是 31/2 位双积分式 A/D 转换器；MC14511 为译码/锁存/驱动电路，它的输入为 LED 码，输出为七段译码；MC1413 为 LED 数码管显示驱动芯片。将 AD590 输出的模拟电压送入 MC14433 的 1、3 引脚中，进行 A/D 转换，MC14433 将转换后的数字量送 LED 显示器显示。LED 数码显示由 MC14433 的位选信号 DSI～DS4 通过达林顿阵列 MC1413 来驱动。

AD590 可串联工作，也可并联工作。将几个 AD590 单元串联使用时，显示的是几个被测温度中的最低温度；而并联时可获得几个被测温度的平均值。

思考题与习题

4.1 什么是温标？简述 ITS—90 温标的 3 个基本要素内容。

4.2 接触式测温和非接触式测温各有何特点，常用的测温方法有哪些？

4.3 热电偶的测温原理是什么，使用时应注意什么问题？

4.4 可否在热电偶闭合回路中接入导线和仪表，为什么？

4.5 为什么要对电偶进行冷端补偿，常用的方法有哪些，各有什么特点，使用补偿导线时应注意什么问题？

4.6 用铂铑 10-铂热电偶(热电偶分度号为 S)测温，热电偶冷端温度 t_0=40℃，热端温度 t=930℃，采用补偿导线将热电偶延长到室温为 20℃仪表室中：

(1) 若补偿导线极性连接正确，求用毫伏表显示的热电势为多少？

(2) 若补偿导线极性连接错误，求用毫伏表显示的热电势为多少？

4.7 热电偶主要有哪几种类型，各有何特点？

4.8 热电偶测温的基本线路是什么，串、并联有何作用？

4.9 试用热电偶的基本原理，证明热电偶的中间导体定律。

4.10 常用热电阻有哪些，各有何特点？

4.11 使用热电阻测温时，为什么要采用三线制？与热电偶相比，热电阻测温有什么特点？

4.12 PN 结的正向偏置电流与温度有何关系？集成温度传感器由哪些环节组成？

第5章 流量测量

在工业生产过程中，流量是指导操作、监视设备运行情况和进行核算的一个重要参数和依据。一般把流体移动的量称为流量。单位时间内流过管道横截面的流体量，称为瞬时流量。流体量以质量表示时称为质量流量，以体积表示时称为体积流量。有时也需要知道在一段时间内流过的流体量，称为总量或累积流量。

5.1 流量的定义和流体流动状态

5.1.1 流量的定义

在实际的工程测量中，对被测流量有不同的表示方式，常见的有以下几类。

1. 体积流量

如果流体通过管道某横截面的一个微小面积 dA 上的流速为 u，则通过此微小面积的体积流量为

$$dq_v = udA \tag{5-1}$$

通过管道全截面的体积流量为

$$q_v = \int_0^A udA \tag{5-2}$$

如果整个截面上各点流速相同，则由式(5-2)可以导出

$$q_v = uA \tag{5-3}$$

式中，A 为管道的截面积。实际上，流体在管道中流动时，同一截面上各点的流速并不相同，所以式(5-3)中的流速 u 是指平均流速 $\bar{u}$（在本章中，如无特殊说明，$\bar{u}$ 均指平均流速）。体积流量单位一般用 m^3/h 表示。

2. 质量流量

如果流体密度为 ρ，由式(5-3)可以导出

$$q_m = \rho q_v \tag{5-4}$$

质量流量单位一般用 kg/h 表示。

流体的密度是随工况参数变化的。对于液体，由于压力变化对密度的影响非常小，一般可以忽略不计，但是，因温度变化所产生的影响应引起注意。不过，一般温度每变化 10℃，液体密度变化约在 1% 以内，所以除温度变化较大，测量准确度要求较高的场合外，往往也可以忽略不计。对于气体，由于密度受温度、压力变化影响较大，例如，在常温附近，温度每变化 10℃，密度变化约为 3%；在常压附近，压力每变化 10kPa，密度约变化 3%。因此在测量气体流量时，必须同时测量流体的温度和压力，并将不同工况下的体积流量换算成标准体积流量 q_{vN}(Nm³/h)。标准体积流量在工业上是指压力为 101325Pa、温度为 20℃时的体积流量。

3. 瞬时流量和累积流量

通常情况下，无论是测量体积流量还是质量流量，都强调测量值在一个较短时间内的变化情况，所以在测量单位中都包含时间单位，如小时(h)、分钟(min)、秒钟(s)。这样的流量定义称为瞬时流量。本章介绍的绝大多数流量计都是测量瞬时流量的。但有时测量的要求是统计在一个较长时间范围内的通过管道截面流量的总和(如加油机流量测量或水表、燃气表的测量结果)，这类测量装置的测量结果就是累积流量，总量的单位为千克(kg)或吨(t)，在数据表示中不再引入时间单位。

5.1.2 流动状态与流量测量

在流量测量中，测量流速是测定流量的一个常用方法，流体在管道中流动时，在一个截面上的各点流速情况与流体的流动状态有密切的关系，选择适当的流动状态进行流速测量，对于保证测量精度有重要的意义。

根据流体力学的相关理论，当流体充满水平管道并水平流动时，流动状态可分为层流、紊流。

1. 层流

层流是流体的一种流动状态。流体在管内流动，当流速很小时，流体分层流动，互不混合，流体质点沿着与管轴平行的方向做平滑直线运动。层流状态下，管道截面的流速分布如

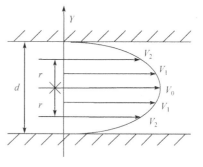

图 5-1 层流流速分布

图 5-1 所示，流体的流速在管中心处最大，近壁处最小。这种流动状态各点的流速相差较大，在测量中，如果仅用某个局部的流速代表整个截面流速，会产生较大的测量误差。

2. 紊流

随着流速的增加，流体的流线开始出现波浪状的摆动，摆动的频率及振幅随流速的增加而增加，此种流况称为过渡流；当流速增加到很大时，流线不再清楚可辨，流场中有许多小漩涡，此时的水流在沿管轴方向向前运动的过程中，各层或各微小流束上的质点形成涡体彼此混掺，从每个质点的轨迹看，都是曲折错综的，没有确定的规律性，但是从整个管道截面来看，流体每个质点的运动速度接近一致。这种流动状态称为紊流，又称为乱流、扰流或湍流。

层流或紊流状态不仅取决于流体流动速度，也与流体的黏度、管道结构等有关，因此需要根据雷诺数 Re_D 的大小进行判定。雷诺数是一个无量纲的值，它是流体的密度、黏度、流速、圆管直径的函数：

$$Re = \frac{\rho u d}{\mu} = \frac{u d}{\nu} \tag{5-5}$$

式中，$\nu = \mu / \rho$，称为运动黏性系数，或运动黏度，m^2/s；d 为流体管道的直径；u 为流体流速。

流态转变时的雷诺数值称为临界雷诺数。一般情况下管道雷诺数 $Re_D < 2100$ 为层流状态，$Re_D > 4000$ 为紊流状态，$Re_D = 2100 \sim 4000$ 为过渡状态。在通过测量流速 u 确定流量的方法中，一般需要流体流动状态为紊流，流体的临界雷诺数要大于 4000。

5.1.3 流体流动中的能量转化

1. 静压能和动压能

水平管道中流动的流体在管道截面上的任意一个流体质点具有动压和静压两种能量形式，其大小可用相应的压力值表示。其中静压是由于流体分子不规则运动与物体表面摩擦接触产生的，静压对任何方向均有作用。流体在管道中流动，通过任何一个截面，势必受到截面处的流体静压力作用，这就要截面上游侧流体做一定的功以克服静压力的作用，因此越过截面的流体便带着与这个功相当的能量进入系统。把与这部分功相当的能量称为静压能。

动压指流体流动时产生的压力，只要管道内流体流动就具有一定的动压，其作用方向为流体的流动方向。动压是截面上流体运动具备的能量，故也称动压能。

2. 能量的转化和伯努利方程

如果流体在流动过程中的密度不会随压力变化而发生改变，则称这种流体为理想流体。理想流体在水平管道任意截面上的静压能和动压能存在一种守恒关系，

可表示为

$$\frac{p}{\rho g} + \frac{u^2}{2g} = 常数 \tag{5-6}$$

式中，p 为截面上流体的静压；ρ 为流体密度；g 为重力加速度；u 为截面流体的流速。

p/ρ 为单位质量流体具有的静压能，$u^2/2$ 为单位质量流体具有的动压能，式(5-6)就是伯努利方程。它说明了流体流过任一截面的总能量不变，同时也反映出流动过程中各种机械能相互转化的规律。这一规律被许多以流速测量来确定流量的测量方案采用。

5.2　节流式流量计

流体在流动过程中，在一定条件下，流体的动压能和静压能可以互相转化，并可以利用这种转化关系来测量流体的流量。例如，在管道中安装阻力件，流体通过阻力件所在截面时，流通面积突然缩小，促使流束产生局部收缩，流速加快，静压力降低，因而在阻力件前后出现压力差(简称差压)。可以通过测量此差压的大小按一定的函数关系测出流量值。在流量仪表中，一般称此阻力件为节流件，并称节流件及取出差压的整个装置为节流装置。这种类型的流量计被称为节流式流量计。由于是通过差压信号来测量流量，这种类型的流量计也称为差压式流量计。

如图 5-2 所示，节流式流量计由 3 个部分组成：①将被测流体的流量值变换成差压信号的节流装置，其中包括节流件、取压装置(如图中的孔板和法兰盘)；②传送差压信号的导压管路；③检测差压信号的差压计或差压变送器。

节流件的类型较多。严格地说，在管道中装入任意形状的节流件都能产生节流作用，并且节流件前后两侧的差压与流过流体的流量值都会有相应的关系。但是，它们并不都是可以找到差压与流量之间存在适合需要的函数关系，只有差压与流量之间存在稳定的函数关系，并且重复性好，适于应用的节流件才有实用价值。目前已经应用的节流件种类有同心圆孔板、偏心孔板、圆缺孔板、锥形入口孔板、1/4 圆孔板、文丘里管、喷嘴、文丘里喷嘴、道尔管、楔形节流件等。

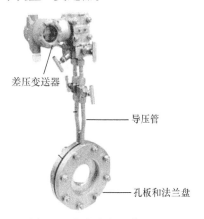

差压变送器

导压管

孔板和法兰盘

图 5-2　节流式流量计的组成

　　节流式流量计应用广泛，油田、炼油厂及化工厂中所使用的流量计中，一般有 70%～80%是节流式流量计，在整个工业生产领域中，节流式流量计约占流量计总数的一半以上。

　　节流式流量计的历史悠久，积累了丰富的经验和大量的可靠数据。一些国家进行了不断的研究和制定标准，力求使某些节流装置用于流量测量时能够标准化，目前有关节流装置的国际标准为 ISO 5167—2003(E)，流量测量节流装置的国家标准为 GB/T 2624—2006。

　　对于已经制定出标准的几种标准化的节流装置，一般称为标准节流装置。应用标准节流装置测量流量比较方便，只要是按标准的规定所提供的数据和要求进行节流装置的设计、加工、安装和使用，无须对该节流装置进行标定就可以用来测量流量，其流量不确定度不会超出允许的范围。这也是节流式流量计能够得到广泛应用的重要原因。那些尚未标准化的节流装置，一般称为非标准节流装置。对于非标准节流装置，在应用前必须进行标定，以保证流量测量的流量不确定度。本书将重点介绍标准节流装置。

5.2.1　测量原理

1. 差压的产生

　　为说明节流式流量计的工作原理，以下以孔板为例，分析在管道中流动的流体经过节流件时流体的静压力和动压力的变化情况。图 5-3 为流体在水平管道中经过节流件的流动情况示意图。在距孔板前(0.5～2)D(管道内径)处，流束开始收缩，即靠近管壁处的流体开始向管道的中心处加速，管道中心处流体的动压力开始下降，靠近管壁处有涡流形成，静压力也略有增加。流束经过孔板后，由于惯性作用而继续收缩。在孔板后的(0.3～0.5)D 处，流束的截面积最小，流速最快，动压力最大，静压力最低。在这以后，流束开始扩展，流速逐渐恢复到原来的速度，静压力也逐渐恢复到最大，但不能恢复到收缩前的静压力值，这是由于实际的流体经过节流件时会有永久性的压力损失 δ_p 所致。

　　流体的静压和动压在节流件前后的变化反映了流体的动压能和静压能的相互转

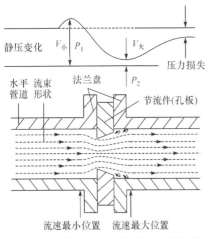

图 5-3　流体通过节流件时的流动状态

化情况。假定流体处于稳定流动，即同一时间内，通过管道截面 A 和节流件的开孔截面 B 的流体质量是相同的，由于截面 B 的面积远小于截面 A 的面积，则通过截面 B 时的流速必然要比通过截面 A 的流速快，这个速度的改变是由于动压能增加、静压能降低造成的，从而产生节流件前后的静压力差。此压力差的大小与通过流体的流量大小有关。

2. 理想流体的流量方程

为便于推导流量与静压力差的函数关系(流量方程)，将图 5-3 的节流过程简化成如图 5-4 所示。

1) 不可压缩流体

由于不可压缩流体的密度可以认为是不变的，根据伯努利方程可得

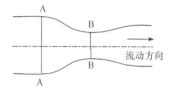

$$\frac{p_1}{\rho} + \frac{u_1^2}{2} = \frac{p_2}{\rho} + \frac{u_2^2}{2} \tag{5-7}$$

图 5-4 节流效果简图

式中，p_1、p_2 为 A、B 截面上流体的静压；ρ 为流体密度；u_1、u_2 为 A、B 截面流体的流速。

由于流动是稳定的，则从截面 A 流入的流体质量与从截面 B 流出的流体质量必然相等，所以有连续性方程：

$$A u_1 \rho = a u_2 \rho \tag{5-8}$$

式中，A 为截面 A 处的截面积；a 为截面 B 处的截面积。

式(5-7)和式(5-8)就是不可压缩流体的伯努利方程和连续性方程。

假定管道的直径为 $D(A = \pi D^2/4)$，节流件的开孔直径为 $d(a = \pi d^2/4)$，由上述两个公式可求得流经节流件的流速为

$$u_2 = \frac{1}{\sqrt{1 - (d/D)^4}} \sqrt{\frac{2(p_1 - p_2)}{\rho}} \tag{5-9}$$

流过截面 B 的体积流量为 $q_v = a u_2$。令直径比 $\beta = d/D$，差压 $\Delta p = p_1 - p_2$，体积流量的理论方程为

$$q_v = \frac{a}{\sqrt{1 - \beta^4}} \sqrt{\frac{2\Delta p}{\rho}} = \frac{\pi}{4} \frac{d^2}{\sqrt{1 - \beta^4}} \sqrt{\frac{2\Delta p}{\rho}} \tag{5-10}$$

根据质量流量的定义，$q_m = a u_2 \rho$，可写出质量流量的理论方程为

$$q_m = \frac{a}{\sqrt{1 - \beta^4}} \sqrt{2\rho \Delta p} = \frac{\pi}{4} \frac{d^2}{\sqrt{1 - \beta^4}} \sqrt{2\rho \Delta p} \tag{5-11}$$

2) 可压缩流体

对于可压缩流体，流体经过节流件时，由于流体的动压能增加而降低了静压，流体的密度必然也要减小，因而不能忽略在节流过程中密度的变化。假设流体符合理想气体的条件，流体经过节流件时是等熵过程，则流体的密度与压力的关系为

$$\frac{p}{\rho^k} = 常数 \tag{5-12}$$

式中，k 为等熵指数。

对应的可压缩流体的伯努利方程和连续性方程为

$$\frac{k}{k-1}\frac{p_1}{\rho_1} + \frac{u_1^2}{2} = \frac{k}{k-1}\frac{p_2}{\rho} + \frac{u_2^2}{2} \tag{5-13}$$

$$Au_1\rho_1 = au_2\rho_2 \tag{5-14}$$

式中，p_1、p_2 为 A、B 截面上流体的静压；ρ_1、ρ_2 为 A、B 截面上流体的密度；u_1、u_2 为 A、B 截面流体的流速。

通过对式(5-12)～式(5-14)进行代入化简可得压缩流体的质量流量和体积流量的理论方程式：

$$q_v = \frac{\pi}{4}\frac{d^2\varepsilon}{\sqrt{1-\beta^4}}\sqrt{\frac{2\Delta p}{\rho}} \tag{5-15}$$

$$q_m = \frac{\pi}{4}\frac{d^2\varepsilon}{\sqrt{1-\beta^4}}\sqrt{2\rho\Delta p} \tag{5-16}$$

ε 称为可膨胀性系数，是表示流体可压缩性的影响，若 $\varepsilon = 1$，则式(5-15)及式(5-16)与不可压缩流体的公式相同，只是用于可压缩性流体时 $\varepsilon < 1$，用于不可压缩流体时 $\varepsilon = 1$。

由流量公式可知，节流式流量计产生的压力差信号和流量信号的关系为非线性关系，在进行信号测量时，无论是体积流量还是质量流量都和压力差的平方根成正比(流量的平方正比于压力值)。因此为获得与流量成正比的信号，需要在后续的信号处理中对压力测量装置输出的电信号进行开方运算处理。

5.2.2　标准节流装置

节流装置是节流式流量计的敏感元件，各种标准节流装置有其所适应的流体种类、流体流动条件以及对管道条件、安装条件、流体参数的要求。

　　节流件的形式很多，应用最多的是孔板、喷嘴、文丘里管。对于标准节流装置，只要按标准规定的条件和数据去设计、加工制造和安装使用，无须对节流装置进行标定，就可以直接应用于流量测量，其误差不会超出规定的误差范围，但是其规定也是非常严格而细致的。下面将对常用标准节流装置的结构形式、安装和使用等各方面的要求进行介绍。

　　1. 标准节流元件

　　目前国际上规定的标准节流件有标准孔板、喷嘴、文丘里管等类型。以下对其进行简要介绍。

　　1) 标准孔板的结构和特点

　　孔板是最常见的节流件。标准横截面形状如图 5-5 所示。

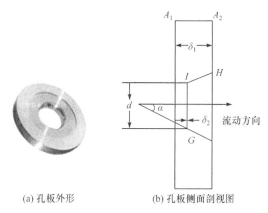

(a) 孔板外形　　　　　　(b) 孔板侧面剖视图

图 5-5　孔板的外形和结构示意图

　　孔板是一块与管道轴线同轴，直角入口非常锐利的薄板。孔板在管道内的部分是圆的，并与节流孔同心。孔板结构简单加工方便，成本低，性价比较高。作为一种历史悠久、技术成熟的流量测量装置，有大量的标准技术手册为其设计、加工和安装的应用支持。计量数据精度较高，一般情况下不用实流标定。缺点：孔板结构对流体流动产生较大压力损失，在对杂质较多流体长期进行测量时，孔板锐角边的磨损、脏污等因素均会影响计量精度，因此不利于高速或高扬程以及含杂质量较多的流体传送。检定周期较短，为 5～12 个月。

　　2) 喷嘴的结构和特点

　　按照结构参数分类，喷嘴有 ISA 1932 喷嘴和长径喷嘴两种类型，同样属于加工和应用技术成熟，在工业中大量使用标准流量测量装置。相比于孔板结构，喷嘴测量精度更高、压损小、寿命长，但成本更高，加工技术要求高。大多数的蒸汽锅炉的蒸汽流量测量常用流量喷嘴。喷嘴的形状和结构示意图如图 5-6 所示。

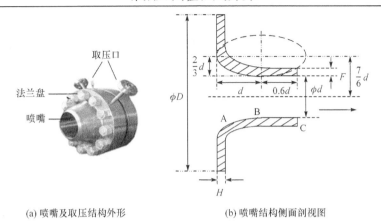

(a) 喷嘴及取压结构外形　　　　　　　　(b) 喷嘴结构侧面剖视图

图 5-6　喷嘴外形及结构示意图

3) 文丘里管的结构和特点

　　由于这种流体压差测量装置的结构是意大利物理学家文丘里发明的，因此命名为文丘里管。作为标准节流件的文丘里管结构示意图如图 5-7 所示，其管道结构由入口圆筒段 A、圆锥收缩段 B、圆筒形喉部 C 及圆锥扩散段 D 组成，剖面为先收缩而后逐渐扩大的管道，形成的流束形变和产生的差压符合伯努利定理。测出其入口截面和最小截面处的压力差，即可求出流量。文丘里流量计也是在孔板流量计的基础上，用一段渐缩渐扩的短管代替孔板，测量精度高，阻力损失小，但加工要求高。

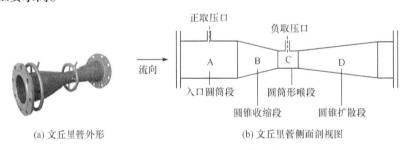

(a) 文丘里管外形　　　　　　　　　(b) 文丘里管侧面剖视图

图 5-7　文丘里管外形及结构示意图

5.3　电磁流量计

　　在炼油、化工生产中，有些液体介质是具有导电性的，因而可以应用电磁感应的方法去测量流量。电磁流量计就是这类流量计的典型代表，其特点是能够测量酸、碱、盐溶液以及含有固体颗粒(如泥浆)或纤维液体的流量，只要流体具有导电性即可测量。

电磁流量变送器由传感器和转换器两部分组成。被测流体的流量经传感器变换成感应电势，然后再由转换器将感应电势转换成统一的直流标准信号作为输出，以便进行指示、记录或与计算机配套使用。电磁流量计的准确度等级为 0.5~2.5 级。

5.3.1 测量原理

由电磁感应定律可以知道，导体在磁场中运动而切割磁力线时，在导体中便会有感应电势产生，这就是发电机原理。同理，如图 5-8 所示，导电的流体介质在磁场中做垂直方向流动而切割磁力线时，也会在两电极上产生感应电势，感应电势的方向可以由右手定则判断，并存在如下关系：

$$E_x = BDu \times 10^{-8} \tag{5-17}$$

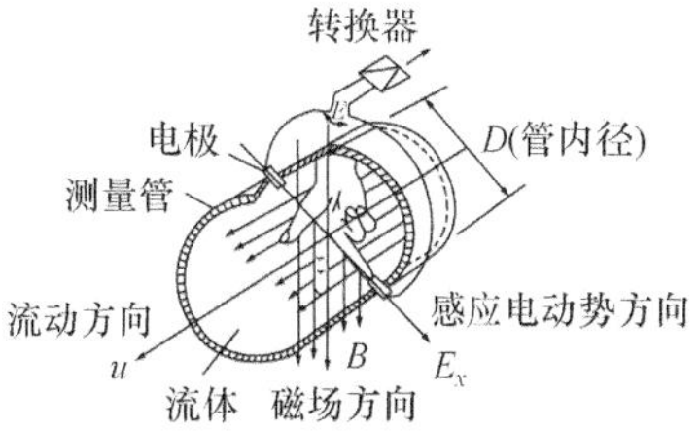

式中，E_x 为感应电势；B 为磁感应强度；D 为管道直径，即导体垂直切割磁力线的长度；u 为垂直于磁力线方向的液体速度。

图 5-8 电磁流量计原理

体积流量 q_v(cm³/s)与流速 u 的关系为

$$q_v = \frac{1}{4}\pi D^2 u \tag{5-18}$$

即

$$u = \frac{4q_v}{\pi D^2}$$

将式(5-18)代入式(5-17)，便得

$$E_x = 4 \times 10^{-8} \frac{B}{\pi D} q_v \tag{5-19}$$

式中，$k = 4 \times 10^{-8} B/(\pi D)$，称为仪表常数，在管道直径 D 已确定并维持磁感应强度 B 不变时，k 就是一个常数。这时感应电势则与体积流量呈线性关系。因此，在管道两侧各插入一根电极，便可以引出感应电势，由仪表指出流量的大小。

5.3.2 变送器的结构及特性

电磁流量计的变送器主要由测量导管、绝缘衬里、电极、励磁线圈、磁轭、外壳及正交干扰调整电位器等构成，其具体结构随着测量管口径的大小而不同。如图 5-9 所示为电磁流量计变送器的外观及结构。

1. 磁路系统

磁路系统的作用是产生均匀的直流或交流磁场。直流磁路用永磁铁来实现，

其优点是结构比较简单，受交流磁场的干扰较小；其缺点是电极上产生的直流电势将引起被测液体的电解，因而产生极化现象，破坏了原来的测量条件。当管道直径很大时，永磁铁相应也很大，笨重且不经济，所以电磁流量计一般采用励磁线圈，利用交流电信号产生交变磁场。

励磁线圈的结构形式因测量导管的口径不同而有所不同，图 5-9 是一种集中绕组式结构。它用于大口径电磁流量计的励磁作用，大口径的励磁线圈由两只串联或并联的马鞍形励磁绕组组成，夹持在测量导管上下两边，在导管和线圈外边再放一个磁轭，以便得到较大的磁通量和在测量导管中形成均匀磁场。

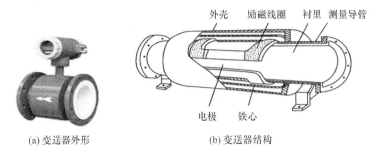

外壳　励磁线圈　衬里　测量导管

电极　铁心

(a) 变送器外形　　　　　(b) 变送器结构

图 5-9　电磁流量计变送器外观及结构示意图

2. 电极

电极一般由非导磁的不锈钢材料制成。而用于测量腐蚀性流体时，电极材料多用铂铱合金、耐酸钨基合金或镍基合金等。要求电极与内衬齐平，以便流体通过时不受阻碍。电极安装的位置宜在管道水平方向，以防止沉淀物堆积在电极上而影响测量准确度。

3. 测量导管

由于测量导管处在磁场中，为了使磁力线通过测量导管时磁通量被分流或短路，测量导管必须是由非导磁、低电导率、低热导率和具有一定机械强度的材料制成的，可选用不锈钢(1Cr18Ni9Ti)、玻璃钢。

4. 绝缘衬里

用不锈钢等导电材料做导管时,在测量导管内壁与电极之间必须有绝缘衬里，以防止感应电势被短路。为防止导管被腐蚀并使内壁光滑，常在整个测量导管内壁涂上绝缘衬里，衬里材料视工作温度不同而不同，一般常用搪瓷或专门的橡胶、环氧树脂等材料。

5.3.3　变送器的信号处理

变送器的磁场有 3 种产生磁场的励磁方式，即直流励磁、交流正弦波励磁和非正弦波交流励磁。直流励磁方式能产生一个恒定的均匀磁场。其优点是结构简单，受交流磁场干扰较小，可以忽略液体中的自感的影响，其缺点是电极上产生的直流电势将引起被测液体的电解，因而产生极化现象，破坏了原来的测量条件。所以直流励磁只用于非电解质液体的测量，如液态金属钠或汞等的流量测量。交流正弦波励磁一般采用工业频率的交流电源，非正弦波交流励磁方式则采用低于工业频率的方波或三角波励磁，通过励磁线圈产生交变磁场，以克服直流励磁的极化现象。

1. 直流励磁和极化现象

当使用直流电或永磁铁励磁时，由于磁场的方向恒定，产生的感应电势方向恒定，因此测量电极的正负极是固定的。在流体导电的情况下，流体中存在大量带电离子。这时电极的正极会吸引带负电荷的离子，而负电极会吸引带正电荷的离子，形成一个附加电场，这个电场方向与感应电势电场方向相反，会极大减弱流体流动产生的感应信号，甚至抵消感应信号，使传感器的输出为 0。这种情况就称为"极化现象"，对流体测量会产生不利的影响。因此需要加以克服，较常见的方法是采用交流正弦波、方波或三角波信号励磁。

2. 交流正弦波励磁方式带来的各种干扰

使用交流正弦波产生励磁信号，可以克服直流励磁产生的极化干扰，但又会带来正交干扰和共模干扰，需要利用转换器消除这类干扰。

1) 正交干扰的产生

采用交变磁场时，磁感应强度 $B=B_m\sin(\omega t)$，则感应电势的方程式为

$$E_x = B_m Du\sin(\omega t) \qquad (5-20)$$

式中，B_m 为磁感应强度的最大幅值；ω 为交变磁场的角频率。

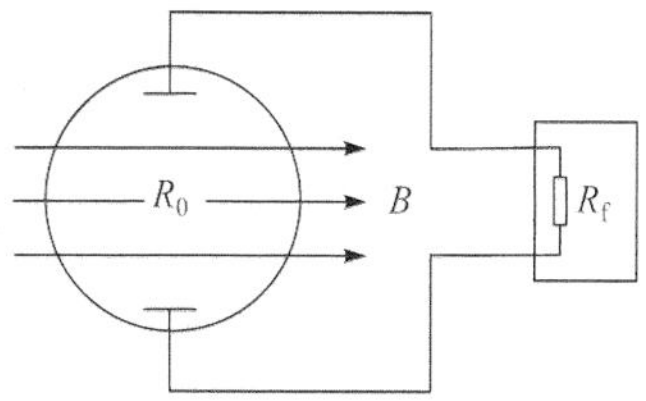

采用交变磁场可以有效地消除极化现象，

图 5-10　电极引出线形成的闭合回路

但是，也出现了新的矛盾。在电磁流量计工作时，管道内充满导电液体，因而交变磁通不可避免地也要穿过由电极引线、被测液体和转换部分的输入阻抗 R_f 构成的闭合回路(图 5-10)，从而在该回路内产生一个干扰电势，干扰电势的大小为

$$e_t = -K\frac{dB}{dt} \qquad (5-21)$$

代入交变磁场 $B=B_m\sin(\omega t)$，便得

$$e_t = -KB_m \sin\left(\omega t - \frac{\pi}{2}\right) \tag{5-22}$$

比较式(5-21)和式(5-22)可以看出，信号电势 E_x 与干扰电势 e_t 的频率相同，而相位上相差 90°，所以习惯上称此项干扰为正交干扰(或 90°干扰)。严重时，正交干扰 e_t 可能与信号电势 E_x 相当，甚至超过 E_x。所以必须设法消除此项影响，否则，必然会引起测量误差，甚至造成电磁流量计根本无法工作。为此，一般在变送器部分的结构上注意使电极引线所形成的平面保持与磁力线平行，避免磁力线穿过此闭合回路，并设有机械调整装置，以减小干扰电势 e_t。此外还设有调零电位器，通过调整调零电位器，使进入仪表的干扰电势相互抵消，以减小正交干扰电势。剩余部分的正交干扰将在转换器中利用相敏检波方法检出并消除。

2) 共模干扰

在两个电极上同时出现的、幅值和相位都相同的干扰，一般称为共模干扰，即两极对地共同产生一个电位变化。产生的原因为电感应引起的共模干扰，以及地电流引起的共模干扰。

为抑制静电感应引起的共模干扰,应对电极和励磁绕组进行严格的静电屏蔽，以降低励磁绕组与电极间的分布电容。更重要的是用一根导线将变送器的壳体、转换器的壳体、被测液体、管道等连在一起并良好接地，也就是使得它们"共地"，此时共模干扰减至最小。此外转换器的前置放大器应选择抑制共模干扰能力强的线路。

3) 励磁电压的幅值和频率变化引起的干扰

当励磁电压的幅值发生变化时，励磁电流也将发生变化，从而造成磁感应强度 B 的变化。这时虽然被测液体的流速没有变化，感应电势却发生了变化，造成测量误差。另外，励磁电压的频率一旦发生变化，由于励磁绕组是感性负载，阻抗也随之发生变化，同样造成励磁电流的变化，引起测量误差。为了克服此项干扰，必须对信号电压 E_x 进行除以磁感应强度 B 的运算，一旦由于上述干扰引起 B 的增加(减少)，造成 E_x 增加(减少)，但 E_x/B 却没有变化，即可消除此项干扰。这种运算功能也是由转换器电路实现的。

3. 方法励磁

鉴于采用交流正弦波励磁存在难以完全消除的 90°干扰电压，而完全采用直流磁场又有极化的弊端，因此目前电磁流量计广泛采用低频二态矩形波、三态矩形波及双频波励磁方式，如图 5-11 所示。

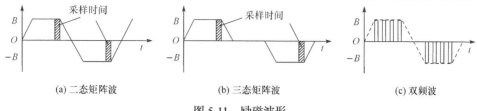

(a) 二态矩阵波 　　　　　 (b) 三态矩阵波 　　　　　 (c) 双频波

图 5-11　励磁波形

低频矩形波励磁电流的频率为工频 50Hz 的偶数分之一，一般为工频的 1/4～1/32。双频波励磁方式是在低频二值矩形波 6.25Hz 频率的基础上，加上一个高频率 75Hz 的调制波。在矩形波的一个波内可以看成是直流励磁，因此前述的正交干扰几乎不存在，分布电容引起的共模干扰也没有，从而可大大提高零点稳定性和测量精度。从总体上看，磁场方向还是交变的，因此极化现象不存在。

由于矩形波上升和下降沿处磁场变化率远大于正弦信号，测量信号中包含各种更严重干扰，但可以通过控制采样时间，躲过严重干扰的过渡过程，等信号达到稳定时再对信号采样。采样宽度为工频的整数倍，可消除这种普遍存在的严重干扰，如图 5-12 所示。低频方波还可以节省励磁本身消耗的电能。缺点是动态响应慢，被测流量波动的频率要比励磁频率低得多才行。而采用双频波励磁方式除具有低频矩形波励磁方式的优点外，还具有动态响应好、噪声小的优点。

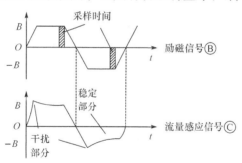

图 5-12　控制采样时间消除干扰

4. 变换器结构及信号处理

转换器的任务是处理变送器输出交变信号，放大有用信号，消除干扰，并转换成 4～20mA 的统一直流标准信号。

图 5-13 描述了电器流量计的正弦波励磁变送器构成原理图。整个转换部分是一个闭环系统。感应电势 E_x 与反馈电压 U_z 进行比较后，得差值信号 ε_x。作为前置放大器的输入信号，经前置放大器、主放大器、相敏整流器和功率放大器后，得到 4～20mA 的直流输出电流 I_0。经过霍尔乘法器反馈到转换部分的输入端的电压信号 U_z 与输出电流 I_0 有比例关系，构成了闭环系统。

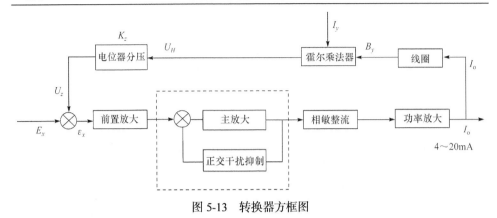

图 5-13　转换器方框图

　　正交干扰抑制器是作为主放大器的反馈网络，将正交干扰信号反馈到主放大器的输入端以再次削弱正交干扰的影响。由于在电磁流量计的转换部分采用了负反馈系统，这不仅提高了转换部分的稳定性，而且利用反馈电路实现了 E_x/B 的运算，从而可以克服电源波动的影响。

5.4　涡街流量计

　　应用流体振动原理测量流量的流量仪表，称为漩涡式流量计。目前比较常见

是应用自然振动的卡曼漩涡列原理，称为卡曼涡街流量计(或涡街流量计)。其外形如图 5-14 所示。这种流量计的特点是管道内无可动部件，使用寿命长，线性测量范围宽(约 100∶1)，几乎不受温度、压力、密度、黏度等变化的影响，压力损失小，准确度等级为 0.5~1 级。仪表的输出是与体积流量成比例的脉冲信号，信号处理方便，这种仪表对气体、液体均适用。

图 5-14　涡街流量计

5.4.1　应用卡曼漩涡测量的原理

　　在测量管道的流体中设置非流线型的漩涡发生体，当雷诺数达到一定值时，会在物体后面发生一个规则的振动运动，即在物体两侧交替地形成漩涡，并随着流体流动。其结果是在物体后面形成两列非对称的漩涡列，称为卡曼涡列(涡街)。在一定雷诺数范围内漩涡的分离频率与漩涡发生体的几何尺寸、管道的几何尺寸有关，漩涡的频率正比于流量。

　　如图 5-15 所示，在管道中设置三角形漩涡发生体，流体流动时在发生体后产生一列漩涡。

漩涡产生的频率 f 与流速 u、圆柱直径 d 的关系为

$$f = S_t \frac{u}{d} = S_t \frac{\bar{u}}{md} \tag{5-23}$$

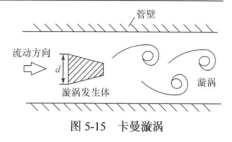

图 5-15 卡曼漩涡

式中，S_t 称为斯特劳哈尔数；$\bar{u}$ 为流体平均流速；f 为漩涡的频率；d 为阻流件的宽度；m 为漩涡发生体两侧弓形面积与管道横截面面积之比。

若漩涡发生体为三角柱形，底边宽度为 d，则

$$m = 1 - \frac{2}{\pi} \left(\frac{d}{D} \sqrt{1 - \left(\frac{d}{D}\right)^2} + \arcsin \frac{d}{D} \right) \tag{5-24}$$

式中，D 为管道直径。

管道内的体积流量 q_v 为

$$q_v = \frac{\pi D^2 \bar{u}}{4} = \frac{\pi D^2 d}{4 S_t} mf \tag{5-25}$$

$$K = \frac{f}{q_v} = \frac{4 S_t}{\pi m d D^2} \tag{5-26}$$

式中，K 为流量计的仪表系数。

K 除与漩涡发生体、管道的几何尺寸有关外，还与斯特劳哈尔数有关。斯特劳哈尔数为无量纲参数，它与漩涡发生体形状及雷诺数有关，如图 5-16 为三角柱状漩涡发生体的斯特劳哈尔数与管道雷诺数的关系。由图可见，在 $Re_D = 2 \times 10^4 \sim 7 \times 10^6$ 范围内，S_t 可视为常数，而在工业上绝大多数流量测量情况下的管道雷诺数，几乎都不超过这个范围，所以可认为仪表系数在一定雷诺数范围内仅与漩涡发生体及管道的形状尺寸等有关。漩涡的频率 f 只受流速 u 和漩涡发生体的特征长度所支配，而不受流体的温度、压力、密度、黏度及组成成分的影响，这是应用卡曼漩涡列测量流量方法的特点。

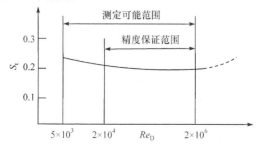

图 5-16 斯特劳哈尔系数与雷诺数的关系

5.4.2 涡街流量计的结构及组成

涡街流量计由传感器和流量积算仪两部分组成。传感器由漩涡发生体、漩涡信号传感器、壳体组成；流量积算仪包括信号处理电路(由前置放大器、滤波、整形电路组成)、微处理器、A/D 转换电路、D/A 转换电路、按键、电源、输出接口电路、显示电路、通信电路等部分。

1. 漩涡发生体形状

漩涡发生体是传感器部分的主要部件，其形状、几何参数与流量计的流量特性和阻力特性密切相关，可分为单漩涡发生体和多漩涡发生体两类。如图 5-17 所示为单漩涡发生体，单漩涡发生体的基本形有圆柱形、三角柱形、矩形和 T 形，其他形状皆为这些基本形的变形，三角柱形漩涡发生体是应用最广泛的一种。

2. 漩涡信号传感器

漩涡信号传感器检测发生体产生的漩涡信号，实现非电量/电量的信号转换。实际应用中有热敏、超声、应力、应变、电容、电磁和光电等多种类型。

1) 热敏式漩涡信号传感器

热敏式漩涡信号传感器的敏感元件采用热敏电阻，其温度系数为负，漩涡发生体后排列的交替漩涡作用在加热后的热敏电阻上，呈周期性冷却而改变阻值，通过检测输出电压的变化而求得漩涡频率。如图 5-18 所示为热敏电阻在三角柱发生体上的位置的示意图。

(a) 圆柱形　(b) 三角柱形　(c) 矩形　(d) T形　　　　　变送器

图 5-17　漩涡发生体形状　　　　　图 5-18　三角柱检测器

当流体流经三角柱发生体时，通过传感器的流体流速和与传感器产生的涡街频率的关系为

$$f = \frac{0.16}{(1-1.25d/D)}\frac{u}{d} \tag{5-27}$$

埋在三角柱正面的两只热敏电阻组成桥路的两臂，并以恒流电源供给微弱电流进行加热，产生漩涡一侧的热敏电阻处流速较大，使热敏电阻温度降低，阻值升高，并由桥路输出信号。随着漩涡交替产生，电桥就输出与漩涡频率完全相同的信号。只要准确掌握三角柱扁平面的宽度 d 和管道直径 D，就可以知道频率 f

和流速之间的关系，进而确定流量。图 5-19 为电阻-频率信号转换电路示意图，其中 R_1 和 R_2 为热敏电阻。

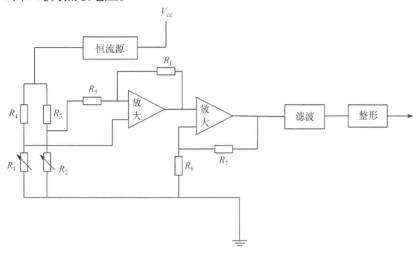

图 5-19　热敏式漩涡信号传感器信号转换电路

热敏式漩涡信号传感器在雷诺数较低的场合也有较好的测量特性，对管路振动不敏感，但热滞后使得它不适合小口径高速流体的测量，灰尘、脏污附着在热敏元器件上，也会降低其灵敏度。

2) 应变式漩涡信号传感器

应变式漩涡信号传感器是利用半导体的应变效应，将半导体应变片制作在漩涡发生体表面，半导体元件的电阻随漩涡升力而变化，通过电桥的放大，再经过运放电路、整形电路，从而测出漩涡频率。

应变式漩涡信号传感器的仪表系数较高，但要输出较强的频率信号，还应变就得足够大，但应变又不可太大，必须远小于应变极限，这样才能保证传感器的寿命。要做到既提高灵敏度，又延长传感器寿命，这的确很难，因此，应变式漩涡信号传感器通常只用来测量大管径的液体流量。

3) 电容式漩涡信号传感器

电容式漩涡信号传感器结构如图 5-20 所示。安装在涡街流量传感器中的电容传感器相当于一个悬臂梁，流体流动时，发生体两侧交替产生漩涡分离，在发生体两侧交替出现压力脉动，引起两侧的两个电容的两个极板间距交替发生改变，从而使两个电容值交替变化，通过差分检测电路测出电容变化的频率，从而检测出漩涡的频率。

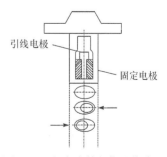

图 5-20　电容式漩涡信号传感器

而当管道有振动时，不管振动是何方向，由振动产生的惯性力同时作用在振动体及电极上，使振动体与电极都在同方向上产生变形，由于设计时保证了振动体与电极的几何结构与尺寸相匹配，使它们的变形量一致，差动信号为零。这就是电容传感器耐振性能好的原因。

电容式漩涡信号传感器的另一个优点就是耐温性好，高温可至 400℃，低温可至-200℃。发生体两侧的导压小孔易被固体颗粒式悬浮物堵塞，因此当介质较脏时不宜选用此类涡街流量计。

其他如振动、应力、光纤、超声测量等非电量检测技术在涡街信号检测中也有应用，限于篇幅，在此不一一介绍。

3. 流量积算仪电路

流量积算仪对传感器输出的电信号进行二次处理，消除其中的噪声干扰，并进行放大、整形等处理，得到与流量成比例的脉冲信号。由于脉冲信号便于进行数字化的采集和处理，可利用数字电路和单片机对其进行分析处理，进一步实现显示、控制、通信等功能。图 5-21 为流量积算仪的原理图。

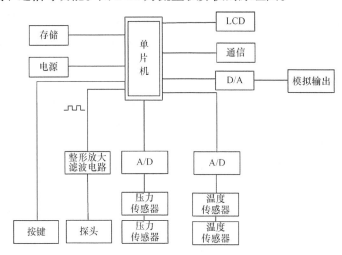

图 5-21　流量积算仪原理图

5.4.3　涡街流量计的特点

涡街流量计结构简单、安装维护方便、重量轻、价格便宜，在众多的流量计中，涡街流量计的经济性较好，是一种经济实惠的流量计。涡街流量计的基本性能处于中等偏上水平，购置费低于质量式、电磁式、容积式等类型的流量计，而安装、运行、维护费低于节流式、容积式、涡轮式等类型的流量计。

涡街流量计适应性强,结构形式多种多样,可计量多种流体介质,如液体、气体、高温蒸汽、低温液体和部分混相流体。无可动部件,可靠性高。

在一定的雷诺数范围内,传感器输出频率信号不受流体物性(密度、黏度)和组分的影响,即仪表系数仅与漩涡发生体及管道的形状尺寸有关,输出信号与流量成正比,量程之比为 $10:1 \sim 20:1$,准确度等级较高,液体一般为 $0.5 \sim 1.5$ 级,气体一般为 $0.5 \sim 2$ 级,无零点漂移,压力损失小。

但是涡街流量计不适用于低流速,或者小口径,或者高黏度的流体计量。测量时要求雷诺数 $Re_D \geqslant 2 \times 10^4$,低雷诺数时斯特劳哈尔数随着雷诺数的变化而变,仪表线性度变差,流体黏度高会显著影响甚至阻碍漩涡的产生。漩涡分离的稳定性受流速分布畸变及旋转流的影响,应根据上游侧不同形式的阻流件配置足够长的直管段,当空间有限时应加装流动调整器,一般可借鉴节流式差压流量计的直管段长度要求安装。

除了热敏式和超声式,其他种类的涡街流量计对管道机械振动均较敏感,不宜用于强振动场所。与涡轮流量计相比,仪表系数较低,频率低,口径越大越低,故仪表口径不宜过大,一般口径不超过 300mm。

使用涡街流量计要注意流体的脏污性质。含固体微粒的流体对漩涡发生体的冲刷会产生噪声,磨损漩涡发生体。若含有的短纤维缠绕在漩涡发生体上将改变仪表系数。

思考题与习题

5.1 国家规定的标准节流装置有哪几种?

5.2 雷诺数有何意义?当实际流量小于仪表规定的最小流量时,会产生什么情况?

5.3 试述节流式差压流量计的测量原理。

5.4 试述电磁流量计的工作原理,并指出其应用特点。

5.5 电磁流量计有哪些励磁方式,各有何特点?采用正弦波励磁时,会产生什么干扰信号?如何克服?

5.6 涡街流量计是如何工作的,它有什么特点?

第6章 虚拟仪器技术概述

虚拟仪器技术是电子技术、计算机技术和信号处理技术发展的一个综合性产物，目前在信号测量领域得到广泛的应用，其结构的多样性和使用领域的广泛性，使得仪器的概念和设计理念发生了巨大的变化，在工程检测领域越来越受到重视和关注。

6.1 虚拟仪器技术的产生和发展

在工程测量技术中，常根据仪表装置在测量中的作用把它们分为一次仪表和二次仪表，一次仪表主要是指传感器，其作用是将被测物理量转化为与之有一定函数关系，且便于测量的物理量。而二次仪表的作用则是将转换后的物理量进行进一步处理、加工，并实现显示、记录、运算等功能。最典型的方式是转化为与电相关的信号(电流、电压、电阻、电容、电感、频率等)，然后实现各种测试需求。传统的二次仪表需要由专业厂商和专业技术人员为某一类型的传感器进行特定的设计和加工制造，其结构组成以硬件方式为主，由于仪器所包含的功能均由仪器厂家定义，所有的功能块全部都是以硬件(或固化了的软件)的形式存在于测量仪器中，单台仪器的功能单一、固定，用户无法根据实际需要改变或扩展仪器功能。即使采用了信号标准化技术和模块化组合技术，也只能在一定的小范围内满足通用性要求。

20世纪70年代，随着计算机技术应用的普及，"虚拟仪器"的概念开始出现，在硬件方面，利用通用的计算机资源(显示器、存储器、CPU等)和功能化硬件(数据采集卡、传感器信号前置处理电路等)构建基本的传感器信号采集和处理装置。通过计算机软件完成对被测量的采集、处理、分析、判断、显示、数据存储等需求。在这种仪器系统中，各种复杂测试功能、数据分析和结果显示都完全由计算机软件完成，在很多方面有传统仪器无法比拟的优点，如使用灵活方便、测试功能丰富、价格低廉、一机多用等，这些使得虚拟仪器成为未来电子测量仪器发展的主要方向之一。

随着计算机技术、网络技术、总线技术、无线通信技术的广泛应用，虚拟仪器逐渐得到认同和广泛采用。虚拟仪器硬件为测量系统的结构组成带来更多的选择，软件开发环境的发展、驱动程序的标准化、代码复用的推广，使得用户可以避免编程过程中大量的重复劳动，从而大大缩短了复杂程序的开发时间。虚拟仪器技术的应用领域在不断扩大，将成为未来测控技术发展的一个主要分支。

6.2　虚拟仪器技术中的硬件和软件

虚拟仪器的组成可分为硬件和软件两个方面。硬件组成方面，利用计算机的模数和数模转换技术，借助计算机和网络通信的总线结构，以计算机核心部件构造系统，突出系统的扩展性和各种设备的互通能力，使用户以较少的硬件投资获得更多的测控功能。

虚拟仪器软件是开发和应用虚拟仪器的核心和关键，运用通用开发软件或专业化的开发软件，工程师可以高效地开发和创建测量系统所需的应用软件，设计友好的人机交互界面，利用计算机的逻辑功能为虚拟仪器测控系统添加智能和决策功能，发挥虚拟仪器的强大能力。

6.2.1　虚拟仪器系统的硬件组成

虚拟仪器测控系统的硬件平台主要由传感器和执行器、信号调理和转换电路、数据采集/输出设备及计算机等部分组成，如图 6-1 所示。传感器将被测信号的非电量转换为电量，经过信号调理电路的滤波、整形、放大、隔离等功能的转换，变为便于采集的电量信号(较为典型的方式是电压、电流、电阻、周期性电脉冲)。计算机用软件操作数据采集/输出装置进行模数转换和采样，数据采集结果利用通信总线传送到计算机，并进行分析、运算、显示和存储。当测控系统需要输出控制信号，对测控对象进行调节操作时，计算机中运行的虚拟仪器软件又可以通过数据采集/输出装置进行数模转换，经信号调理电路处理后(如电压放大、功率放大、电压/电流转换、方波脉宽调制等)，为执行机构提供操作所需的信号，或利用开关量输出控制开关动作。

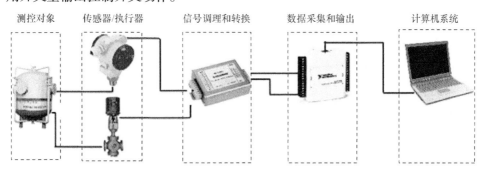

图 6-1　虚拟仪器系统的硬件组成

在硬件组成中，传感器的种类是最多样化的，执行机构则包含了各类电机、活塞、气缸、阀门、固态继电器等可由电源、气源操作的装置。它们是系统的最终端。信号调理电路是基于模拟电子技术和数字电子技术而开发制造的典型电路装置，在大规模集成电路技术的支持下，它们可以和传感器或数据采集/输出装置合并在一起，使系统更便于组合和搭配。

数据采集/输出装置(DAQ 装置)是多样化的外部设备与计算机连接的关键环节。其主要功能包括：模数(A/D)转换、数模(D/A)转换、数字信号输入/输出(DI/DO)和与计算机进行数据通信等功能。在这一环节中，数据采集装置与计算机信息交换采用的有线连接方式均采用总线结构。常见的有基于底板总线类型的 PCI 系统、PXI 系统、基于 USB 接口的串口总线系统。

(1) PCI/PCI Express DAQ 设备(图 6-2)。该类设备的特点是将具有数据采集和信号调理的硬件板卡插在 PC 主板或专用机箱的 PCI 接口插槽上，数据采集卡和 PC 利用 PCI 总线进行通信，使通用 PC 具有数据采集、信号处理、网络/无线通信、控制操作等功能。再配合相关的应用软件，实现各种常规仪表的测量和显示功能。这一类硬件系统的 DAQ 设备与 PC 融为一体，可靠性和性价比高，但可连接的板卡数量受 PC 的插槽数量限制，机箱内部的噪声电平较高，板卡设计和制造的抗干扰要求高。

(2) PXI/PXI Express DAQ 设备(图 6-3)。PXI 是一种新的基于工业标准 PCI 总线的开放式、模块化虚拟仪器总线系统，它是由美国国家仪器公司(NI)于 1997 年推出的。在结构上采用了独立的机箱来安装各类功能插卡，形成为虚拟仪器应用专门设计的一个工业总线计算机系统。该类系统具有高度的可扩展性，运行速度快，结构紧凑，功能全面，是构建高性能虚拟仪器系统的首选方案。

(3) USB 接口的 DAQ 设备(图 6-4)。该类设备采用 USB 通用串行总线作为连接 PC 和 DAQ 设备的通信手段，USB 接口作为 PC 连接外围设备的 I/O 端口标准，支持热插拔，支持多设备连接，且提供内部电源，便于外围设备连接，因此成为中小规模虚拟仪器系统和便携式、移动式 DAQ 设备常用的一种连接计算机的手段。即使在没有电源供应的场合，一个便携式 DAQ 设备和一台笔记本电脑也能

　　图6-2　PCI 设备　　　　图6-3　PXI 机箱和设备　　图6-4　USB 接口的 DAQ 设备

组成一个功能多样的测量系统。而 USB 接口设备一插即用的特点也大大简化了虚拟仪器系统接入 PC 的过程。除此之外，USB 作为一种开放的通用接口标准，被许多设备厂商支持，因此使大量的公司、企业的 DAQ 产品能相互兼容、配套，避免了技术垄断对虚拟仪器应用的限制和阻碍。

6.2.2 虚拟仪器的软件组成

虚拟仪器软件是虚拟仪器技术中的重要部分，通过运行软件，实现对仪器硬件的信号传递和控制，对信号的分析和处理，对结果的输出、显示和记录。因此，软件的设计很大程度上决定了虚拟仪器系统可达到的效果。

虚拟仪器的软件组成包含两个部分，其一是测量和配置服务软件，包括为硬件 I/O 设备所订制的软件驱动、硬件测试及简易的测量应用工具。通过这类软件可对硬件系统的工作状态进行判定，对输入测量数据或输出控制信号的 I/O 通道进行设置和命名，也可以在不进行编程的情况下使用硬件系统完成基本的测量任务。其二是开发工具软件，这类软件的作用是为用户提供功能强大、界面友好的开发环境，为特定应用系统的开发提供支持。

应用软件的开发环境主要有两种形式。一种是以通用编程语言为开发工具，如 Visual C++、Visual Basic、Delphi、C#等，这种方式即使在界面开发中采用图形化手段，但在核心的数据处理功能方面和驱动操作方面，还是以高级语言编写的代码模块作为主要设计模式。另一种是基于专业测控语言开发平台，采用全图形化的编程模式，如 HP 公司的 HP-VEE 和美国国家仪器公司(NI 公司)的 LabVIEW，这种模式利用建立和连接图标来构建虚拟仪器应用程序，以图标组态的模式来定义系统功能，具有编程效率高、通用性强、交叉平台互换性好的特点，被称为全面的 "G 语言"(Graphics Language，图形化语言)。这种类型的程序开发技术非常适合工程设计的特点，能方便迅捷地开发虚拟仪器的应用软件，因此在这一领域得到了广泛的应用。

6.3 LabVIEW 概述

LabVIEW 是美国国家仪器公司(NI 公司)推出的一种图形化编程语言和开发环境，自 20 世纪 80 年代发布以来，经过多年的改进和完善，目前已升级到 LabVIEW 2017 版，软件全面支持32 位或 64 位操作系统，成为虚拟仪器系统的开发技术方面主流软件之一。其直观、简便的编程方式，众多方便复用的编程资源，多样化数据处理功能和数据表现方式，为工程技术人员迅速掌握和熟练应用开发系统创造了条件。目前该软件已被广泛应用于航天、通信、工业、生物、医药、农业、建筑的众多领域。

作为虚拟仪器系统的开发平台，LabVIEW 具有以下特点。

(1) LabVIEW 是完全图形化编程语言，运用图标组态的方式代替命令语言进行应用程序的编写，易学易用，程序流程编写直观，功能组合方便，无论是开发系统提供的功能函数，还是用户开发的程序都可用图标的方式进行封装，极大方便了程序的重复调用。

(2) LabVIEW 程序流程控制采用数据流程序模式，可同时执行多个 LabVIEW 子程序，程序流程运行控制具备多种方式，既有基本的顺序、循环、选择等形式，也有基于时间或触发事件的模式。

(3) LabVIEW 程序具有模块化和层次化的结构特点，每一个程序既可单独执行，也可被其高层程序当作子程序来调用。

(4) LabVIEW 提供了大量面向测控领域、功能强大的应用函数库，如数据采集 DAQ 函数库，声音、视频多媒体信号采集和处理函数库，各种信号运算、处理和分析的数据分析库，用于控制设计和仿真的函数库等，几乎涵盖了工业和科研应用的各个方面，从而使用户能够快速组建自己的应用系统。

(5) LabVIEW 提供大量与外部代码或应用软件连接的机制，如动态链接库(DLL)接口、CIN(C Interface Node)节点、动态数据交换(DDE)、ActiveX 接口等，可以调用操作系统的动态链接库函数，运行 C 语言、MATLAB 语言编写的脚本代码，利用 LabVIEW 的 C 生成器工具，LabVIEW 开发的程序也可转换为 C 语言代码；通过 FPGA 工具，还可使 LabVIEW 编写的代码写入嵌入式系统运行，使得其成为一个开放的开发平台。

(6) LabVIEW 可采用编译方式运行应用程序，解决了用解释方式运行程序的其他图形化编程平台运行速度慢的缺陷。支持多种操作系统平台，在任何一个平台开发的 LabVIEW 应用程序都可以直接移植到其他平台上。

LabVIEW 作为一个成熟的虚拟仪器系统开发平台，随着其支持技术的不断升级，也在持续的完善和发展，平台功能越加丰富，编程效率不断提高，其应用特性逐渐向通用化、全面化发展。

6.4　虚拟仪器系统的设计方法

虚拟仪器系统的设计，需要从硬件和软件两个方面进行考虑。先根据测控的实际要求和开发需求选择硬件和软件平台，然后搭建硬件系统，按软件工程开发方式进行应用软件的开发、调试。整个开发过程可分为以下几个环节。

(1) 虚拟仪器硬件的选择。根据测控需求选择虚拟仪器的硬件类型，在选择时需要根据被测信号类型、测量环境、测控实时性/精度/稳定性要求、开发预期成本、系统未来的升级需求等方面，进行硬件的选型和配套，例如，USB 接口的 DAQ 系统适用于组建经常需要拆卸、移动的中低成本测量系统，而需要构建高速、多通道、高精度的测控系统需要选用 PXI/PXI Express 高性能虚拟仪器硬件系统。

(2) 虚拟仪器软件开发平台的选择。选定虚拟仪器的硬件系统后，需要对硬件进行集成，并开发应用软件。选择软件开发平台需要考虑平台可提供的软件资源、开发者对平台的熟悉程度、硬件环境对软件的支持、开发所需投入的成本等。

(3) 应用软件的开发。虚拟仪器应用软件的开发方案要符合系统实际的功能需求，要根据设计目标选择适当的开发方式，掌握相关数据的结构、类型，分析数据测控流程，确认必要的处理环节相互的关系，采用符合软件开发规范的开发模式。设计结果既要保证达到测控的需求，又要便于系统最终使用者的操作。

(4) 系统的调试。调试过程主要包括硬件系统的调试和应用软件的测定。可利用开发系统提供的工具软件测定硬件系统运行状态，利用标准信号源对虚拟仪器系统准确度进行校验，用仿真信号或现场模拟信号测定软件系统的运行效果，最后在实际的环境下用真实信号进行调试，直到系统的功能和效果达到设计预期的目的。

(5) 系统的运行和维护。正式将虚拟仪器系统移交给用户使用前，需要准备完整的开发文档和技术报告，编写详尽的使用手册，并对系统的操作人员进行必要的培训，让用户了解仪器的性能，掌握正确的使用方法，使用虚拟仪器时，要保证系统在符合测量条件的环境中使用，同时注意对系统的日常维护和功能的进一步完善、升级。

6.5 LabVIEW 设计入门

作为虚拟仪器系统的软件开发平台之一，NI 公司的 LabVIEW 以其强大的功能、众多的资源、易学易用的特点，对各个不同的应用领域的广泛技术支持，成为虚拟仪器系统开发的主流技术之一。在 NI 公司的官方网站上可获得 LabVIEW 软件的免费试用版，为希望了解该软件平台的用户提供了方便。下面将以 LabVIEW 8.5 软件作为范例，介绍这一开发平台在测控系统设计中的基本应用方法。

6.5.1 LabVIEW 的启动窗口

LabVIEW 8.5 软件(中文版)启动后的窗口界面如图 6-5 所示。

图 6-5　LabVIEW 的启动界面

启动界面的左侧为"文件(Files)"区域，包含的功能有：新建 VI 应用程序或项目文件，新建其他用于 LabVIEW 编程的辅助文件(类、自定义控件、项目库等)，打开已建立的 VI 程序和项目文件等。右侧的"资源(Resources)"区提供的功能有：打开 LabVIEW 帮助文档和范例 VI 程序的链接，提供 NI 公司网站资源的链接等。

启动窗口包含的菜单有文件(File)、操作(Operate)、工具(Tools)和帮助(Help)菜单。"文件"菜单的功能与"文件"区的作用相同，"操作"菜单用于在网络环境下调用远程操作界面，或调试其他服务器中的应用程序和共享库。"工具"菜单用于对 LabVIEW 进行配置，调用 MAX 程序配置采集任务，提供函数库的管理功能，提供第三方厂商的硬件驱动上传/下载功能，提供与 MATLAB 软件混合编程工具等。"帮助"菜单的功能与"资源"区功能相同。

6.5.2　LabVIEW 程序的开发环境组成

在 LabVIEW 启动窗口单击"新建"区的"VI"选项，即可进入基本的 VI 应用程序编程环境，环境由两个窗口组成——"前面板"窗口和"程序框图"窗口，如图 6-6 所示。前面板窗口用于设计用户操作界面，构建虚拟仪器系统的用户操作平台。程序框图窗口用于设计程序流程，用于构建虚拟仪器系统的功能结构。

窗口组成由工作区、菜单、工具栏、工具选板窗口组成,前面板窗口还附加有一个控件选板窗口,程序框图窗口也附加有一个函数选板窗口。选板窗口提供设计程序时的设计资源。

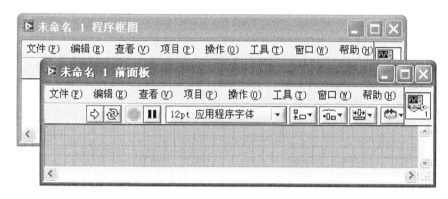

图 6-6　前面板和程序框图窗口

1. 窗口主菜单

窗口主菜单的菜单项为文件(File)、编辑(Edit)、查看(View)、项目(Project)、操作(Operate)、工具(Tools)、窗口(Window)、帮助(Help)。其主要功能如下。

(1) 文件菜单:用于执行基本的 VI 文件操作,如打开、关闭、保存、打印 VI 文档。

(2) 编辑菜单:用于查找和修改 LabVIEW 文件及其组件。某些菜单项仅出现在特定的操作系统或特定的 LabVIEW 开发系统中,只有在项目浏览器中选择某个选项或某个 VI 后,才显示该菜单项。

(3) 查看菜单:可用于打开 LabVIEW 开发环境中附加的工具窗口,包括工具选板、函数选板、错误列表窗口、启动窗口和导航窗口。同时也可浏览关系选项,用于查看当前 VI 文件及其层次结构。

(4) 项目菜单:用于执行项目文件的管理。项目文件与单个 VI 文件的区别在于它是一个包含应用程序和相关辅助文档的文件集合。这样产生的文件也称为一个工程文件。基本的项目文件操作主要有新建、打开、关闭、保存项目,根据所选 VI 程序生成规范生成可发布和安装的程序文档,将项目外的文件添加到项目中,查看项目信息等。该菜单只有在新建或打开项目文件后,项目菜单选项才可用。

(5) 操作菜单:运行编写好的 VI 应用程序。提供各种调试程序时所需的运行控制方法,如连续运行、单步运行、断点运行、子 VI 的挂起等功能,在暂停运行时调用前面板数据,供用于分析运行效果。

(6) 工具菜单：用于配置 LabVIEW、项目或 VI。例如，"Measurement & Automation Explorer"命令可用于启动 NI DAQmx 程序，进行硬件配置操作。"仪器"命令项用于启动查找或创建仪器驱动程序的工具程序。"MathScript 窗口"可打开"LabVIEW MathScript"工具窗口，通过 MATLAB 脚本进行程序编写和调试。"性能分析"可对 VI 程序的运行情况进行分析，采集并显示 VI 的执行时间和内存使用信息。由于"工具"菜单命令项目众多，涉及面广，在此不再一一列举，在使用中可借助 LabVIEW 的帮助系统进行了解。

(7) 窗口菜单：用于设置当前选择、排列当前设计使用的 VI 程序窗口。窗口菜单最多可显示 10 个打开的窗口。单击窗口即可使该窗口处于活动状态。

(8) 帮助菜单：包含对 LabVIEW 功能和组件的介绍、全部的 LabVIEW 文档，以及 NI 技术支持网站的链接，并显示 LabVIEW 当前版本信息等。

2. 窗口工具栏

工具栏提供了菜单操作的主要功能，其主要内容如下。

(1) 运行(⬛)：执行一次 VI 程序。

(2) 列出错误(⬛)：在程序设计未完成，或设计者认为已完成但实际有逻辑错误，程序无法运行时，运行按钮位置会被该按钮替代，如果程序设计已完成，可单击该按钮，显示错误提示信息。

(3) 连续运行(⬛)：单击该按钮，VI 程序连续地重复运行，效果相当于连续单击运行按钮，再次单击该按钮可退出连续运行状态。

(4) 中止运行(⬛)：强制停止程序的运行。注意：强制停止可能会错过一些有用的信息，如某些错误提示。强制停止会使程序流程中断，有时会因为部分硬件释放代码未执行，而使程序再次运行时，因调用未释放硬件出现错误。

(5) 暂停运行(⬛)：单击该按钮可使程序运行暂停，再次单击，程序继续运行。

(6) 对齐对象(⬛)：首先选定窗口中要对齐的对象(图标、字符串等)，然后单击按钮，在弹出的下拉列表中选定需要的对齐方式，如竖直对齐、左边对齐等。

(7) 分布对象(⬛)：首先选定窗口中要分布排列的对象(图标、字符串等)，然后单击按钮，在弹出的下拉列表中设置需要的分布对齐方式。例如，以顶部对象为基准垂直分布对象，以中间对象为基准左右分布对象等。

(8) 调整对象大小(⬛)：首先选定窗口中要调整大小的一个或多个对象，然后单击按钮，在弹出的下拉列表中设置对象大小的方式。例如，以某个对象为基准设置最大宽度，以某个对象为基准设置最小高度，自定义宽度和高度值等。

(9) 重新排序(⬛)：①将选中的对象组合为一个整体，或取消组合；②锁定对象，使其大小和位置不能改变，或解除锁定状态；③对象重叠放置时，调整彼此间的前后次序。

(10) 高亮执行(💡)：单击该按钮，VI 程序以一步一步的方式运行程序，所执行到程序节点以高亮方式显示，并在流程连线上，以动画方式显示数据流到达的位置点。在这种方式下，可清楚地观察到程序的运行过程，也可方便地查找错误。再次单击该按钮，可恢复原执行方式。

6.5.3　LabVIEW 开发环境中的选板操作

1. 工具选板

在前面板和程序框图中都可看到工具选板。可通过"查看"菜单的选项显示或隐藏工具选板窗口。工具选板上的每一个工具都对应鼠标的一个操作模式。光标对应选板上所选择的工具图标，可选择合适的工具对前面板和程序框图上的对象进行操作和修改。工具选板状态如图 6-7 所示。

如果"自动工具选择"已打开，当光标移到前面板或程序
框图的对象上时，LabVIEW 将自动从工具选板中选择相应的工
具。工具选板包含以下工具图标，用于操作或修改前面板和程
序框图对象。

(1) 自动工具选择(▭▭)：如果已经打开自动工具选择，
光标移到前面板或程序框图的对象上时，LabVIEW 将从工具选
板中自动选择相应的工具。也可禁用自动工具选择，手动选择
工具。被打开的"自动工具选择"按钮呈凹陷状态。

图 6-7　工具选板

(2) 操作值(🖐)：改变控件值。

(3) 定位/调整大小/选择(⬚)：定位、选择或改变对象大小。

(4) 标签(A)：创建自由标签和标题、编辑标签和标题或在控件中选择文本。

(5) 连线(✎)：在程序框图中为对象连线。

(6) 对象快捷菜单(▤)：打开对象的快捷菜单。

(7) 滚动(🖐)：在不使用滚动条的情况下滚动窗口。

(8) 断点(◉)：在 VI、函数、节点、连线和结构上设置断点，使执行在断点处暂停。

(9) 探针(⊕)：在连线上设置探针。使用探针工具可查看产生问题或意外结果的 VI 中的即时值。

(10) 获取颜色(✐)：通过上色工具复制用于粘贴的颜色。

(11) 上色(▣✎)：设置前景色和背景色。

2. 函数选板

图 6-8 为程序框图窗口的"函数"选板窗口，它是程序框图窗口中重要的附加窗口，函数选板中包含创建程序框图所需的子 VI 程序和函数，是程序设计中最重要和最常用的。如果函数选板窗口关闭，可通过程序框图窗口的"查看"菜单的"函数选板"命令项将其打开。函数选板按照子 VI 和函数的类型，将它们归入不同的选板组中。选板中也包含用图标表示的下级子选版，单击图标可进一步展开，函数或子 VI 图标可通过拖曳方式加入窗口进行使用，加入到程序框图窗口中的图标称为"函数节点"。单击选板底部的"≫"符号可展开选板中更多的隐藏子选板项目。

图 6-8　程序框图窗口的"函数"选板

(1) "编程"子选板组：编程常用的子选板被集中到函数选板窗口的"编程"项中，共包含了 15 个子选板项，常用子选板如下所述。

① "结构"：进行程序运行的流程控制设计，如顺序、循环、分支结构、事件结构、建立全局/局部变量、反馈节点等。

② "数组"：用于创建数组或进行数组操作，如创建数组，进行数组分解、合并，计算数组大小，通过索引选择数组元素，数组转置、排序，插值等。

③ "簇、类与变体"：用于 LabVIEW 的复合数据类型(簇、类和变体)创建和操作。

④ "数值"：用于提供数值计算功能和进行数据类型转换。

⑤ "文件 I/O"：进行数据文件的创建、打开、关闭、读取、写入等操作。

⑥ "布尔"：进行布尔型数据的逻辑运算，如与、或、非(取反)、异或等。

⑦ "字符串"：用于提供字符串型数据的操作函数，如字符串连接、字符串转换、字符串截取等。

⑧ "比较"：比较数值、字符串、数组、布尔值或簇，根据大小或是否相同产生布尔型结果"真(True)"或"假(False)"。

⑨ "定时"：提供时间操作函数，用于控制程序执行的速度，获取系统时间，控制程序运行的定时等。

⑩ "波形"：提供与波形的图形效果有关的数据操作函数。

其他常用的子选板组还有：

(2) "测量 I/O 和仪器 I/O"子选板组：提供与各种 DAQ 硬件设备进行连接、

读取、写出、调用、释放的函数选板。

(3)"数学"子选板组：提供各种数学运算的函数选板，如初等函数、概率函数、微积分、最优化等。

(4)"信号处理"子选板组：提供各种信号滤波，信号分析的算法函数。

(5)"互连接口"子选板组：提供与其他软件和操作系统互连的接口函数，如.NET、ActiveX、数据库系统、Windows 注册表访问等。

(6)"用户库"子选板组：开发者自己定义的、可重复使用的子 VI 程序。

(7)"Express"子选板组：LabVIEW 提供的集成度更高的 VI 应用程序，可以使用户通过对话框的配置代替一些常规的编程操作，实现 DAQ 或数据处理操作，减少开发时的设计复杂程度。

3. 控件选板

图 6-9 为前面板窗口的"控件"选板对话框，控件选板是在前面板窗口附加的一个设计工具窗口，其包含内容是设计用户界面的重要组成部分。如果控件选板窗口被关闭，可通过前面板窗口的"查看"菜单的"控件选板"命令项将其打开，单击选板底部的"≫"符号可展开选板中更多的隐藏子选板项目。对话框包含主要的子选板组如下所述。

(1) Express：提供典型的操作界面输入/输出控件，如数值型数据的输入/输出操作控件、字符型数据的输入/输出控件、布尔型数据操作控件(开关、按钮等)、波形数据的图形输出控件等。

(2) 新式：提供界面设计主要控件，是设置前面板使用最多的控件子选板。其中常用的有以下一些子选板。

①数值：数值类型数据的操作控件，如输入/输出框、滑杆、旋钮等。

②布尔：布尔型数据的操作和显示控件，如开关、指示灯、按钮等。

③字符串与路径：显示与操作字符串

图 6-9　前面板的"控件"选板窗口

及用于表示文档路径特殊字符串的控件，如列表框、文本框、文件路径的输入和显示控件。

④数组、矩阵与簇：数组或簇类型数据的显示或输入控件。

⑤列表与表格：表格和树状的显示控件。

⑥图形：波形数据显示控件。

⑦下拉列表和枚举量：文本、图形下拉列表或枚举列表控件。

⑧容器：在窗口中进行操作控件排列和分隔的控件，如分隔栏、子面板、选项卡、ActiveX 对象容器等。

⑨I/O：硬件通道的操作和显示控件。

⑩修饰：面板修饰图形控件，如线条、有立体感的图案等。

4. 选板的常用操作

选板中的图标可在设计程序功能或用户界面时，从选板窗口拖曳到前面板窗口或程序框图窗口使用。如需显示函数/控件选板，可选择前面板/程序框图窗口的主菜单项"查看|函数选板"或"查看|控件选板"。也可右击前面板/程序框图窗口工作区，会在右击的位置出现简化的选板，效果如图 6-10 所示。单击选板左上角的图钉按钮可将选板在当前位置锁定，并切换为普通状态。

函数选板和控件选板是编程时关联密切的两个部分，在前面板利用控件选板建立的操作控件，绝大部分都会在程序框图中自动创建相关的控件节点图标，同样在程序框图窗口建立的节点图标如果和输入或显示操作有关，也会自动在前面板窗口创建控件。有关内容会在后续章节进行介绍。

图 6-10　右击工作区弹出的选板界面

6.5.4　窗口对象的编辑

通过控件选板在前面板窗口可添加操作/显示控件，即虚拟仪器操作界面的设计；而函数选板可在程序框图窗口中添加控件节点图标，它们是 LabVIEW 程序组成的基本环节。添加到窗口中的控件和节点图标，可进行大小、位置等布局的调整和属性的设置。

1. 前面板对象编辑操作

前面板的大部分控件按作用基本分为"输入"和"显示"两类，只有极少数属于用于装饰的修饰性前面板控件。控件的编辑主要是对控件的布局设计和控件的属性设置。

1）添加控件

在前面板窗口添加操作控件，通常是借助"控件选板"中的控件图标。如果选板中的图标右侧有指向朝外的三角形标志,表示该图标是子选板,单击可进一步展开。如果无此三角标志,就表示一个控件选项。单击子选板中需要添加的控件选项图标后,将鼠标光标移到前面板窗口中再次单击,即可在窗口的单击位置放置控件。同时在"程序框图"窗口,会自动添加与控件对应的控件节点图标,如图 6-11 所示。选板内包含的子选板名称及控件功能的大致描述可参见 6.5.3 节。具体内容可参见 LabVIEW 的帮助系统信息。

图 6-11　控件节点

2) 前面板控件基本属性设置

控件属性设置用于改变控件的标识字符,调整控件操作时的特性,修饰控件的显示效果等,最快捷的方式是在窗口的控件对象上右击鼠标,可弹出快捷菜单,利用菜单选项进行设置操作,不同的控件因为其操作的数据类型不同、操作功能不同,属性设置的内容各有不同。

添加到前面板窗口的每个控件,在左上角都有作为其标识的字符,在"程序框图"窗口添加的对应函数节点,也采用同样的标识字符作为图标名称。在 LabVIEW 中,标注字符有"标签"和"标题"两种。其中"标签"的作用相当于命令模式编程中的对象名,前面板控件和对应的程序框图的函数节点的标签名称是一致的。

标签名称的修改:选中工具选板"自动工具选择"按钮(一般情况下默认状态为选中),将鼠标光标指向标签,在光标显示状态为"↳",双击标签即可进入编辑状态,通过键入字符修改标签。修改操作在前面板窗口或程序框图窗口均可进行,在一个窗口进行标签修改可同时影响另一个窗口对应的对象标签。此外,将鼠标光标指向标签,在光标显示状态为"↳"时,单击鼠标可选中标签,被选中的标签可拖曳移动位置,或拖曳调节点改变大小。

3) 控件的布局调节

(1) 控件的选择。

当鼠标光标显示为定位工具状态(↳)时,光标指向控件后单击,可选中控件。

也可按住 Shift 键，使用鼠标逐个单击所要选取的控件，实现同时选择多个控件。选择多个控件的另一种快捷方式是用鼠标拖曳出一个虚线状态的选择框，释放鼠标左键后，框中包围的所有的控件都将选中。单击窗口空白区域，可取消控件选中状态。

(2) 移动、复制和删除。

选中控件后，将鼠标光标指向被选中控件，当鼠标光标显示为定位工具状态（⤧）时，按住鼠标左键执行拖曳操作，即可移动选中的一个或多个控件。按住 Shift 键执行鼠标拖曳，可实现仅单方向的移动。移动操作也可借助键盘光标键进行，按住 Shift 键同时使用光标键，可加大每次的移动距离。

复制控件操作要求先选中所有需要复制的对象，选择菜单"编辑|复制"或按键 Ctrl+C，单击选择新的目标位置，再选择菜单"编辑|粘贴"或按键 Ctrl+V，完成复制。基本方式和 Windows 系统的操作方式相同。

删除控件操作也要求先选中所有需要删除的对象，选择菜单"编辑|删除"，按键盘的删除键或退格键也可删除被选中的控件。

(3) 控件的排列。

排列控件操作用以实现控件的对齐和间距调整，操作主要借助前面板窗口工具栏的按钮进行。

对齐操作：首先选定窗口中要对齐的控件对象，然后单击"对齐对象"按钮（⊞▾），在弹出的下拉列表中选定需要的对齐方式按钮，如居中对齐、顶部对齐、靠左对齐、靠右对齐等。

间距调整：首先选定窗口中要间距调整的控件对象，然后单击"分布对象"按钮（⊡▾），在弹出的下拉列表中设置需要的分布对齐方式。例如，以顶部对象为基准垂直分布对象，以中间对象为基准左右分布对象等。

(4) 控件大小调节。

先单击选中控件，此时控件图形周围会出现虚线框，被选中控件的标签、图形在选中后均被激活成可调节对象，将鼠标移到每个被激活对象均可显示调节点。将鼠标光标移到调节点，当光标变为双向箭头符号时，拖曳调节点，改变大小。

另一种方式为利用面板窗口工具栏的"调整对象大小"工具按钮（▥▾）。首先选定窗口中要调节大小的多个控件对象，然后单击"调整对象大小"按钮，在弹出的下拉列表中设置对象的大小。例如，以某个对象为基准设置最大宽度，以某个对象为基准设置最小高度，自定义宽度和高度值等，这种方式适宜于将多个控件大小调节一致的操作。

2. 程序框图窗口的布局操作

程序框图窗口中的对象包括"输入/显示控件节点"、"函数/子 VI 节点"、用于控制程序流程的"结构"以及连接对象的"连线"。

控件节点是与前面板控件对应的图标，控件节点是前面板和程序框图之间交换信息的输入输出端口。前面板输入控件的数据值经由输入控件节点进入程序框图。运行时，输出数据值经由显示控件节点输出到前面板对应控件进行显示。设计程序时，双击程序框图上的一个控件节点图标，则切换到前面板窗口，对应的输入/显示控件将高亮显示。

其他三类对象(函数、子 VI、结构)是"函数选板"提供的特定图标。用以实现各种数据运算、数据转换、程序流程控制等功能。将窗口中的各种节点图标用连线连接便创建了程序框图，连线表示的是数据在程序运行时的处理次序。

1) 控件节点图标的布局操作

(1) 显示效果选择。

控件节点在程序框图中显示方式有两种形式，一种称为图标形式，另一种是数据类型形式。图标形式的节点图标较大，数据类型形式则着重强调控件输入/输出的数据类型，效果如图 6-12 所示，节点图标中的符号"DBL"表示控件使用的数据类型是双精度浮点型数值。

两种形式的切换可利用快捷菜单的"显示为图标"项，图标形式显示是控件节点的默认显示形式；取消该项选中，则以数据类型形式显示，使用数据类型节点图标较节省程序框图的空间。其他类型(函数、子 VI、结构)的节点图标只有一种形式。

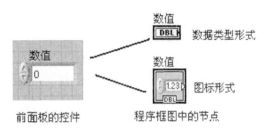

图 6-12　控件对应的节点图标形式

(2) 常用布局操作。

程序框图窗口的对象图标的布局编辑操作大部分与前面板基本相同，如选择、移动、复制、删除、排列、文本格式设置等。在程序框图窗口的有关布局的工具栏(文本设置、对齐对象、分布对象、重新排序等)大部分与前面板窗口相同，其操作方法在此不再重复说明。

2) 建立和编辑连线

程序框图中节点图标的数据传输通过连线实现，每根连线都只有一个接线端子作为数据源，但可以连接多个读取该数据的接线端子。不同数据类型的连线有不同的颜色、粗细和样式。数据传送错误会用断开的连线表示，断开的连线显示为黑色的虚线，中间有个红色的"×"。出现断线的原因有很多，最典型的错误是数据类型不兼容，或连线端点未连接接线端图标，将鼠标光标对准红色的"×"，光标下方会显示错误的提示信息框。有断线意味着程序有错误，包含断线的程序无法运行。

程序框图中的控件节点图标的所有接线端子，在图标上以小三角的方式显示，输入/显示控件节点的接线端子只有 1 个，小三角指向内部为输入，小三角指向外部为显示；而大多数函数/子 VI 节点至少有 2 个或 2 个以上的接线端子，既有输入，也有输出，一般不采用小三角标志，只有常量或少部分 I/O 操作函数的接线端子是单一的输出端子。使用即时帮助窗口可了解程序框图中各类节点图标有哪些接线端子，哪些接线端子必须连接，必须连接的接线端子的标签在即时帮助窗口中以粗体字显示。如果未连接所有必连的接线端子，VI 的运行按钮将处于断开状态而无法运行，其概念相当于一个程序中的函数未获得足够参数。

连线操作就是窗口对象的连接，连接有手动和自动两种操作方式。

(1) 手动连线。

可单击"工具选板"的"进行连线"按钮，鼠标光标切换为连线工具状态(✎)，进入手动连线操作。在工具选板的"自动选择工具"按钮被选中时(这是默认的工具选板工作方式)，即使不单击"进行连线"按钮，只要将鼠标光标对准对象图标的接线端子，光标即自动切换为连线工具状态(✎)，同时连线点呈闪烁状态，进入手动连线操作模式。

在对象连接点上单击鼠标左键，开始连线。鼠标左键单击后，光标在程序框图上移动时，在接线端子和连线工具光标间，始终保持一条虚线连线，其外观如同从线轴上拉出来的电线。将光标移至另一对象的需连接的连接点，单击鼠标，虚线变成实线，完成一次连线操作。

连线也可从某条连线中间开始，建立连线的一个分支，操作形式与连接对象相同，只是将起点选为一条已建立的连线中间的某点，当鼠标光标呈连线工具状态时，连线的一部分会闪烁，此时可单击鼠标左键，开始连线操作。

连线时如要转向，可单击鼠标左键后转向 90°，继续移动连线工具光标延伸连线；如需要中止已开始的连线操作，可按 Esc 键或单击鼠标右键，取消虚线连线，同时停止连线操作。也可双击鼠标，此时已出现的虚线连线将保留变为断线形式，同时停止连线操作。

(2) 自动连线。

第一次从函数选板将所选节点对象添加到程序框图上时，或复制一个程序框图上已有的节点图标时，将启用自动连线方式。当鼠标光标拖曳的节点图标移动

到其他节点图标的近旁时，LabVIEW 将显示临时连线，提示两者间有效的连线方式，放开鼠标后 LabVIEW 将自动连线。是否进行自动连线取决于两个节点图标的间距。如需设置进行自动连线的操作最大/最小间距，可以通过窗口菜单"工具|选项"打开对话框，在"程序框图"类选项中可进行相关设置。

(3) 连线的编辑。

连线选择：单击选择一段连线，双击选择分支，三击选择所有直接连通的连线，拖曳方框可选择被方框范围包含的所有连线。选中时的状态如图 6-13 所示。

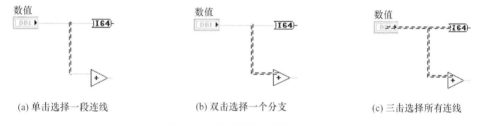

(a) 单击选择一段连线   (b) 双击选择一个分支   (c) 三击选择所有连线

图 6-13 选择连线的操作方式

连线删除：选中连线后，用键盘 Delete 或退格键 Back Space，可进行删除。也可直接右击鼠标连线，在弹出菜单选择"删除连线分支"，执行删除。另外有错误的断线，也可右击鼠标断线，在弹出菜单选择"删除松终端"。

整理连线：直接右击鼠标连线，在弹出菜单选择"整理连线"，可将连线重新调节整齐。

6.5.5 LabVIEW 的帮助系统

LabVIEW 帮助系统的提供帮助的方式有两种，一种是在软件开发过程中，利用附加窗口显示的"即时帮助"。在前面板和程序框图窗口工具栏的最右侧，有启动/关闭"即时帮助"功能的工具按钮"⬚"，如图 6-14(a)所示，单击可启动/取消即时帮助功能。在启动即时帮助功能后，可以借助鼠标移动，将光标指向窗口中需要了解的对象，LabVIEW 就会在即时帮助窗口显示该对象的基本帮助信息。另一种是利用开发环境的"帮助"菜单或启动窗口的"资源"区链接打开的"LabVIEW 帮助"窗口。

如图 6-14(b)所示为"即时帮助窗口"显示的一个编程使用的节点图标帮助信息，信息包括图标的功能、图标各连线端子的含义，并用颜色标示连线端输入或输出数据的类型。图标代表的函数节点是一个 LabVIEW 的 VI 程序，信息中也在标题上标示了该程序的文件名"[Simple Error Handler.vi]"。

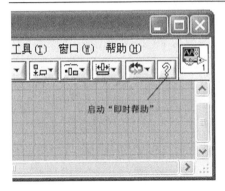
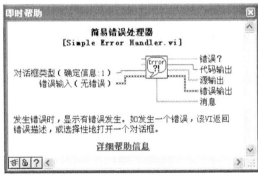

(a) 即时帮助设置按钮　　　　　　　　　　(b) 即时帮助窗口状态

图 6-14　即时帮助窗口

　　单击"即时帮助"窗口的"详细帮助信息"链接，或用帮助菜单，或者利用"资源"区的链接，都可以打开 LabVIEW 的帮助窗口。图 6-15 显示的是对应于图 6-14"详细帮助信息"链接的"LabVIEW 帮助"窗口的内容，这也是通过"帮助"菜单打开的帮助信息窗口状态。帮助信息详细说明了输入/输出连线端子的数据内容的含义、作用。为设计者提供了详细的信息，并可通过按钮将相关功能图标加入程序中。

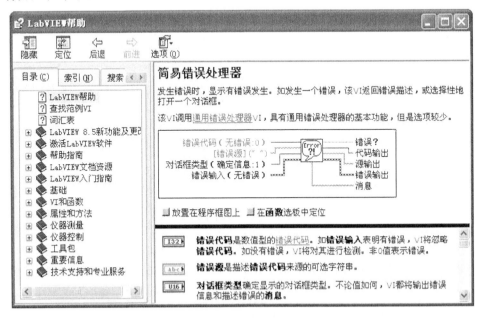

图 6-15　LabVIEW 帮助窗口

　　"资源"区的另一个帮助功能就是"范例查找器"，可打开 LabVIEW 提供许多范例程序，在 NI 公司提供的软硬件平台上可运行使用，也可作为进一步开发的基础。用户可以通过功能分类的方式查找范例，也可以通过关键词查找范例程序，还可将自己开发的 VI 程序作为资源提交给用户交流网站，实现共享。

范例查找器对话框界面如图 6-16 所示。该对话框也可通过 LabVIEW 程序窗口的帮助菜单中的"查找范例"选项打开，每一个范例就是一个设计完成的 VI 程序，它既可以成为新的 VI 程序设计的参考，也可以作为一个功能组件嵌入新设计的 VI 程序中使用。对话框左侧区域的三个标签可选择显示模式、根据名称查找范例、在范例中添加新 VI 程序。中间框列出了范例分类，双击可展开分类，直到打开所需的范例。右侧的信息框可显示选中范例的功能说明和设计过程简介，并说明运行范例的条件。

图 6-16　LabVIEW 范例查找器

6.6　LabVIEW 设计范例

本节通过一个简单的范例，介绍 LabVIEW 程序设计的步骤和方法。设计要求如下：利用 LabVIEW 的程序产生正弦波仿真信号，模拟交流电压信号的变化，并用图形方式和指针方式显示仿真信号的变化情况，并可在面板上通过滑杆设置信号幅度和周期，要求幅度绝对值为 0～5V，周期为 5～25。

1. 创建 VI

启动 LabVIEW，在启动窗口中的"新建"区单击"VI"，建立一个新的 VI 程序。新的程序同时打开前面板和程序框图两个窗口。可通过单击窗口进行切换，也可以通过屏幕下方 Windows 的任务栏显示的按钮进行切换，还可以借助窗口中的"窗口"菜单选项进行窗口切换。

2. 前面板设计——添加控件

前面板设计的效果可参考图 6-17，其设计步骤如下。

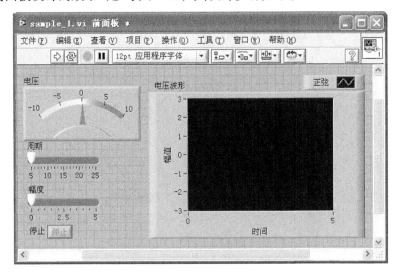

图 6-17　前面板设计效果

1) 添加控件

如果"前面板"窗口的控件选板窗口没打开，可通过执行菜单"查看控件选板"将其打开。在选板中将所需使用操作控件图标单击后拖曳到前面板窗口，构造用户的操作界面。

选择要使用的控件：

在控件选板中选择"新式|数值|水平指针滑动杆"，添加两个水平滑杆控件，并将标签分别改名为"周期"和"幅度"。

在控件选板中选择"新式|数值|仪表"，添加仪表指针式显示控件，将标签改名为"电压"。

在控件选板中选择"新式|图形|波形图表"，添加波形图表控件，并将标签改

名为"电压波形"。

在控件选板中选择"新式|布尔|停止按钮",添加停止按钮控件。

在选择完所需某个控件图标后,可单击控件组名称(如"新式"),将子选板收起,以便进行后续其他控件选择。

添加到窗口中的控件可利用鼠标拖动调节位置;单击控件的图形部分,使其周围出现调节点,可通过拖曳调节点改变控件大小;可同时选中多个控件,利用工具栏的对齐按钮进行对齐排列操作。

2) 控件属性设置

为使操作和显示效果符合要求,通常都需要对操作控件的属性进行设置。设置时,右击被设置控件,在弹出的快捷菜单中选择"属性"项。可打开设置对话框,利用标签选取设置项目种类。根据提示进行设置。

例如,对电压指示指针范围设置:右击电压指针指示控件,单击快捷菜单"属性"项,选择"标尺"标签,设置最小值、最大值分别为–10 和+10。与此相仿,可将"周期"滑杆控件的标尺最大值设为 25、最小值设为 5;可将"幅度"滑杆控件的标尺最大值设为 5、最小值设为 0。

3. 程序设计——编辑和添加节点

通过"窗口"菜单或任务栏按钮,切换到"程序框图"窗口,窗口中已显示了与前面板控件对应的节点图标。根据程序的功能需要,利用函数选板继续添加所需的其他节点图标。如果函数选板未打开,可通过执行菜单"查看|函数选板"将其打开。

(1) 信号源节点:单击"Express|输入|仿真信号",将仿真信号图标放置到窗口中。

放置"仿真信号"图标完毕,会自动打开仿真信号的属性设置对话框,可选择生成信号的类型和属性。例如,选择信号类型为正弦,设定默认频率、幅值等,设置后单击"确定"退出。设置项在会话框中的位置图 6-18 所示。若需修改设置,可双击该节点图标。这种操作效果仅对 Express 类型节点有效(该类型节点图标背景为浅蓝色),一般的控件节点图标的双击会切换到前面板,一般函数/子 VI 或结构类节点图标的双击无任何其他效果。

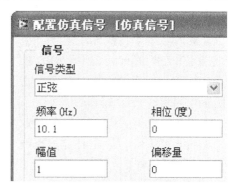

图 6-18 仿真信号的属性设置(对话框局部)

(2) 运算节点："编程|数值|倒数"。将"1/x"图标拖曳到窗口中。添加该运算节点的目的是将前面板输入的周期值换算成频率，供仿真信号节点使用。添加节点完毕后可将节点图标适当排列，便于查看和连线操作。

添加了所需各类节点后的程序框图窗口如图 6-19 所示。完成了各种输入、输出、运算、处理的功能节点添加后，就可以开始进行节点间的连线了。如果需编辑节点状态(添加、删除、属性编辑)，在运行程序前，可根据需要随时进行。

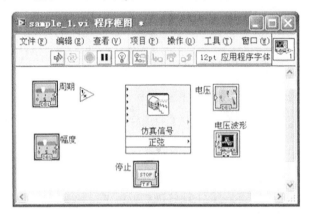

图 6-19　程序框图窗口中建立的各类节点图标

4. 程序流程设定——连线设定

连线确定了程序运行时数据流经节点图标的顺序，连线操作时将工具选板的模式设为自动选择。一般情况下，这是默认的模式，如果不是，可在工具选板中单击"自动选择工具"进行设置。设置完毕后，将鼠标光标移到节点图标的连线端子标志处(小三角标志，指向图标内部为输入，指向图标外部为输出)，鼠标光标自动变为连线工具样式，如果节点具有多个端子，光标旁还显示端子的提示信息框，如图 6-20 所示。

此时可以单击鼠标左键开始连线，连线时，随着鼠标的移动将会在连线的起点端子和鼠标光标间出现流动的虚线，表示连线的走线路径，将鼠标光标移动到需连接的另一个节点图标的某个端子处再次单击完成一次连线操作，如图 6-21 所示。

可仿照上述的操作步骤，完成信号设置和显示功能所需的连线，连接后的效果如图 6-22 所示。所需建立的连接有：

(1) 将周期节点输出连线端子连接倒数运算节点的"x"端子。

(2) 将倒数运算节点的"1/x"端子连接仿真信号节点的"频率"端子。

(3) 将幅度节点输出端子连接仿真信号节点的"幅值"端子。

(4) 将仿真信号节点的正弦输出端子连接电压指示节点和电压波形节点的输入端子。

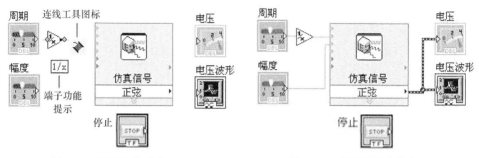

图 6-20　连线初始状态　　　　　图 6-21　连线的结束状态

5. 流程循环控制结构设置

为使产生信号的流程可持续运行，连续发出信号，需要添加流程结构控制节点，使其不断循环运行。添加了循环执行功能的流程如图 6-22 所示。添加的方法为：在函数选板中选择"编程|结构"，在子选板中单击"While 循环"，将鼠标光标移到窗口，拖曳出一个矩形框，将所有需要连续循环的节点图标包含在其中。将"停止"按钮节点的输出连接到循环框内的停止操作标志，就构成了一个可由用户单击"停止"控件中止的连续循环。此操作建立的就是控制程序循环运行的结构控制节点。

6. 保存和打开程序

从文件菜单中选择"保存(Save)"或"另存为(Save as..)"都可完成保存的操作，如图 6-23 所示为"另存为(Save as..)"操作的对话框状态。VI 文件即可单独保存为可执行的文件，也可以改变保存类型，把一些 VI 文件同时保存在一个 VI 库中，这样的库文件以".llb"作为文件扩展名。

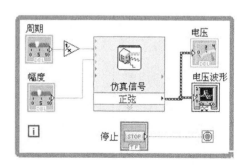

图 6-22　完成连线和循环设置的程序流程

打开 VI 程序可以利用启动窗口的"打开"操作区，直接单击文件名打开最近使用的 VI 文件；或用窗口"文件(File)"菜单的"打开(Open)"操作命令项。可打开的文件可以是单独保存的 VI 文件，也可以是 VI 库(.llb 文件)内包含的 VI 文件。双击文件夹内的 VI 文件图标，也可完成打开操作。

图 6-23　VI 另存为操作窗口

7. 运行程序

程序设计完成后，可切换到前面板窗口，先拖动滑杆设定一个初始的周期和幅度值，再单击工具栏中的"运行(Run)"工具按钮，开始运行程序。程序运行界面如图 6-24 所示。运行中可以拖动滑杆，改变仿真信号的周期和幅值。

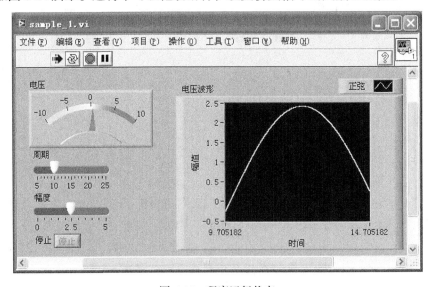

图 6-24　程序运行状态

6.7　LabVIEW 的程序调试技术

程序的调试是编程中的一个重要步骤，通过调试操作来修改程序中的语法逻辑错误，使程序运行结果符合用户的应用要求。LabVIEW 提供的调试工具使用方法最便捷的是"程序框图"窗口工具栏中的调试工具按钮。另外"程序框图"窗口的"操作"菜单也可提供调试的功能。

1. 寻找语法错误

LabVIEW 程序必须在没有基本语法错误的情况下才能运行，LabVIEW 能够自动识别程序中存在的基本语法错误，如果 VI 程序中存在语法错误，在窗口工具栏中的运行按钮(⟐)会被替换为"列出错误"按钮(⟐)，表示程序语法有错误不能执行。单击"列出错误"按钮，会弹出错误列表，显示程序中的错误情况。对话框状态如图 6-25 所示。

图 6-25　列出错误对话框

单击列表中的某一错误，列表中的"详细信息(Details)"栏会显示有关错误的详细说明。双击错误列表项或单击"显示错误"按钮，LabVIEW 会切换到"程序框图"窗口，自动定位并以高亮显示出错的节点对象，便于用户查找错误。

2. 单步执行和探针的使用

采用单步方式，可让程序一步步的执行，以便查找程序中的逻辑错误。单步执行需先单击"开始单步执行"按钮(🔄)，使程序进入单步执行状态，每执行过一个节点后，下一个要执行的节点会以闪烁方式显示。继续单击🔄按钮，程序会继续执行闪烁节点的操作，并停在后一个节点。单击"继续"按钮(⏸)，程序退出单步运行状态，转换为连续运行。

在单步执行程序暂停时，可利用鼠标光标对准某条连线，鼠标光标显示为"探针"工具样式(•⊕•)，单击鼠标左键，可在弹出窗口中显示连线传递的数据值。只要不关闭弹出窗口，窗口就可在运行中显示设置了探针的连线在程序某个暂停状态下的数据值，如果显示的数据为灰色，表示数据流程还未通过该连线；如果显示的数据为黑色，表示数据流已经过该连线。设置了探针的连线在程序运行暂停时，会用一个方框显示与弹出窗口标题对应的序号，以便在打开多个探针窗口时，能标明弹出窗口的数据来源。关闭弹出窗口，可取消探针。如图 6-26 所示为用"探针"功能显示的倒数运算数据。

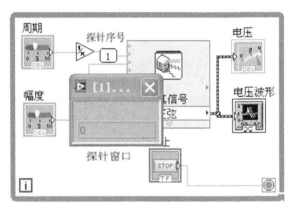

图 6-26　探针设置的效果

3. 设置断点进行调试

断点功能可以让程序在某个需要的位置暂停，避免单步方式的每个节点都要暂停一次的模式，节省调试的时间，在调试时，可以用设置断点的方式快速查找出错的大概位置。再用单步方式详细查找。

断点的设置可在工具选板中单击"设置/清除断点"工具(⦿)，然后在需要设置断点的连线位置单击鼠标，便可在该连线上设置一个断点，也可右键单击连线，在弹出的快捷菜单中选择"设置断点"项的方法实现断点设置。有断点的连线中会出现一个红点，如图 6-27 所示。程序流程执行到该连线，会暂停运行，此时可用"探针"模式观察数据流的数据值，判断程序运行的情况，寻找程序中的错误。取消断点的操作步骤与设置相同。

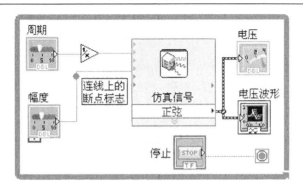

图 6-27 断点设置

4. 高亮显示程序运行

如果希望程序能连续运行,同时又能实时查看程序运行的状态和数据流经过节点的数值。可利用"高亮显示"方式执行程序。"高亮显示"的使用方式如下。

首先,利用工具选板的"探针"按钮,切换到探针设置状态,在需要观察数据的节点连线上设置探针。设置完毕后,单击窗口工具栏的"高亮显示运行程序"按钮(🔆),其显示状态变为发光样式🔆,再单击"运行"按钮(⇨),在"程序框图"窗口就能看到程序流程连续运行的动画和运行时的数据状态。在这种模式下,程序以较慢的速度连续运行,流程还未运行到的节点以灰色显示,执行过的节点以高亮方式显示,在流程节点的连线上,简单数据(数值、布尔值)可直接显示。复合数据可显示在预先设定的探针窗口中。

5. 连续循环运行

单击窗口工具栏的"连续运行"按钮(🔁),程序会进入连续循环的运行模式,即使程序不包含循环流程,程序运行完最后一个节点,也会自动返回开始的第一个节点重新开始运行。程序提供给用户的停止操作控件功能,在"连续运行"模式下也是无效的。只有工具栏的"中止执行"按钮(⏹)可以中止程序的运行。

思考题与习题

6.1 什么是虚拟仪器?其主要特点是什么?

6.2 简述虚拟仪器系统的几个硬件组成部分的作用。

6.3 虚拟仪器系统的开发过程包括哪些环节?

6.4 前面板窗口和程序框图窗口的工具栏有什么相同点和不同点?

6.5 在前面板创建 3 个数值控件显示控件,分别按上边沿对齐、下边沿对齐、左边沿对齐、右边沿对齐方式排列这三个空间位置，并使其间距相对中间控件均匀分布。

6.6 完成教材 6.6 节的范例操作，并命名保存。

6.7 采用高亮方式连续运行 6.6 题设计效果，在程序框图窗口观察运行时数据流传递的状态，用探针察看数据流线上的数据值。

6.8 利用 LabVIEW 帮助查询 LabVIEW 的"+ － × ÷"运算节点的接线端及运算特性。

6.9 利用 LabVIEW 范例查询窗口查询 LabVIEW 的数值运算中"+"运算节点的运算应用范例。

第7章 LabVIEW 程序设计基础

一个基本的 VI 程序的设计,主要由前面板设计和程序框图设计两部分组成,图形化的操作界面,使得虚拟仪器系统的程序开发非常直观和方便。但是作为程序设计语言的"G 语言",在其语法表述方面仍旧严格遵守了传统高级语言的逻辑概念,例如,程序设计中仍采用常量、变量、函数对象的概念;在数据结构方面,仍旧使用数值型、布尔型、字符串等基本数据类型与数组、簇、类等结构型表述法;程序流程控制提供了顺序运行、循环运行、条件运行和面向事件触发等方式。因此,才能方便地提供与其他语言连接的接口。

7.1 LabVIEW 的数值型数据及操作

7.1.1 数值数据类型

数值型数据类型是 LabVIEW 基础数据类型中的一种,根据不同的精度需求又分为含有小数位的浮点型和不包含小数位的整型。在浮点数类型中又分为实数和复数(实部、虚部均为浮点数)两种类型;整型中又分为字节型和长整型两类。另外,LabVIEW 还定义了定点数类型,可由用户配置定点数据的范围和精度,常用的实数数据类型见表 7-1。

在图形化的"程序框图"窗口中,浮点型数据的常量/控件节点图标和连线均采用橙色,整型数据的常量/控件节点图标和连线均采用蓝色表示。

表 7-1 LabVIEW 常用的实数数据类型

常量/控件节点图标	数值数据类型	位数	表示数据的近似范围
SGL	单精度浮点型(SGL)	32	最小正数:1.40×10^{-45},最大正数:3.40×10^{38} 最小负数:-1.40×10^{-45},最大负数:-3.40×10^{38}
DBL	双精度浮点型(DBL)	64	最小正数:4.94×10^{-324},最大正数:1.79×10^{308} 最小负数:-4.94×10^{-324},最大负数:-1.79×10^{308}
EXT	扩展精度浮点型(EXT)	128	最小正数:6.48×10^{-4966},最大正数:1.19×10^{4932} 最小负数:-4.94×10^{-4966},最大负数:-1.19×10^{4932}
I8	有符号单字节整型(I8)	8	$-128 \sim 127$

常量/控件节点图标	数值数据类型	位数	表示数据的近似范围
I16	有符号双字节整型(I16)	16	$-32768 \sim 32767$
I32	有符号 32 位长整型(I32)	32	$-2147483648 \sim 2147483647$
I64	有符号 64 位长整型(I64)	64	$-1 \times 10^{19} \sim 1 \times 10^{19}$
U8	无符号单字节整型(U8)	8	$0 \sim 255$
U16	无符号双字节整型(U16)	16	$0 \sim 65535$
U32	无符号长整型(U32)	32	$0 \sim 4294967295$
U64	无符号 64 位整型(U64)	64	$0 \sim 2 \times 10^{19}$

7.1.2　数值型数据的操作控件

1. 建立数值型对象或数据节点

在 LabVIEW 设计中，可接收或发出单一数值型数据的控件或函数节点属于数值型对象。直接建立数值型的对象方式有：①在前面板窗口建立数值操作控件；②在程序框图窗口中，利用函数选板中的 "数值常量" 节点图标。如图 7-1 所示为前面板窗口的数值型控件选板和程序框图窗口函数选板中与数值对象操作相关的子选板。数值型控件对象可在用户界面中提供数值的输入或显示功能，数值型函数节点则提供了数值计算和数据类型转换功能。

(a) 控件选板中的数值型控件　　　　　(b) 函数选板中的数值运算函数

图 7-1　控件选板和函数选板窗口(部分)

前面板操作举例：在前面板窗口，打开控件选板，选择 "新式|数值|数值输入控件"，将控件图标拖到前面板窗口，在创建控件的同时，程序框图窗口就建立与之对应的节点图标。该图标可为其他流程节点提供数值型数据，默认的数据类型是

双精度浮点数。其他如数值显示控件、滑杆、旋钮、量表等均属于数值型控件。如图 7-2(a)、(b)所示，为前面板的数值输入控件和其在程序框图中对应的节点图标。

在程序框图窗口建立数值型对象的方法：打开函数选板，选择"编程 | 数值"子选板，拖曳"数值常量"图标到程序框图窗口。产生的节点图标表示长整型(I32)数值常量，默认值为"0"，数值可通过键入其他值修改。程序框图中的数值常量如图 7-2(b)右侧图标所示。

在程序框图窗口，输入/显示控件节点可以表示为强调其数据类型的形式，操作方式为：右击节点图标，在弹出菜单中选择"显示为图标"，取消前面的"√"，此时节点将以其数据类型图标统一表示，而不再采用强调功能特点的图标表示节点。修改后的效果如图 7-2(c)左侧图形所示。

(a) 带输入控件的前面板　　　(b) 程序框图窗口　　　(c) 取消节点图标模式显示

图 7-2　前面板的控件与程序框图中的对应节点

2. 修改数据精度等级

如果需要改变数值项对象的精度等级，就要选择其他数值型数据类型。修改的方式为：右击"程序框图"里的对象节点图标，在弹出菜单中选择"表示法"选项，打开数据类型选板。单击所需的数值类型图标即完成修改。

3. 设置默认值

数值型对象默认的初始值一般为 0，但对应于面板数据输入控件的默认数值，可以修改为用户所需的值。操作方法：在前面板添加完控件后，可用键盘或鼠标操作修改控件的值，然后，右击控件，再弹出菜单中选择"数据操作|当前值设为默认值"，即完成操作。也可用同样的方式在"程序框图"窗口设置数据节点的默认值。

4. 数值型数据的计算

数值型数据的计算，可利用函数选板中"编程|数值"子选板包含的数值计算函数。如果需要更复杂的数值计算，可使用函数选板中"数学"子选板提供更多的数学函数类子选板。以下提供一个简单的范例说明数值计算函数的使用方式。

范例要求：用旋钮控件输入 0°～180°一个角度值，用数值方式显示输入角度值及其对应的弧度值、正弦值、余弦值。

1) 前面板设计

(1) 首先在前面板窗口布置操作所用控件：在"控件选板"窗口打开"新建|数值"子选板，单击"数值显示控件"图标后，在窗口中建立四个显示控件，并将控件标签名称分别命名为"角度""弧度""正弦""余弦"，用以显示运算的数值结果。在"数值"子选板中单击"转盘"控件图标后，在前面板窗口建立输入控件，并命名为"角度设置"，在程序运行时，实现输入功能。

(2) 右击"转盘"控件，选择快捷菜单选项进行设置操作。

在快捷菜单的"表示法"选项中，选择长整型(I32)图标，把"转盘"输入数值型数据类型改为长整型(原为浮点型)。

选择快捷菜单的"属性"选项，在"标尺"标签中设定标尺刻度范围最小值为 0，最大值为 180。

用鼠标拖动指针到 60 位置，选择弹出菜单中的"数据操作|当前值设为默认值"，使程序启动时默认输入的角度值为60°。

(3) 右击"正弦"控件，选择快捷菜单"显示格式…"选项，设置浮点数的精度位数为 3 位，按相同方式设置"余弦"控件的显示精度位数为 3 位。

前面板控件布局设计参考效果如图 7-3 所示。

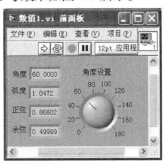

图 7-3　数值计算范例前面板布局效果

2) 程序框图设计

程序框图中包含的 VI 程序流程如图 7-4 所示，其中主要的设计内容如下所述。

(1) 利用函数选板中"数学|数值"子选板、"数学|初等与特殊函数"子选板，建立运算的函数节点，并进行连线。

(2) 通过"数值"子选板选择"×""÷"运算节点和整形常数 180、浮点常数 π 节点(π 从子选板中的"数学与科学常量"中选取)，实现角度到弧度的换算。

(3) 通过"初等与特殊函数"子选板选择正弦(sin)和余弦(cos)运算函数节点，实现三角函数运算，注意函数运算的输入要求是以浮点数表示的弧度值，设计时可利用即时帮助了解函数节点要求。完成连线后，单击窗口工具栏"连续运行"按钮运行程序。

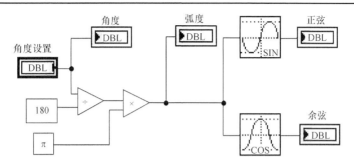

图 7-4　程序框图设计效果

7.1.3　布尔型数据及操作

　　LabVIEW 的布尔型数据类型采用"真(True)"和"假(False)"两种取值, 在程序流程中, 布尔型数据用以进行逻辑判断; 在前面板上, 布尔型控件对象用于提供开关、按钮、指示灯等操作效果, 控件选板中的布尔子选板内容如图 7-5 所示。

　　布尔型数据常量可利用函数选板的"编程"项目中的"布尔"子选板创建, 前面板的布尔型控件可用控件选板"新式"选项的"布尔"子选板创建。在程序框图窗口, 布尔型节点或连线的颜色为绿色。

图 7-5　前面板窗口中控件选板的布尔子选板

1. 在前面板建立布尔控件

　　在前面板窗口的控件选板中, 选择"新式|布尔", 可打开布尔型控件子选板。拖动其中控件图标到前面板窗口, 就可建立布尔型控件。子选板提供的控件, 在运行程序时产生布尔型数据, 或接受布尔型数据产生指示状态变化。

　　对于开关、按钮类型的操作控件, 默认状态输出的布尔值是"假(False)", 通过鼠标操作可改变控件输出的布尔值为"真(True)"。开关或按钮动作通过鼠标单击实现。

2. 布尔运算

布尔运算要求输入的数据为布尔型，通常输出结果也是布尔型数据，典型的布尔运算由"程序框图"窗口的函数选板提供，在函数选板中，选择"编程|布尔"即可打开"布尔"子选板，如图 7-6 所示。选板中有"真(True)""假(False)"布尔常量和常用布尔运算节点图标。可提供的运算主要有与、或、非(取反)、异或、与非、或非等典型运算，布尔数据和数值数据的互相转换等。

▼编程
└布尔

与	或	异或	非	复合运算	与非	或非	同或
蕴含	数组元素与...	数组元素或...	数值至布尔...	布尔数组至...	布尔值至(0...	真常量	假常量

图 7-6　函数选板的"布尔"子选板

布尔数据在 LabVIEW 中采用 8 位二进制数保存，布尔值 False 对应的数值为 0，布尔值 True 对应的数值为 1，此外还包含与数组有关的运算。

3. 比较运算

比较运算的结果大多以布尔值表示，所以也是可以产生布尔型数据的一种方式。

比较运算与布尔运算的区别在于，比较运算的函数节点输入的数据一般为非布尔型数据，但运算结果则为"真(True)"或"假(False)"。比较运算可以利用函数选板中"编程|比较"子选板进行选取。函数选板包含的"比较"子选板界面如图 7-7 所示，运算功能可以通过节点图标符号进行直观的了解。

▼编程
└比较

等于?	不等于?	大于?	小于?	大于等于?	小于等于?	等于0?	不等于0?
大于0?	小于0?	大于等于0?	小于等于0?	选择	最大值与最...	判定范围并...	非法数字/...
空数组?	空字符串/...	十进制数?	十六进制数?	八进制数?	可打印?	空白?	字符类

图 7-7　函数选板的"比较"子选板

以下通过一个范例简单介绍比较运算的应用。范例要求：随机产生一个 1～100 的整数，在前面板显示数据值，当数值小于 60 时，红色指示灯亮；当数值大于等于 60 时,绿色指示灯亮。

前面板布局如图 7-8 所示。在控件选板中,选择"新式|数值|数值显示控件",在前面板窗口添加数值显示框,将标签改名为"随机数(1~100)"。

在控件选板中,选择"新式|布尔|指示灯",在前面板窗口添加两个指示灯,将标签改名为"红灯(小于 60)"、"绿灯(60 及以上)"。右击指示灯控件,在弹出菜单中选择"属性"选项,利用"属性"对话框有关项目修改指示灯的显示颜色。程序框图设计参见图 7-9。

图 7-8 比较运算范例前面板效果

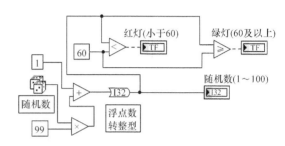

图 7-9 比较运算范例程序流程

7.1.4 字符串数据的操作

字符串用于表示文本型的数据,字符串数据类型图标或连线在程序框图中以粉红色标识。在前面板窗口的"控件"选板中,"新式|字符串与路径""新式|列表与表格""Express|文本输入控件""Express|文本输出控件"等子选板提供了在前面板的建立字符串显示和输入的操作控件,选板部分内容如图 7-10 所示。

图 7-10 字符串操作控件子选板

1. 常用的前面板的字符串操作控件

1) 字符串输入控件和字符串显示控件

最简单和常用的字符串操作控件是"字符串输入控件"和"字符串显示控件",可用于建立前面板中的文本框。"字符串输入控件"建立的文本框既可输入,也可显示输入的字符,"字符串显示控件"建立的文本框不允许直接输入。

2) 组合框

组合框控件允许操作者以选择操作的方式，使用预先设定的字符串。在添加完组合框控件后，右击控件，在弹出菜单中选择"编辑项"，可打开设置的对话框。单击"插入"按钮即可添加组合框选项。其中"项"栏目内容用于组合框显示和选择，"值"栏目内容为选定后的控件输出值。编辑时，若选定"值与项值匹配"，则显示的项目名与单击该项后给出的字符串相同；不选择两部分内容可分别独立设置。具体方式参见 LabVIEW 的帮助文档。

2. 字符串操作函数

在程序框图的函数选板中，"编程|字符串"子选板，提供了常用的字符串操作运算。主要运算包括：建立字符串常量；进行英文字符大、小写转换；判定字符串长度；截取字符串部分内容；按某种规则搜索字符串，找到符合要求的内容等。常用字符串运算函数的节点图标及功能如表 7-2 所示。具体使用方式参见 LabVIEW 的帮助文档。

表 7-2　LabVIEW 的字符串运算函数

名称	选板图标	说明
截取字符串		从偏移量指定位置开始，按长度要求，截取输入字符串的子字符串
电子表格字符串至数组转换		将电子表格字符串转换为数组，维度和表示法与数组类型一致。该函数适用于字符串数组和数值数组
格式化日期/时间字符串		使用时间格式代码指定格式，按照该格式将时间标识的值或数值显示为时间
格式化写入字符串		将字符串路径、枚举型、事件标识、布尔或数值型数据格式化为文本
连接字符串		将输入字符串和一维字符串数组连接成一个输出字符串
删除空白		将所有空白(空格、制表符、回车符和换行符)从字符串的起始、末尾或者两端删除
搜索替换字符串		查找指定字符串，将找到的所有子字符串替换为另一指定子字符串
替换子字符串		在指定位置插入、删除或替换子字符串

7.1.5　数组操作

数组是组合型数据类型，是相同数据类型数据的集合。LabVIEW 中的数组同样是由数值型、布尔型、字符串型等基本类型的同类数据组成的集合，当然构成数组元素的数据的类型也可以是以后要介绍的簇、变体等复杂组合类型。

数组可以是一维的，也可以是二维或多维的，一维数组在前面板上表现为一行或一列数据，也可以表现为图表中的一条曲线；二维数组前面板上表现为若干行、列数据，也可以表现为图表平面中的多条曲线；多维数组可以看作若干页上的二维数组。

LabVIEW 的数组表现方式在前面板可直观地表现为一个表格，如图 7-11 所示。由左侧的索引框和右侧的元素表格组成。索引框个数表示了数组维数，图 7-11 中数组有 2 个索引框，是一个二维数组。索引框中的整数值称为元素的"索引 (Index)"，其数值决定了元素表格左上角第一个格子里显示的元素。索引值最小为 0，最大值取决于内存，在内存充足的情况下，每行/列元素个数最多可达 2^{32} 个。索引数值可键入或用单击旁边的增量/减量按钮选择，更重要的是在程序框图设计中，可以用程序改变索引数值，选择要使用的数组元素。其效果相当于 C/C++程序设计语言中使用的元素下标。

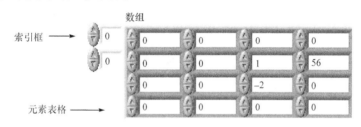

图 7-11　前面板的数组显示

1. 建立数组

建立数组的操作类似命令形式编程中的数组定义命令，主要完成数组名称、数据类型、维数的定义，常用的有以下 3 种方式：①在前面板窗口通过控件创建数组；②在程序框图用数组常量节点创建数组；③在程序框图中用数组运算函数或子 VI 程序自动生成数组。

1) 在前面板创建数组

在前面板的控件选板中，数组操作控件由"数组"控件和其他数据类型的输入/显示控件组合而成，"数组"控件包含在"新式|数组、矩阵与簇"子选板中，如图 7-12 所示。

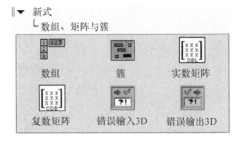

图 7-12　"数组、矩阵与簇"控件子选板

创建数组操作过程如下所述。

(1) 创建数组框架：单击控件选板"新式|数组、矩阵与簇"子选板中"数组"图标，然后在前面板窗口单击，建立数组框架，注意此时的数组定义还不完整，数组只有索引框，没有元素表格。框架的标签名称就是数组名称，刚建立的数组默认维数是一维。修改框架标签名相当于改变数组名。

(2) 改变数据组维数：若只要建立一维数组，可跳过此步骤。当建立多维数组时，可右击索引框区域，在弹出的快捷菜单中选择"增加维度"，执行一次，增加一个索引框，数组增加一维。对多维数组，在快捷菜单中选择"删除维度"，减少一个索引框，同时减少数组维数。改变维数操作可在以后的前面板编辑时，根据需要随时进行。

(3) 建立数组元素：这一步就是建立数组控件的元素表格的操作。可从控件选板中选择控件对象放进数组框架中，例如，将"新式|数值|数值输入控件"控件，加入数组框架，可建立一个数值型数组输入控件；而选"新式|布尔|圆形指示灯"控件放入数组框架，可建立一个显示型布尔数组控件。对象的数据类型就是数组元素的数据类型，控件可以是输入控件，也可以是显示控件。如果是输入控件，整个数组控件可以实现一个数组的输入；如果是显示控件，整个数组控件可以实现一个同维数同类型的数组数据的显示。另外，也可将已放置在前面板窗口中的控件拖曳到数组框架中，创建数组元素。

(4) 调节数组控件显示区大小：默认的数组元素表格只显示一个元素。单击选中数组控件后，将鼠标光标移到数组控件的右下角，使光标变为展开操作"　"图形状态,状态如图 7-13 所示。按住鼠标左键向右下方拖曳鼠标，可展开表格区，增加显示元素个数。如果是一维数组，则只能单向拖曳。当数组控件元素表格区展开后，拖曳边框上的调节点也可调整元素表格区大小。

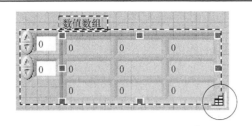

图 7-13　选中数组控件右下角的展开位置

2) 在程序框图创建数组

在程序框图窗口创建数组最常见的方法与前面板的操作相似。可利用函数选板的"数组"子选板提供运算函数或常量图标常见数组，但创建的在前面板上不自动建立对应的输入/显示控件。"数组"子选板界面如图 7-14 所示。

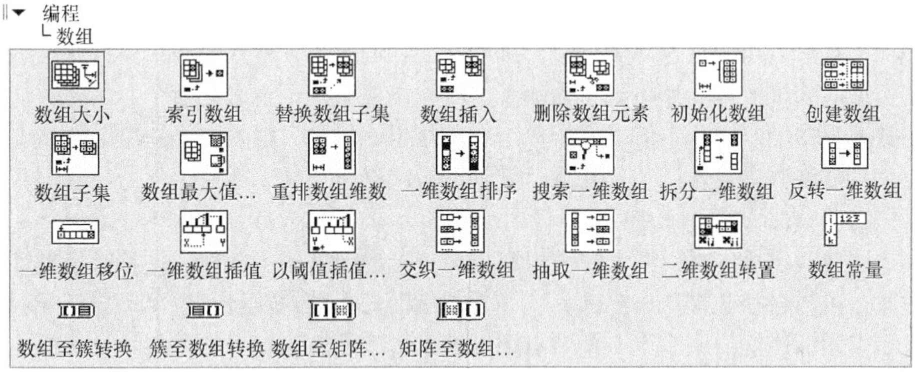

‖▼　编程
　　└ 数组

数组大小	索引数组	替换数组子集	数组插入	删除数组元素	初始化数组	创建数组
数组子集	数组最大值...	重排数组维数	一维数组排序	搜索一维数组	拆分一维数组	反转一维数组
一维数组移位	一维数组插值	以阈值插值...	交织一维数组	抽取一维数组	二维数组转置	数组常量
数组至簇转换	簇至数组转换	数组至矩阵...	矩阵至数组...			

图 7-14　函数选板的"数组"子选板

数组常量创建方法如下：单击函数选板的"编程|数组|数组常量"，然后在程序框图窗口中单击，建立数组常量节点图标，此时为空数组。然后根据需要在"编程"子选板组中，选择所需数据类型常量(如"数值|数值常量""布尔|布尔常量""字符串|字符串常量")，单击将常量节点图标放在数组常量节点图标中。建立所选数据类型的一维数组。

数组常量节点图标也是由索引和元素表格两部分组成，所有操作(如改变维数、输入索引、扩展元素表格显示区)与前面板数组控件操作相同，因为是常量，所以默认标签名称为空字符，但若需要可另行设置。

数组常量也可转换为前面板的输入数组控件或数组显示控件，只需右击数组常量节点图标，在弹出的快捷菜单中选择"转换为输入控件"或"转换为显示控件"，常量节点就变为输入/显示节点，同时在前面板自动创建与节点对应的控件。

2. 数组元素赋值

完成了建立数据类型的操作，数组就创建完成，可输入元素初值。每个数值元素的默认初值为 0，每个布尔元素的默认值为 "假(False)"；每个字符串元素的默认值为空字符串，手工操作赋值时，无论在前面板还是在程序框图窗口，只需单击元素表格的某一单元格，即可键入元素初值。元素的数据也可由程序框图的函数自动赋值，或在 VI 运行过程中进行修改。

3. 数组运算的函数

"数组" 子选板包含的函数节点，可实现创建数组、数组排序、元素截取、元素查找、数组长度计算、数组初始化等多项计算功能。以下介绍常用的一些函数的功能。

1) 数组大小函数

函数节点功能是返回数组每个维度中元素的个数。输入的数组可以是任意数据类型的 n 维数组。如果数组为一维，则输出值为一个代表元素个数的整数。如果数组为多维，则输出值以一维数组表示结果。例如，输入一个三维 $2 \times 5 \times 3$ 数组，函数将输出包含三个元素的一维整型数组[2，5，3]。

2) 数组索引函数

函数节点功能是返回 n 维数组在索引位置的元素或子数组。连接数组到该函数时，函数自动调整节点图标高度，增加索引输入端的数量。也可用鼠标光标拖曳节点图标边框的调节点，整节点图标高度，改变输入端子的数量。如果输入数组是多维数组，输入的索引个数少于数组维数，运算结果为子数组；如果输入的索引个数等于数组维数，运算结果为索引定位的元素值。如图 7-15 所示，假设输入数组是一个 2 维数组，如果指定 2 个索引，则输出为一个元素；如果指定 1 个索引，则输出为一个一维数组。

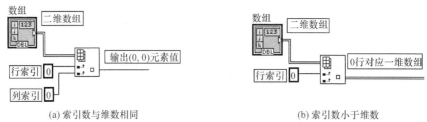

(a) 索引数与维数相同　　　　　　　　　　(b) 索引数小于维数

图 7-15　数组索引运算

3) 数组插入

函数节点功能是在 n 维数组中索引指定的位置插入元素或子数组。将一个数组连接到该函数时，函数将自动调整大小以显示数组各个维度的索引输入端子。如果未连接任何索引输入，该函数将把新的元素或数组添加到 n 维数组之后。

4) 初始化数组

函数节点功能是创建一个 n 维数组，其中的每个元素都被初始化为指定的元素值。这个函数可用于通过运行程序创建新数组。

5) 数组最大值与最小值

函数节点功能是输出数组中的最大值和最小值及其索引。当数组维数大于 1 维时，最大值或最小值的索引以一维数组方式输出，数组元素个数与维数对应，元素值表示位置。

6) 数组子集

函数节点功能是返回数组的一部分，从索引处开始，按长度值要求选取若干个元素，构成同维数数组输出。函数的索引输入端子个数由输入的数组维数决定。如图 7-16(a)所示运算，使用"数组子集"函数从 2 维数组 9 个元素中选取部分数据组成新 2 维数组输出，因此有 4 个索引参数输入端子，选择元素根据输入参数决定。由上至下各项含义为："1"：第 1 行开始；"2"：共 2 行；"0"：第 0 列开始；"2"：共 2 列。所以产生的效果如图 7-16(b)所示。

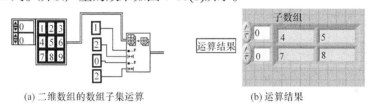

(a) 二维数组的数组子集运算　　　　　　(b) 运算结果

图 7-16　数组子集运算

数组运算函数节点的连线端子分布和功能，以及其他的数组运算函数节点的作用和连线，可利用 LabVIEW 的帮助功能进行了解，在此不一一说明。

7.1.6　簇及相关操作函数

在 LabVIEW 中，"簇"也是常用的复合数据类型，与数组不同的是构成簇的成员的数据类型可以相同，也可以不同，另外簇不能在运行中直接添加新成员来修改簇的结构。其特点类似于 C/C++语言的结构体(Struct)数据类型。

1. 建立簇

前面板控件选板中有关簇的操作控件由"簇"控件和其他基本数据输入/显示控件组合构成，创建方式类似于创建数组。首先在控件选板中选择"数组、矩阵与簇|簇"(参见图 7-12)，在窗口单击建立一个簇的框架，然后从其他子选板中选择控件(数值控件、字符串控件、开关、指示灯、数组等)，添加到簇的框架中，

也可将前面板已存在的一些控件直接拖进框架。一个簇包含的控件成员要么全部为输入操作控件，要么全部为显示操作控件，簇的操作特性(输入或显示)由第一个加入簇的控件的操作特性决定，后续加入的控件的操作特性将被强制转换为与第一个控件相同。

2. 簇的操作函数

在"函数选板"中，选择"编程|簇、类与变体"子选板，可提供有关簇操作函数的图标，如图 7-17 所示。以下介绍常用的簇函数的功能。

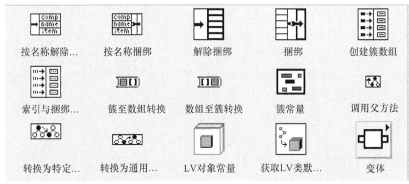

图 7-17　"簇、类与变体"子选板包含的函数图标

1) 解除捆绑

函数节点功能是将一个簇的每个数据成员进行分解后输出，函数节点输出端的个数由簇中的成员个数决定，由上至下分别对应于簇中 $0 \sim n-1$ 号成员，数据类型由每个成员的数据类型决定。需要连接使用哪些输出端可任意选择。如图 7-18 所示，前面板建立的簇有 4 个成员，解除捆绑后有 4 个输出端子可供连接。

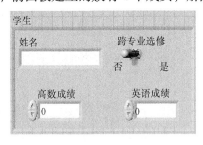

(a) 簇的成员组成

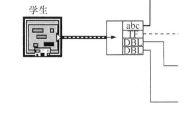

(b) 解除捆绑运算的结果

图 7-18　解除捆绑函数范例

2) 捆绑

函数节点可用于在程序运行中创建新的簇或修改簇中成员的数值，接线端子排列见图 7-19。

当输入端只连接元素输入端子时，捆绑运算将输入端元素组合成含有 n 个成员的新簇，从输出端输出。连接在输入端的元素的上下次序决定了成员的簇编号，输入端子的个数可随节点高度调整随意改变，要求每个显示的元素输入端都有

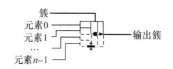

图 7-19　"捆绑"函数接线端子

数据输入。如果在"簇"输入端连接一个簇数据输入，输出簇的元素个数由输入簇的元素个数决定，接入元素接线端子的数据用于替换簇中的成员的值，没有接入元素的接线端对应的簇成员值不变。

3) 按名称解除捆绑

簇中每个成员除了有编号以外，可以用标签标识，标签名称设置同一般前面板控件相同，但使用按名称解除捆绑函数，节点图标的输出端用成员标签作为标识。输出端子的个数可随节点高度调整改变，但输出端子的最大个数由簇的成员数决定。

4) 按名称捆绑

按名称捆绑函数的作用是用输入的元素值修改输入簇的成员值。节点的"输入簇"端子必须连接簇数据，且元素输入端必须有数据输入。

5) 簇和数组的数据类型转换

簇和数组的相互转换有两个函数，可以将簇转换为数组也可以将数组转换为簇。数组至簇转换函数是把输入的一维数组转换为一个新的簇，数组的一个元素转换为簇的一个成员，簇的默认成员个数为 9 个，数组元素个数不足时补足默认值。簇至数组转换函数将簇中的每个成员转换为新建一维数组的元素，前提是簇中的每个成员必须是相同的数据类型。

7.1.7　时间数据及时间函数

在控制和测量中，时间是一个很重要的参数，许多参数的检测需要了解在不同时间输出对输入的响应，同样在控制中也强调控制操作的实时性。因此 LabVIEW 软件定义了时间数据，并提供了时间处理的 VI 函数。时间函数节点包含在函数选板的"编程|定时"子选板中。子选板内容如图 7-20 所示。时间函数主要分为两类，一类用于获取时间数据，另一类用于在程序运行中控制时间，产生等待、延时的效果。

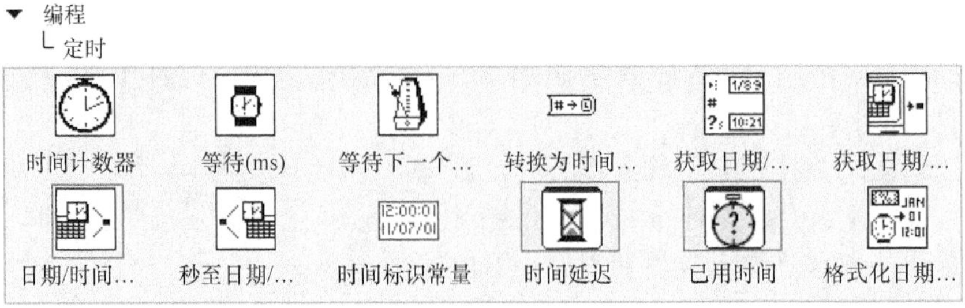

▼ 编程
　└ 定时

| 时间计数器 | 等待(ms) | 等待下一个… | 转换为时间… | 获取日期/… | 获取日期/… |
| 日期/时间… | 秒至日期/… | 时间标识常量 | 时间延迟 | 已用时间 | 格式化日期… |

图 7-20　定时函数子选板

LabVIEW 软件的时间 0 值按计算机设置的计时时区而不同，例如，对应北京时间，0 值对应于 1904 年 1 月 1 日 8：00，此时间与当前时间的秒数差为时间的绝对数值。利用 LabVIEW 提供的转换函数可获得其秒数的整数值或浮点数的表示方式，也可表示为通用的 "年-月-日 时：分：秒" 的形式，以这种方式表示的时间数据称为 "时间标识"。时间标识可以看做一种特殊的簇数据。时间标识还可进一步转换为独立的日期和时间字符串。

1) 获取日期/时间(秒)函数

函数可用于返回当前计算机系统时间的时间标识。输出的 "当前时间" 可用显示控件直接显示绝对数值(单位：s)，也可以转换为字符串、整数、浮点数等方式输出。

2) 获取日期/时间字符串函数

函数节点接线端子排列见图 7-21，可用于将时间标识或整数/浮点数数值转换为计算机配置的时区的日期和时间字符串。

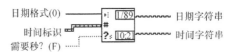

日期格式(0)　　　　　　　　　　　　　　　　日期字符串
时间标识
需要秒？(F)　　　　　　　　　　　　　　　　时间字符串

图 7-21　获取日期/时间字符串函数

通过 "日期格式" 连线端子的输入值可使输出的日期/时间字符串使用不同的日期格式。具体日期格式值如表 7-3 所示。默认的时间字符串不包含秒信息，若要包含秒数，需置 "需要秒？" 连线端输入的布尔值为 "真(True)"。

表 7-3　日期格式符

格式值	类型	效果
0	短格式	1/21/94
1	长格式	Friday, January 21, 1994
2	缩写形式	Fri, Jan 21, 1994

3) 时间标识的显示和输入函数

在前面板输入输出控件中，时间标识的显示和输入控件属于"数值"类型的控件(图 7-22)，时间输入可以直接输入整数值或采用时间标识格式输入，同样，时间输出可采用数值输出，也可以采用时间标识格式输出。时间输入控件操作时可直接键入，或利用翻页按钮或时间选择按钮选择时间，如图 7-23 所示。

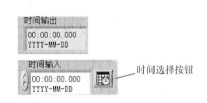

图 7-22　时间输入/输出控件　　　　　　图 7-23　时间标识操作控件

4) 延时函数

函数选板中的延时函数包括"等待(ms)"和"等待下一个整数倍毫秒"(参见图 7-20)，其功能是使程序运行等待指定长度的毫秒数，并返回毫秒计时器的值。输入端用于指定 VI 运行的时间间隔，以 ms 为单位。当 0 作为输入可强制当前程序线程放弃 CPU。延时函数用于同步各操作，例如，可在循环中调用该函数，控制循环执行的速率。

7.2　LabVIEW 程序结构

LabVIEW 的程序运行控制典型的结构形式有顺序结构、循环结构、条件(选择)结构、事件结构等，在 LabVIEW 程序框图设计时，实现流程控制的程序结构节点，包含在函数选板中"编程|结构"子选板中。在程序框图中，结构节点的表示方式不是一个图标，而大多是以矩形方框的形式显示，方框内部放置的节点就是被结构控制运行的流程部分。通过运用结构，可控制部分或全部流程实现按规定顺序依次运行、重复运行、有条件选择运行，或根据某个特定的事件的发生状态选择运行。"结构"子选板界面如图 7-24 所示。

7.2.1　循环结构

LabVIEW 提供的最基本的循环结构是 While 循环和 For 循环。While 循环以某个事件的布尔值(True 或 False)，作为控制循环的条件。For 循环以计数次数控制循环。

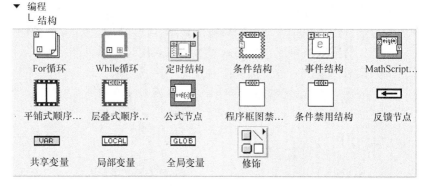

图 7-24 函数选板的"结构"子选板

1. While 循环

While 循环控制程序的某一段流程反复执行，直到某个条件发生。条件可以是某个流程运算产生的布尔值，也可以是用户在前面板的操作触发的某个事件或者是出错信息的簇数据。当循环次数不能预先确定时，首先推荐使用 While 循环。建立 While 循环可打开函数选板，选择"编程|结构|While 循环"后，用鼠标在程序框图窗口拖曳出一个矩形框区域。区域包括框架、循环计数端口、控制条件端口三部分，结构如图 7-25 所示。

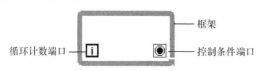

图 7-25 While 循环框架

框架区域内的流程可在建立框架后再设置，也可以利用框架选择已存在流程，框架大小可通过框架边线上的调节点改变。循环计数端口输出循环次数的整数值，i 的初始值为 0。条件端口用于控制循环的退出，可将输出布尔值的运算或操作控件连接至 While 循环的条件端口，也可将一个错误簇连线至条件端口。默认操作为布尔值为真(True)时或运行出错时停止循环。右击条件接线端，可从快捷菜单中选择"真(T)时继续/出现错误时继续"，改变停止循环的方式。While 循环至少执行一次。

如图 7-26 所示为一个简单的 While 循环的例子，VI 的功能是每秒产生一个数值为 0～100 的随机数，若随机数小于等于 90，则循环继续，直到产生的随机数值大于 90 时循环停止。前面板的输出控件用于显示每次产生的随机数，以及显示循环执行的次数。流程中产生随机数的函数节点可通过函数选板中的"编程|

数值"子选板选取；浮点数到整数转换的函数节点可通过函数选板中的"编程|
数值|转换"子选板建立；延时 1s 的函数可通过函数选板中的"编程|定时"选取。
循环结束的条件由"比较"运算的大于判定决定，当产生的随机数数值大于 90
时，运算结果为"真(True)"，循环条件端口接受到此值，停止循环。

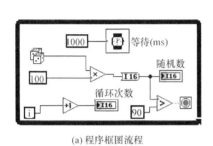
(a) 程序框图流程

(b) 前面板的控件

图 7-26　While 循环结构范例

2. For 循环

LabVIEW 中的 For 循环同样可以控制程序的某一段流程反复执行，其控制方
式是利用预先设定的整数值控制循环次数，建立 For 循环可打开函数选板，选择
"编程|结构|For 循环"后，用鼠标在程序框图窗口拖曳出一个矩形框区域。区域
中包含的流程将按规定次数反复执行。For 循环结构如图 7-27 所示。

可将整型数据连接到循环次数设置端口，设定循
环次数。执行循环流程时，先读取循环次数值(在循环
执行过程中，即使接入循环次数设置端口的值发生变
化，循环次数仍由循环执行前读取的数值决定)，然后
循环计数端子输出当前已执行循环次数，接下来执行
一次循环流程，执行完毕后若执行次数未达到已读取

图 7-27　For 循环框架

的预设次数，则继续循环，否则退出循环。如果循环次数的初值是 0，则 For 循
环一次也不会运行。另外如果将一个一维数组作为初始值用，连线接入 For 循环，
一维数组的元素个数也可成为 For 循环的循环次数控制值。

图 7-28 为一个利用 For 循环的范例，范例功能为按角度由小到大的顺序，
每秒计算一个 0°～90°的余弦值。前面板的显示控件用以输出角度值和余弦值。
在程序框图的流程设计中，因为 LabVIEW 的三角函数计算输入值要求为弧
度，必须进行角度到弧度换算，常数π节点可由函数选板中的"编程|数值|
数学及科学常量"子选板选取，余弦计算函数可通过函数选板中的"数学|
初等与特殊函数|三角函数"子选板选取。延时 1s 的函数可通过函数选板中

的"编程|定时"选取。

3. 循环过程中的数据传递

1) 隧道的建立及作用

如果需要把循环流程的计算结果传递到循环结构之外，或者在执行循环前从循环结构外获取初始数据，可直接用连线将框架内外的流程节点连接起来，在连线接触的边框位置会出现一个实心的矩形方格符号,在LabVIEW中称为"隧道"，

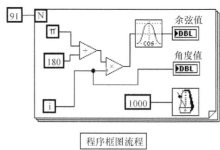

程序框图流程

图 7-28 用 For 循环计算余弦值范例

隧道符号的颜色由被传送数据的数据类型决定。循环流程通过隧道获取外部数据时，只在循环开始前读取一次，循环开始后就不再从隧道中读取数据。

如图 7-29 所示，用"停止"按钮控制 While 循环的退出，如果按图(a)方式将"停止"按钮节点至于循环流程中，在循环执行时，每次循环都会判定该控件的布尔值，因此可随时中止循环执行；如果按图(b)方式将"停止"节点至于循环流程外，在循环执行前，"停止"按钮的布尔值只被读入一次，循环中不再读取，这种情况下，"停止"按钮要么不能中止循环运行；要么使循环只运行一次即中止，不能起到正常控制循环的作用。

(a) 随时可起作用的布尔控件   (b) 只能起一次作用的布尔控件

图 7-29 隧道的作用

2) 隧道的自动索引功能

隧道自动索引功能对循环框架输入或输出数组有重要作用。右击隧道标记，

可在弹出的快捷菜单中选择"启用索引"功能,启用索引的隧道具有自动索引功能。右击具有自动索引功能的隧道标记,也可以利用快捷菜单的选项关闭自动索引功能。While 循环的隧道默认关闭自动索引功能,For 循环的索引默认开启自动索引功能,其效果如图 7-30 所示。

如果通过隧道输入的数据是一维数组,并且隧道开启了自动索引功能,则循环每次可按顺序只读取数组中的一个元素进行运算,自动索引起到了降低输入数据维数的作用。

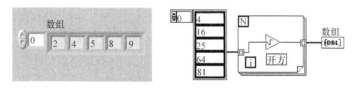

图 7-30 启用自动索引功能的隧道

如图 7-30 所示 For 循环,可以求数组每个元素的平方根,采用自动索引的隧道后,每次循环的流程只需针对单个元素进行运算,不用考虑数组操作。

循环的计算结果输出时,若隧道开启了自动索引功能,则每次循环流程的运行结果将按先后顺序组成一个数组,在循环结束后,以数组的方式传送到循环结构外;如果隧道未开启自动索引功能,只有最后一次的运算结果通过隧道传送出来,结果如图 7-31 所示。

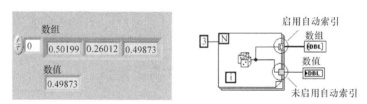

图 7-31 循环输出启用自动索引和不用自动索引的对比

如图 7-31 所示,For 循环运行中生成 3 个随机数,用启用自动索引的隧道最后可将 3 个随机数以一维数组方式全部输出;未启用自动索引的隧道只输出最后一次循环的运算结果。

3) 移位寄存器

在循环运算中经常需要将当前一次循环的输出作为下一次循环的输入,这时不能直接将框架中流程的输出直接连线至输入,而要使用移位寄存器。

添加移位寄存器的方法如图 7-32 所示。右击循环结构的左侧或右侧边框,在弹出的快捷菜单中选择"添加移位寄存器",即可添加一对移位寄存器。

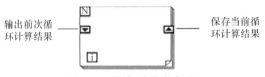

图 7-32　添加移位寄存器

左侧的循环结果输出端还可以和循环结构外的流程连线，获得初始化值；右侧的计算结果保存端可与循环后续流程进行连线，在循环结束后，输出循环计算的最终值。

如图 7-33 所示为一个计算阶乘的 VI 程序，计算中每次循环的乘积作为下一次循环的乘数，因此可以利用移位寄存器传递循环的结果。

一个右侧的保存移位寄存器可在左侧建立多个与之相关的输出移位寄存器，左侧的多个输出移位寄存将按由上至下的次序输出前一次循环结果、再前一次循环结果……如图 7-34 所示，在循环左侧建立了两个输出移位寄存器与右侧保存移位寄存器对应。添加左侧输出移位寄存器的操作方法为：右击左侧已建立的输出寄存器，在快捷菜单中选择"添加元素"，即可完成一次添加。添加的左侧移位寄存器也可通过快捷菜单的"删除元素"项进行删除。

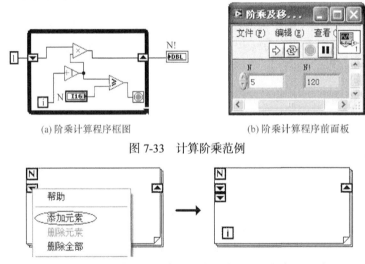

(a) 阶乘计算程序框图　　　　　　　　　(b) 阶乘计算程序前面板

图 7-33　计算阶乘范例

图 7-34　一个保存移位寄存器和多个输出移位寄存器的关联

7.2.2　条件结构

条件结构类似于 C/C++语言中的 Switch 语句或 If…Else…语句，用于选择在不同情况下的处理流程，条件结构根据传递给该结构的输入值执行相应的子程序框图，条件结构包括两个或两个以上子程序框图(也称"条件分支")。条件结构每次只能显示一个子程序框图，并且根据条件输入值每次只执行一个条件分支。

条件输入值决定被执行的子程序框图。

　　条件结构如图 7-35 所示，框架顶部的选择器标签显示执行每个条件分支对应
的条件值，单击两边的左向或右向翻页
箭头，可显示上一个或下一个条件分支，
及其对应的条件值。也可单击条件值旁
的下拉列表按钮(▼)，快速选择显示某
一条件分支及执行条件值。条件分支可
以添加，添加方法是右击边框，在快捷
菜单中选择"在后面添加分支"或"在
前面添加分支"。

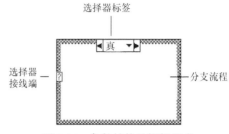

图 7-35　条件结构的框架组成

　　条件分支结构的初始分支有两条，执行条件分支的默认条件值为布尔值"真
(True)"和"假(False)"，所以选择器接线端默认连线数据应为布尔值。但选择器
接线端也可以连接输出整数或字符串的节点，当选择器接线端连接的数据为整数
时，条件标签的执行条件值用数字表示，如 0、1、2 等，如图 7-36(a)所示；当选
择器接线端连接的数据为字符串时，条件标签的执行条件值用字符串表示，如"0"
"abc"等，如图 7-36(b)所示。

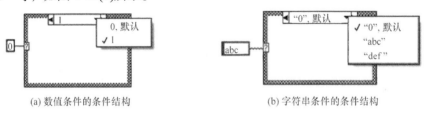

(a) 数值条件的条件结构　　　　　　　　　　(b) 字符串条件的条件结构

图 7-36　条件结构的不同条件表示形式

　　条件结构可创建多个输入输出隧道。所有输入隧道都可供每个条件分支选
用。条件分支不需要使用每个输入隧道，但是在条件结构右侧中创建一个输出
隧道时，所有条件分支都应该建立流程，连接该隧道。只要有一个分支流程没
有与该输出隧道连线，该输出隧道就显示为白色空心正方形，此时程序不能运
行，状态如图 7-37 所示。

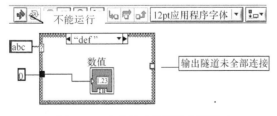

图 7-37　未全部连接的输出隧道

如果在某个分支不想为输出隧道建立流程，可右击输出隧道标记，在快捷菜单中选中"未连线时使用默认"，效果如图 7-38 所示。

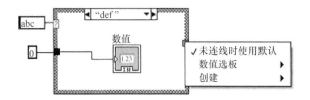

图 7-38　未连接流程的输出隧道设置

条件结构也能用于进行错误处理，将错误信息簇连接到条件结构的条件选择器接线端时，条件选择器标签将显示两个选项：错误和无错误。有错误时执行的流程边框为红色，无错误时执行的流程边框为绿色。发生错误时，条件结构将执行红色边框中的流程，否则执行绿色边框的流程。

以下用一个范例介绍条件分支的应用，范例要求为根据不同的输入值控制指示灯点亮，0～50 红灯亮，51～100 绿灯亮。如图 7-39 所示为范例的前面板效果。在前面板选择控件选板中的"新式|数值|旋钮"，建立旋钮控件实现数值输入。数值状态指示灯用"新式|布尔"中的指示灯控件实现。建立的程序框图如图 7-40 所示，数值大小判断用函数选板"编程|比较"子选板中的"大于"运算实现，在两个分支框图中利用不同的布尔常量，通过隧道输出操作指示灯的状态。

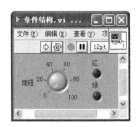

图 7-39　条件结构范例前面板效果

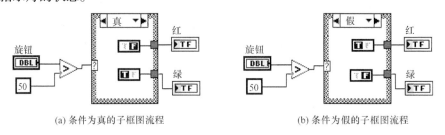

(a) 条件为真的子框图流程　　　　　　　　　(b) 条件为假的子框图流程

图 7-40　条件结构范例的程序流程

7.2.3　顺序结构

在 LabVIEW 中，利用数据流机制可以实现顺序执行的功能。但在某些复杂的情况下，需要更强的顺序执行控制方式。顺序结构就是为满足这一需求而建立

的。LabVIEW 提供了两种顺序控制结构显示形式：层叠式和平铺式，平铺式结构像一组展开的摄影胶片，所有子框图及包含的流程从左向右依次排列显示，在执行过程中按从左至右的子框图顺序依次执行。层叠式结构则像叠放在一起的一叠卡片，只能显示其中的一个子框图及流程，其他子框图则被显示的子框图挡在后面，想要观看时需通过标签选择序号进行更换，执行时按标签序号由小到大顺序执行子框图流程。顺序结构中的每个子框图也被称为一个"帧(Frame)"。建立顺序结构可通过函数选板中的"编程|结构"子选板上的选项进行。

1. 层叠式顺序结构建立

通过函数选板中的"编程|结构|层叠式顺序结构"选项，可以建立一个单帧的层叠顺序结构。在右击层叠顺序结构边框，弹出快捷菜单，选择"在前面添加帧"或"在后面添加去帧"就可添加子框图，同时帧顶部出现显示序号的标签，标签的最小值为 0。标签右侧下拉列表按钮(▾)可用于选择层叠在顺序结构中当前显示的帧的序号，标签左右的三角形翻页按钮也可用于选择当前显示帧，效果如图 7-41 所示。

2. 平铺式顺序结构建立

平铺式顺序结构与层叠式顺序结构实现相同的功能，建立的方式也和层叠式顺序结构相仿，其区别仅为表现形式不同。平铺式顺序结构如图 7-42 所示。

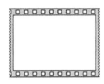
(a) 单帧层叠顺序结构

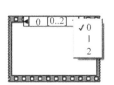
(b) 多帧层叠顺序结构

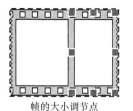
帧的大小调节点

图 7-41　层叠顺序结构的单帧或多帧效果图　　图 7-42　平铺式顺序结构和帧的大小调节

新建的平铺顺序结构同样只有一帧，在其帧上边框或下边框右击，在弹出的快捷菜单中选择"在后面添加帧"/"在前面添加帧"选项，将在被选中帧的右边/左边添加一个空白帧；新添加帧的宽度比较小，拖曳帧的边框上的调节点，可以改变帧的大小。

3. 帧的主要操作

在顺序结构中右击当前帧的边框，可在快捷菜单中选择"复制帧"(仅限于层叠结构)、"删除本帧"或者"删除顺序"等操作。复制帧后，可将被复制的帧作为新的子框图粘贴到顺序结构中；"删除本帧"将删除被选中帧以及其包含的程序流程；"删除顺序"将取消顺序结构并保留帧中原有的流程，但层叠结构只能保存当前帧的流程，顺序结构保存所有帧的流程。

层叠式顺序结构的优点是节省框图窗口空间。平铺式顺序结构占用的空间比较大，但比较直观，方便流程查看，因为每个帧都是可见的，帧之间的数据传送方便。两种顺序结构可以相互转换，可利用右击边框弹出的快捷菜单的"替换"项进行转换。

4. 帧与帧的数据传递

平铺式顺序结构帧与帧之间的数据传递，可以通过连线通过边框时建立的隧道直接传递，而对于层叠式顺序结构，由于在一个帧中设计程序流程时，看不见另一个帧，所以要传递数据必须借助"顺序局部变量"。在层叠式顺序结构中，"顺序局部变量"的作用是将序列在前的帧的计算结果传递给后续的帧，添加的方式为在层叠式结构边框右击，在弹出的快捷菜单中，选择"添加顺序局部变量"选项，即可为当前帧添加顺序局部变量。完成添加后，连线接入该顺序局部变量的数据，在当前帧后面的各个帧中可以作为输入数据使用。如图 7-43 所示为一个层叠式顺序结构采用顺序局部变量的前一帧和后一帧，顺序局部变量中的箭头表示了数据的输入/输出方向。

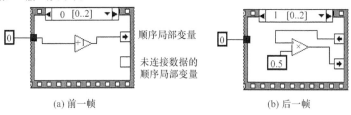

(a) 前一帧　　　　　　　　　　　　　(b) 后一帧

图 7-43　层叠式顺序结构的顺序局部变量

图 7-44 为层叠式结构的应用范例，功能是统计产生 1000000 个随机数所用时间。程序的前面板比较简单，只包含一个显示当前随机数的显示控件和一个显示时间的显示控件。

在程序流程设计要点如下：在"函数选板"窗口选择"编程|结构|层叠式顺序结构"选项，建立一个单帧的层叠结构。在顺序结构边框上右击，选择快捷菜单中"在后面添加帧"，添加后续的两个帧。添加后，选择帧标签当前值为 0，显示第一帧，开始设计程序流程。第一帧的流程包含一个"时间计数器"(通过函数选板的"编程|定时"子选板建立)和一个"顺序局部变量"，以获取随机数生成过程开始的时间；第二帧流程用 For 循环实现生成 1000000 个随机数的操作；第三帧流程再用一个"时间计数器"节点，获取随机数生成过程结束的时间，并与开始时间相减获得生成随机数操作的总时间。

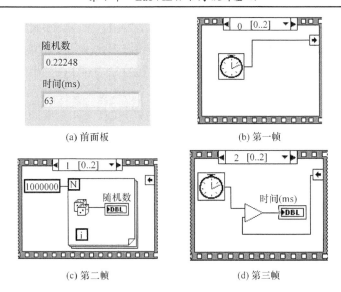

(a) 前面板　　　　　　　　　　　(b) 第一帧

(c) 第二帧　　　　　　　　　　　(d) 第三帧

图 7-44　层叠顺序结构范例的各帧内容

程序流程同样可以用平铺式顺序结构实现,图 7-45 为用平铺式结构实现的程序框图窗口流程,功能与前例一致,其流程也可从层叠结构直接转换获得。

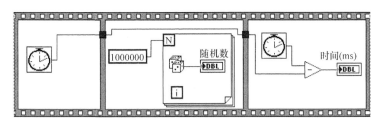

图 7-45　由层叠变为平铺顺序结构的各帧内容

7.2.4　公式节点

有时在程序设计中一些复杂的算法完全依赖图形化编程来实现会过于烦琐。为此,LabVIEW 编程方式中仍旧保留了文本编程形式,这种编程形式以一种特殊的结构方式表示,称为"公式节点",在公式节点的框架内,LabVIEW 允许用户以类似标准 C 语言的语法形式编写程序,并通过框架上的输入/输出端口与框架外的图形流程交换数据,除接受运算表达式外,公式节点还接收文本形式的 If 语句、While 循环、For 循环和 Do 循环。这些程序的组成元素与在 C 语言程序中的元素相似,但并不完全相同。这种方式为通过编程实现复杂的数学函数,提供了很大的方便。

　　创建公式节点可利用函数选板上的"编程|结构|公式节点"选项进行(参见图 7-24)，选中公式节点选项后，用鼠标在程序框图中拖曳画出公式节点框架。

　　添加框架输入/输出端口可通过在框架的边框上右击，在弹出的快捷菜单中选择"添加输入/添加输出"，然后在建立的方格中填入变量名，其命名规则同 C 语言，变量的数据类型为浮点数，如果变量、数组仅在节点框架内使用，可在框架中用命令方式定义。

　　公式节点中的程序编写与 C 语言类似，语句以分号结束，常用运算符和数学函数表示与 C 语言相同，编程常用的数据类型和命令关键字与 C 语言相同。表 7-4 列出了部分常用运算符。可利用"/*注释语句*/"方式或是"//注释语句"方式为命令添加注释。

表 7-4　公式节点中部分常用的运算符

运算符	含义
**	求幂
+、−、!、++、−−	正、负、逻辑反、自增、自减
*、/、%	乘、除、求模(余数)
+、−	加、减
>、<、>=、<=、!=、==	大于、小于、大于或等于、小于或等于、不等、相等

　　如图 7-46 所示为一个公式节点应用范例，范例的功能为计算公式 $S_n=a+aa+aaa+\cdots$ 的运算结果，a 的值和公式最末一个数包含 a 的个数 n，由输入控件指定。通过公式节点对输入的数据实现公式要求的运算。

　　前面板建立两个数值输入控件和一个数值显示控件，效果可参考图 7-46(a)。在程序框图中建立公式节点，右击公式节点边框，在边框建立两个输入变量和一个输出变量，分别连接输入控件和输出控件。公式节点包含的程序代码如图 7-46(b)所示。

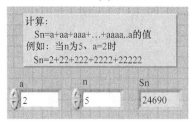

(a) 公式节点范例的前面板

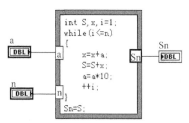

(b) 公式节点范例的程序框图

图 7-46　公式节点应用范例

7.2.5　局部变量

LabVIEW 以连线方式设置程序流程和表达数据传递,但有时流程节点用直接连线也不方便,因此 LabVIEW 提供了"局部变量"来解决这类问题。

程序框图窗口中的局部变量是在当前 VI 中使用的一个变量,可用于表示对一个前面板控件的引用。可以为一个前面板控件建立任意多个局部变量,通过任何一个局部变量可以获取该控件中的数据,或向任意一个局部变量写入的数据都可影响其引用控件的数据值,以便于采用不连线方式传送数据。另外前面板的输入控件不能以连线方式在程序框图写入,同理显示控件不能以连线方式在程序框图读出,使用局部变量可以消除这些限制。

1. 建立和引用局部变量

在程序框图窗口中建立局部变量可由函数选板的"编程|结构|局部变量"选项进行(参见图 7-24),打开子选板,将图标拖到程序框图窗口,创建的局部变量节点图标"⟦?⟧",将鼠标光标指向方框,使光标变为"🖑"形状,单击后显示前面板控件列表,再单击需引用控件名称,即完成了与引用对象相关联的一个局部变量的创建。如图 7-47 所示为一个前面板包含的三个输入控件,现建立一个局部变量引用其中的旋钮控件,图中的(b)~(d)项显示了在程序框图中设定局部变量与控件"旋钮"联系的过程。

另一种方式是在程序框图窗口直接右击控件节点图标,在弹出的快捷菜单中选择"创建|局部变量"选项,便可建立一个和此控件相关联的局部变量。

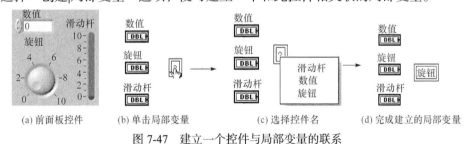

(a) 前面板控件　　　(b) 单击局部变量　　　(c) 选择控件名　　　(d) 完成建立的局部变量

图 7-47　建立一个控件与局部变量的联系

2. 局部变量属性设置

所有局部变量读写属性都默认为"写入"。局部变量读写属性转换的最方便方式是利用快捷菜单。右击局部变量节点,在弹出的快捷菜单中选择"转换为读取"或"转换为写入",就可改变局部变量的读写属性。当局部变量为"读取"属性时,局部变量节点图标的边框为粗线,表示局部变量作为一个输入节点,可为程序流程提供数据;当局部变量为"写入"属性时,局部变量节点图标的边框为细线,表示局部变量作为一个输出节点，可接受程序流程提供数据，并提供给引用控件节点。局部变量的读写属性可以独立设定，并不由所引用控件的输入/显示属性决定。

如图7-48所示为局部变量使用的VI范例，程序中有两个帧组成的顺序结构，其中的数值变化需通过前面板的"量表"显示控件(选项包含在前面板控件选板中"新式|数值"子选板中)进行显示，为方便在不同的帧中使用同一个显示控件，在程序框图中为量表控件建立了局部变量。范例功能为产生一个逐渐递增再逐渐递减的整数，变化范围为0~10，每200ms变化一次。

由于程序中大部分内容前面已进行了介绍，在此不再对程序流程设计过程进行说明，仅强调几个重点环节。

(1) 顺序结构前一个帧中的For循环的输出隧道的自动索引功能要取消。

(2) 顺序结构后一个帧中的For循环的输入隧道要改为移位寄存器。

(3) 每次数值变化的延时为200ms，利用函数选板的"编程|定时|等待"选项建立。

(4) 顺序结构前一个帧通过局部变量引用"量表"显示控件，后一个帧直接使用"量表"显示控件。

(a) 前面板控件

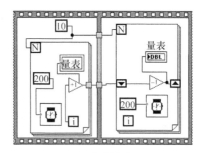

(b) 程序框图

图7-48　局部变量使用范例

3. 变量使用要注意的问题

虽然变量使用为LabVIEW跨框架传递数据带来了方便，但从本质上讲它们不具备数据流驱动的特点，因此，在LabVIEW编程中要谨慎使用，过多使用变量会降低程序的可读性；在程序运行中要为每一个局部变量建立数据缓冲区，因此过多使用变量要占用更多内存，在变量对应着数组或字符串时，可能出现占用内存过多，影响运行速度的情况。

7.2.6　子VI设计

LabVIEW中的子VI相当于常规编程语言中的子程序，是可以被其他VI调用的 VI。每个用 LabVIEW 开发的 VI 程序在定义图标和连接器后，都可以作为子 VI 进行调用。调用的方法是在程序框图窗口中，打开函数选板，单击"选择VI"项，然后在弹出的对话框双击所要调用的子 VI 文件名，将其打开后，就可以创建一个对应的节点图标放在框图上加以应用。下面介绍如何创建 VI 的图标和连接器。

1. 创建和编辑图标

编辑图标的作用是设计子 VI 调用时，在程序框图窗口显示时的节点图标。每个 VI 在编辑时前面板或程序框图窗口的右上角都显示了一个默认的图标，如果不进行编辑，该图案就是节点的默认图标。可使用图标编辑器创建和编辑图标，直接双击窗口右上角图标窗格可启动图标编辑器。对话框界面如图 7-49 所示。

"图标编辑器"中间为图形编辑区，左边为编辑工具栏，其用方法与 Windows 系统的"画图"程序工具栏相似；图标编辑区右侧垂直排列的 3 个方框中显示了 3 个不同颜色分辨率下图标的预览。为使 VI 图标在不同色彩分辨率的显示器上都能正确显示，需要分别建立不同颜色数的 3 个图标(黑白、16 色和 256 色)。通常可以先单击"256 色"方框，并在图标编辑区打开和编辑该图标。设计好 256 色图标后，再分别单击另外两个图标类型框，然后单击"复制于"选项区域的"256色"按钮，以复制的方法获得另外两个较少颜色数的图标。设计完毕后单击"确定"按钮退出图标编辑器。

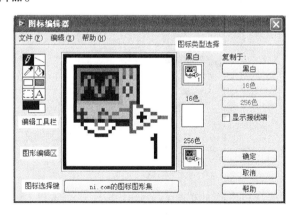

图 7-49　双击图标窗格启动的图标编辑器对话框

2. 定义连线板

图标是子 VI 在程序框图上的图形化表示，连线板则定义了子 VI 参数输入或输出端子，也就是子 VI 图标的连线端子。定义接线板主要利用窗口右上角的图标窗格进行，首先要把窗格的显示内容从图标改变为"连线板"，其方法是右击前面板窗口中的图标窗格，在快捷菜单中选择"显示连线板"选项，窗格内容会改换为接线板模式(图 7-50)。连线板表示为一个包含多个方格的矩形框，每个方格都可被定义为一个输入或输出端子。

(a) 右上角窗格为图标显示　　　　　　　　(b) 右上角窗格为连线板显示

图 7-50　定义子 VI 的图标和连线设置按钮

　　若需修改连线板模式，可右击连线板窗格，选择快捷菜单的"模式"子菜单，在弹出列表中，LabVIEW 提供了 36 种不同的连线板模式，可单击选用，菜单界面如图 7-51 所示。如果预定义的模式与所需不完全符合，可以选择快捷菜单"添加连线端" / "删除连线端"加以修改。

图 7-51　连线板模式

　　定义好连线板的连线模式后，还需要建立前面板上的控件与连线板的方格端子的关联，一个子 VI 具有的输入/输出端子数，取决于其前面板上的输入控件或显示控件个数。每个输入端控件关联一个输入端子，每个显示控件关联于一个输出端子。建立关联的方式为：把鼠标光标移到连线板中某个空的方格端子(白色)中，鼠标光标自动变换为连线工具的样式(✎)。单击所在的方格端子，该端子会变为黑色。然后单击前面板需关联的输入控件或显示控件，使控件边缘出现虚线框，表示控件处于选中状态，同时连线板的黑色方格端子变为控件数据类型对应的颜色，即完成了一个端子与控件的关联。习惯上把输入控件连接在连线板左边的方格端子上，把显示控件连接到连线板右边的方格端子上。定义为输出的方格端子为粗线边框，作为输入的方格端子则仍保持细线边框。

以下通过一个范例介绍子 VI 的设计和调用。在 7.2.1 节曾用 While 循环建立了一个求阶乘的 VI，现将其改造为可供其他 VI 调用的子 VI。

1）子 VI 设计

(1) 程序前面板及流程设计：参见图 7-33 内容，也可直接打开教材提供的范例"阶乘及移位寄存器.VI"。

(2) 编辑图标：在前面板或程序框图的图标窗格上双击打开"图标编辑器"对话框(图 7-52)。单击选中的"256 色"图标类型，此时编辑区域中是 256 色图标。用虚线框工具选取右下角的字符"1"，按 Delete 键将其删除。单击铅笔工具，在右下方空白处描绘符号"N!"。至此，256 色的图标被编辑完毕。选中"16 色"的图标类型，单击"复制于"区域中的"256 色"按钮，从已经建立的 256 色图标复制生成一个新的 16 色图标。选中黑白图标，采用同样的办法由 256 色图标复制生成黑白图标。单击"确定"按钮确认并退出修改。

图 7-52　图标编辑器窗口

(3) 建立连线板：右击前面板图标窗格，弹出快捷菜单，选择"显示连线板"选项，打开连线板窗格。再右击连线板窗格，在快捷菜单中选择"模板"选项，因前面板只有两个控件，故选择两格的模式(图 7-53)。将鼠标光标移动到连线板的左侧方格端子处执行单击，端子颜色变黑，表明该端子已被选中。然后单击数值输入控件"N"，端子变为橙色，表明端口和输入控件"N"关联成功。重复这一步骤，把连线板的右侧端口关联到显示控件"N!"。然后右击连线板左边的与输入控件关联的输入端子，在快捷菜单中选择"接线端类型"子菜单下的"必须"选项，至此连线板建立完毕。单击保存工具按钮，保存修改的 VI。

图 7-53　建立子 VI 连线板

2) 调用子 VI

要求设计一个 VI 程序，实现以下功能，输入变量 x 的值，计算函数的值，函数公式为

$$Y = \frac{1}{1!} + \frac{1}{2!} + \frac{1}{3!} + \cdots + \frac{1}{x!}$$

建立一个新的 VI 程序，在前面板建立一个数值输入控件和一个数值输出控件，效果如图 7-54 所示。

程序框图设计效果如图 7-55 所示。计算功能利用 For 循环实现，程序流程设计要点介绍如下。

(1) 右击"输入 x"控件节点图标，选择快捷菜单"表示法"选项，在打开的数据类型选项中，选择整型数据类型选项(如"I32")，使"输入 x"控件只接受整数值。

(2) 在循环框架边框上建立移位寄存器，并利用加法函数和倒数函数实现函数值计算。移位寄存器初值置 0，最后的结果输出到显示控件"输出 Y"。

(3) 阶乘计算通过调用子 VI 实现，调用子 VI 的方法为：在函数选板中选择"选择 VI"选项，在文件选择对话框中双击保存在硬盘上的子 VI 文件名后，用鼠标单击循环框架内部，将子 VI 图标加入循环，并进行连线。

其他节点设置和连线参见图 7-55。

图 7-54　调用子 VI 范例前面板

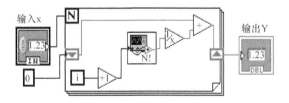

图 7-55　子 VI 调用范例的程序流程框图

思考题与习题

7.1　了解 LabVIEW 中的各种数据类型及其特征颜色。

7.2　创建一个数值输入控件，分别修改其数据类型为双精度浮点数、单精度浮点数、32 位有符号整数、16 位无符号整数。

7.3　设计 VI 程序实现温度换算，输入华氏温度值 T_f，换算为摄氏温度 T_c 并显示。换算规则为：$T_c=[(T_f-32)\div9]\times5$。

7.4　创建一个 VI 实现以下功能：输入一个自然数，求自然数每一位数的总和。

7.5　在前面板输入一个 5 位整数，将其每位数逆序排列，然后在前面板输出此新数。

7.6　创建一个 VI 实现以下功能：从前面板输入两个数 A 和 B，比较其大小，如果 A 数不大于 B 数，则点亮指示灯，并以数值显示控件输出其中数值较大的数。

7.7　输入一个数，判断其能否同时被 3 和 5 整除。如果是，则红色指示灯亮，否则蓝色指示灯亮。

7.8　建立一个 VI，把输入的任意 10 个数的一维数组的元素顺序颠倒过来，再将数组最后 5 个元素移到数组前端形成新的数组并显示。

7.9　在前面板建立一个 4×3 二维数值型数组输入控件，在程序框图中设计运算功能完成以下要求：

(1) 求每行元素的平均值及所有元素的平均值。

(2) 求进行数组转置后的最大值、最小值及其所在位置。

7.10　在前面板创建一个簇输入控件，效果如图 7-56 所示，簇中的成员"是否出借"为布尔型输入控件"单选按钮"，其他均为字符串输入控件。提取其中的"书名"和"作者"信息显示于前面板设置的显示控件上。

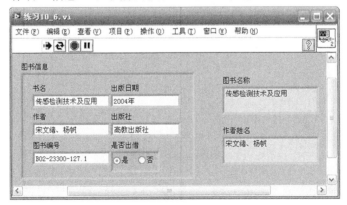

图 7-56　题 7.10 前面板效果

7.11　用 While 循环产生 100 个随机数，求其中的最大值、最小值和这 100 个数的平均值。

7.12　利用 For 循环的移位寄存功能求 0+5+10+15+…+45+50 的值(等差数列的和)，将结果显示在前面板。

7.13　设计 VI，当程序开始运行时，要求用户输入密码"12345"，密码正确时字符显示控件显示"欢迎使用"，否则显示字符串"密码错误"。

7.14　用顺序结构实现以下功能：输入 1~100 的任意 1 个整数，然后随机产生 1~100 的整数，直到和预先输入的整数一样，然后输出产生匹配随机数的循环次数和时间。

7.15　在前面板建立一个指示灯和一个按钮，VI 启动后 5s，指示灯点亮，单击按钮指示灯熄灭，对指示灯亮到指示灯熄灭的时间进行计时并显示计时值(ms)。

7.16　求 $a^2x+bx+c=0$ 方程的实数根，并在前面板显示结果。a、b、c 值从前面板键入，解方程运算由公式节点实现。当 $b^2-4ac<0$ 时退出 VI 并显示警告信息。

第8章 数据的图形显示与存储

在虚拟仪器系统中，图形化界面是设计的一项重要内容。通过数据的图形化显示，可以使用户直观地了解被测数据的变化过程，迅速判定被测参数的状态，使虚拟仪器能具备传统仪器(如示波器)的波形显示功能，同时还能扩展其图形显示的能力，例如，以图形化方式显示信号分析和数据拟合的结果、显示较长时段内数据的变化趋势等。而这些功能都和 LabVIEW 的图形显示函数和文件 I/O 函数的使用有着密切的联系。

8.1 图 形 显 示

LabVIEW 为图形化界面提供了多种类型的前面板控件，同时考虑到工程测量的要求，为图形显示操作设计了专用的簇数据类型——"波形"数据，大大地增强了数据的表达能力，方便了图形显示功能的设计操作。

8.1.1 图形显示方式和图形数据处理

LabVIEW 提供了两个基本的图形显示工具。按显示方式分类，图形显示控件分为"图"和"图表"。"图"将需要显示的多个数据采集并处理后，进行一次性显示；"图表"则实时将采集的数据逐点地显示为图形，可以反映数据的变化趋势。按显示效果分类，图形显示控件又分为二维显示控件和三维显示控件，前者包括波形图表控件、波形图控件、ExpressXY 图控件等(图 8-1)；后者主要有强度图表控件、强度图控件、三维曲面图等。本节着重介绍数据采集当中两个最常用的显示控件：波形图表控件和波形图控件。选择波形显示控件可通过控件选板的"Express|图形显示控件"或"新式|图形"子选板或进行。

图 8-1 图形显示控件子选板

1. 波形图表

波形图表控件可以实时/准实时地显示一个数据点或若干个数据点,而且新采集的数据点添加到已有曲线的尾部进行连续显示,因而这种显示方式可以直观地反映被测量的变化趋势。例如,显示一个实时变化的电压/电流波形,其效果与传统的示波器、波形记录仪类似,在测控程序设计中应用广泛。

波形图表控件属于数据显示控件,可以接收标量数据(单点数据),也可以接收数组数据(若干个数据点)。如果接收的是标量数据,波形图表控件将数据顺序地添加到原有曲线的右侧尾部显示,若波形超过 X 标尺设定的显示范围,曲线将在 X 标尺方向上一位一位地向左移动更新;如果接收的是数组数据,波形图表控件将会把数组中的元素代表的若干个数据一次性地添加到原有曲线的尾部进行显示;若波形超过 X 标尺设定的显示范围,曲线将在 X 标尺方向上向左移动。

从波形图表显示区移出的数据被存入内存中的显示缓冲器中,该显示缓冲器用于保存部分历史数据,最多可保存 1024 个数据点,这个缓冲器按照先进先出的规则工作,当存入数据超过 1024 个时,先存入的数据被舍弃。存入缓冲器中的数据可利用 X 标尺的滚动条移动回看。

1) 波形图表控件的组件介绍

波形图表控件的各个组件如图 8-2 所示,这些组件可对控件的部分显示属性和显示状态进行调整。在默认情况下,大部分组件是隐藏的。右击波形图表控件,在弹出的快捷菜单中选择"显示项"选项,将会弹出一个下级菜单,用户可以在这个菜单上选择需要显示的组件。子菜单界面如图 8-3 所示。

图 8-2　波形图表及组件　　　　　　图 8-3　控件组件选择菜单

以下对常用组件进行简要的介绍。

(1) X 标尺:即横轴,其默认的标签名是"时间",它代表采样序列的一种先后关系。

(2) Y 标尺:即纵轴,其默认的标签名是"幅值",它表示被测量的相对大小。X 标尺和 Y 标尺的标签可编辑修改,方法为:用鼠标单击需要修改的标签,标签将会变成一个输入文本框的形式，在文本框内可以编辑标尺的标签。

(3) 数字显示：数字显示组件类似于数值显示控件，它以文本的形式实时显示当前数据点的值。若波形图表显示多条曲线，每条曲线都有一个对应的数字显示组件。右击数字显示控件，在弹出的快捷菜单中可以对该组件的属性进行设置，如格式与精度、默认值设定等，这些属性设置的方法与先前章节介绍的前面板控件属性设置的方法是一样的。

(4) X 滚动条：用户可以通过拖动 X 滚动条来浏览保存于显示缓存历史数据。

(5) 图形工具选板：在程序运行时单击图形工具选板的工具按钮可改变部分图形显示的状态。

①右侧按钮 ：单击后把鼠标移至波形显示区域，鼠标将会变成手形 ，此时按住鼠标左键可以在任意方向拖动波形图形，使用户快捷地寻找自己感兴趣的图形段。单击左侧的 按钮，鼠标可恢复普通光标模式。

②程序运行时单击图形工具选板中间的按钮 ，将会弹出图形缩放模式选择窗口，可对图形的局部进行放大或缩小，或恢复原图形比例。

(6) 标尺图例：包含一些 X 标尺和 Y 标尺的设置工具。

①锁定 和解锁 状态切换：在默认情况下，锁定按钮处于锁定状态，即标尺处于自动调整状态，此时标尺显示范围会根据曲线幅度或长度自行调整，而中间的自动缩放状态按钮 左上角有一个小绿灯。单击锁定按钮，锁定按钮将变成解锁状态，用户可以自行设置标尺的刻度范围，此时中间的自动缩放状态按钮左上角的小绿灯熄灭。

②单击右侧的标尺刻度设置按钮 ，将弹出标尺刻度设置菜单。在菜单上可以对标尺刻度的显示格式、显示精度等属性进行设置，还可以显示/隐藏标尺和标尺标签。

(7) 图例：右击图例图标，将会弹出一个快捷菜单。通过该菜单，用户可以设置曲线的多种属性，如常用曲线显示模式、曲线颜色、曲线线条样式、曲线线条宽度、曲线上数据点的样式等。

2) 波形图表控件的属性设置

对波形图表控件的属性设定可控制其在程序运行时不同的显示方式，对控件应用有很重要的意义，一般波形图表在设计中都要对部分属性进行调整。最快捷的方式是右击波形图表控件，然后在弹出的快捷菜单中选择相关属性选项。

选择"属性"选项后，可打开一个图表属性设置对话框。常用的属性标签包括"外观""显示格式""曲线""标尺"等。利用不同的标签可设置波形图表的各种属性。对显示图形采用的坐标系统的格式、标签、颜色、图案等进行设置。

3) 多条曲线的显示

如果需要在波形图表上同时显示若干条曲线，要使用"簇"或二维数组的方式将多组数据进行组合，然后才能送往波形图表显示。

以下通过一个范例说明波形图表控件的使用方法。要求用波形图表显示两条范围为0～1的随机数曲线。前面板布局见图8-4，包含一个波形图表控件和一个停止按钮。

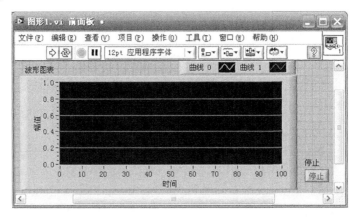

图8-4　波形图表范例前面板效果

单击选中波形图表右上角的图例，拖动调节点扩展图例长度，显示两条曲线的图例效果。波形图表的属性设置可利用快捷菜单的"属性"选项。主要设置如图8-5和图8-6所示。

图8-5　波形图表X标尺属性设置　　　图8-6　波形图表Y标尺属性设置

实现程序功能的程序框图如图8-7所示。图8-7(a)为利用簇方式组合数据的程序框图，图 8-7(b)为利用数组方式组合数据的程序框图。

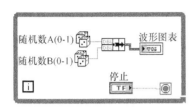

(a) 利用簇实现多曲线显示

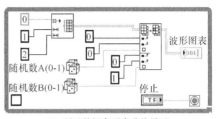

(b) 利用数组实现多曲线显示

图 8-7　波形图表控件的应用范例

在图 8-7(a)中两个数据利用函数选板的"编程|簇、类与变体|捆绑"选项建立的函数节点组合后，连接到波形图表控件输入端子。在图 8-7(b)中首先利用函数选板的"编程|数组"子选板的"初始化数组"函数建立初值为"0"的二维数组，数组构成为 1 行 2 列，每列数据将显示为一条曲线，再利用同处于该子选板中的"替换数组子集"函数，将随机值设定为数组两个元素的值，最后将数组连接到波形图表控件。两种数据形式在波形图表中的显示效果相同。

多组曲线在波形图表里既可以重叠显示，也可以分开显示。当右击波形图表控件时，在快捷菜单上选择"分格显示曲线"选项，波形图表的显示区域将被分成若干栏，每一栏显示一条曲线。在这种显示模式下，每一栏的 Y 标尺可以分别设置其属性，但 X 标尺则是多条曲线共用，不能单独设置。

如图 8-8 所示的范例中，前面板的波形图表采用了分格显示的方式。图表中有两个随机信号波形，其中一个波形的幅度变化范围为 0~1，另一个波形的幅度变化范围为 0~100，如果采用重叠显示，幅度 0~1 的波形显示不清。采用分格显示方式后，对两条曲线 Y 标尺的刻度范围分别进行了设置。从图中可以看出，如果要同时显示多条曲线，尤其对那些幅值相差很大的曲线，采用分栏显示的效果会比较好。

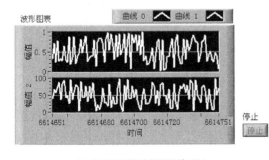

(a) 分格显示效果范例的前面板

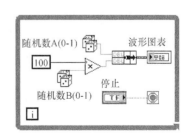

(b) 分格显示效果范例的程序框图

图 8-8　波形图表控件的分格显示

2. 波形图

在 LabVIEW 的图形显示控件中，波形图控件也是很常用的一种类型，波形图控件与波形图表控件有许多相似的性质，但两者在数据刷新方式等诸多方面存在不同的特性。波形图表控件采用连续平移方式显示数据，且具有不同的数据刷新模式，而波形图控件则采用整幅刷新方式显示数据。波形图控件不能接收单个标量数据，其基本的输入数据类型是一维浮点型数组，数组的每个元素构成一次显示波形曲线数据点，波形图控件将输入的一维数组数据一次性地显示出来，同时清除前一次显示的波形。如图 8-9 所示为波形图控件组件。

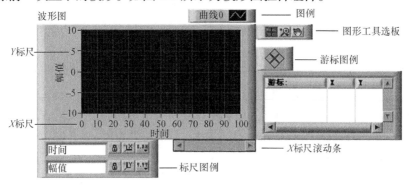

图 8-9　波形图及组件

从图可以看出波形图控件和波形图表控件的组件及其功能基本上是相同的，所不同的是波形图控件没有数值显示组件，而具有一个游标图例组件。运行时利用这个组件，可以在图形中建立"游标"，从而精确定位波形上某个点的数值。下面对游标图例的设置及操作方法进行简要的介绍。

在默认情况下，波形图中不存在游标，游标图例的列表中是空白的，不存在任何游标名称。右击游标图例下的列表框，在弹出的快捷菜单中选择"创建游标"选项，将会弹出一个下级子菜单，在子菜单上有两个游标模式可供用户选择，分别为自由模式和单曲线模式。

(1) 自由模式的游标由横竖两条线组成，横线可上下移动，竖线可左右移动，游标在整个波形显示区域内任意定位。

(2) 单曲线模式的游标只有竖线能沿某条曲线左右移动。

建立游标后，游标图例下方的列表中会出现游标名称、游标横线所在位置的 Y 数值、游标竖线所在位置的 X 数值，也就是其交叉点的 X-Y 坐标。效果如图 8-10 所示。其中，游标名称是可以根据实际需要修改的。在游标图例中的菱形工具可以在上下左右 4 个方向移动游标，以方便用户定位，另外，也可以用鼠标拖曳游标的横线或竖线，快速移动游标。

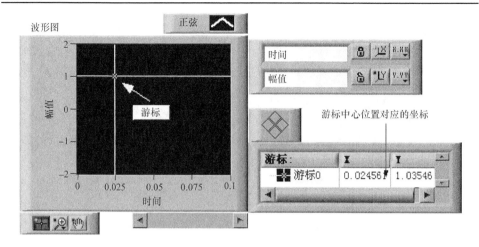

图 8-10　波形图游标设置

右击游标图例组件中列出的游标名称，在弹出的快捷菜单上可以设置游标的属性，还可以对游标进行某些操作。

下面通过一个范例来说明波形图控件的使用方法，并与波形图表控件的效果进行对比。要求分别用波形图和波形图表控件显示 $Y=\cos x$ 函数曲线，其中 $0° \leqslant x < 360°$。

在前面板建立波形图和波型图表控件。范例的程序框图如图 8-11 所示。波形图表控件节点在循环框架内部，每次计算获得的余弦数据被波形图表添加在曲线尾部依次显示；而波形图控件节点在循环外(由于其不能接受标量数据只能置于循环外)，只有在循环结束后才能获得数据，因此在图形显示时存在延迟。当然波形图表控件也可以置于循环框架之外，这时其显示效果和波形图控件相同。

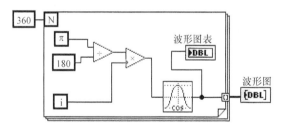

图 8-11　波形图与波形图表对比范例程序框图

图 8-12 为两种控件显示波形的效果，直观地看，波形图控件和波形图表控件显示结果相同，两个控件显示的波形是一样的，但是两者的显示机制却是完全不同的。

在循环运行过程中，可以看到"余弦"运算产生的数据先逐个地在波形图表控件上显示。如果循环没有执行完毕，波形图控件并不显示任何波形。循环运行

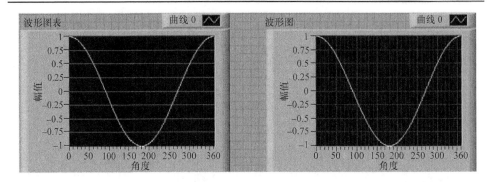

图 8-12　波形图表和波形图控件显示余弦函数曲线

结束时，产生的 360 个数据构成一个一维数组，并在波形图控件上一次性地显示出来，这一效果实际上和图形控件节点在程序流程的位置有关。

关于波形图控件和波形图表控件这两大类控件，还有一点值得读者注意，波形图表控件是具有实时显示特性的控件，因此该控件的系统内存占用要比波形图控件的大。在使用 LabVIEW 开发应用程序的过程中，究竟该使用哪个控件，要结合各个方面的因素综合考虑。既要考虑显示的实际需要，还需考虑节省系统资源。

8.1.2　波形的建立和操作

"波形"数据类型是 LabVIEW 为方便图形显示所建立的一种特殊数据类型，其结构与簇很相似，也可以认为是一种特殊的簇，其内容包括时间数据和显示图形所需的数值数组。波形的特殊之处在于具有预定义的固定数据结构，其成员个数和数据类型已确定，只能使用专用的函数进行处理。LabVIEW 为波形数据处理提供的函数节点包含在函数选板的"编程|波形"子选板中，如图 8-13 所示。

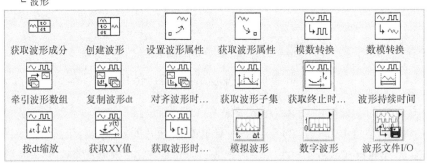

图 8-13　波形函数节点子选板

　　波形数据的产生可以是由程序运行时的函数节点运算生成，也可以是数据采集操作从数据采集卡中获得的采样数据生成。通常情况下，波形数据有 4 个组成部分：①t0 为时间标识常量，t0 表示波形数据的时间起点，用年-月-日时：分：秒的格式表示；②dt 为双精度浮点数，表示波形相邻数据点之间的时间间隔，单位为 s；③Y 为双精度浮点数组，按时间先后顺序给出整个波形所有幅度数据点；④属性为变体数据类型(变体是 LabVIEW，为保存属性信息设置的一种特殊数据类型)，能够携带任意的属性信息值。

　　波型数据除可以用图形显示控件输出外，还可以采用数值方式直接输出。在前面板显示波形数据数值的控件默认显示前 3 个部分，控件界面如图 8-14 所示。可通过控件选板的"新式|I/O|波形"子选板建立。以下介绍一些常用的波形函数。

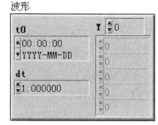

图 8-14　波形数据输入界面组成

　　1) 创建波形数据

　　波形数据的来源之一是数据采集操作，有关内容将在第 9 章中进行介绍，另一种方式是利用函数节点的运算生成波形数据。函数选板中"编程|波形"中提供函数节点的输出生成波形数据。下面以生成锯齿波形数据为例介绍节点的使用方式。

　　在程序框图的函数选板中，选择"编程|波形|模拟波形|基本函数发生器"，将"基本函数发生器"函数节点图标放置在程序框图窗口(函数基本接线端子分布见图 8-15)。当然也可以选择"三角波函数发生器"函数。

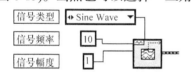

图 8-15　基本函数发生器函数连接端子

　　设置函数节点图标输入接线端子，分别指定幅值、频率、信号类型等主要参数，其中波形类型参数用整数 1 代表三角波，函数节点在程序运行产生符合指定参数的三角波波形数据。基本函数发生器函数还可以产生正弦波(类型参数 0)、方波(类型参数 2)，锯齿波(类型参数 3)等信号波形，函数节点图标还有其他参数输入连线端子可选用，相关内容参见 LabVIEW 帮助信息。

　　2) 获取波形成分

　　该函数用于对波形数据解除捆绑，将波形数据分为数组(Y)、属性、起始时间(t0)、时间间隔(dt)等数据。默认情况下，节点只显示 Y 输出端子，拖曳调节点改变节点高度，可增加名为 attributes(属性)的输出端。右击 attributes 端子，在弹出菜单上选择"选择项"，可选取要显示的成分项目，如图 8-16 所示。

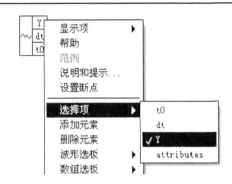

图 8-16　波形成分获取函数示例

在函数选板的"波形"子选板中还有很多其他波形操作函数，产生波形的方法除用波形函数外，还有 Express VIs，在函数选板的"Express|信号分析"中，可找到相关的函数节点图标，但其生成的波形数据属于动态数据类型，与一般的波形数据有所不同。

8.2　文件 I/O 操作

LabVIEW 提供多种类型的文件供用户使用，常用到的文件类型如下所示。

(1) 电子表格文件：电子表格文件实际上是一种 Excel 兼容的文本文件，数据仍以 ASCII 码的格式存储，只是 LabVIEW 对输入的数据在格式上做了一些规定，使用较方便。

(2) 文本文件：最为通用和常用的数据格式文件，读写方便，兼容程序多，但读写速度慢，读写操作灵活性差。

(3) 二进制文件：使用二进制文件格式对测量数据进行读写操作时不需要任何的数据转换，这种文件格式是一种效率很高的文件存储格式，而且这种格式的记录文件占用的硬盘空间比较小，但二进制文件不能使用普通的文本编辑工具对其进行访问，因此这种格式的数据记录文件的通用性比较差。

(4) 波形文件：能够将波形数据的许多信息保存下来，如波形的起始时刻、采样间隔等。

由于篇幅所限，本书重点介绍常用的电子表格文件和文本的操作。其他文件类型的操作函数节点使用方式可利用 LabVIEW 的帮助系统学习。

8.2.1 文件 I/O 操作函数

1. 文件路径的表示

文件路径是特殊的文件操作字符串,用以表示文件名和文件存放的位置。在程序框图窗口设计时,可通过函数选板的"编程|文件 I/O|文件常量"子选板中的选项建立"路径常量",指定被操作目标的文件路径,如图 8-17(a)所示。

文件操作相关的前面板控件,包含在字符串操作控件自选板中,在前面板窗口的用户界面设计时,通过利用控件选板中"新式|字符串与路径|文件路径输入控件"选项,可建立输入或选取文件路径的操作控件,在程序运行时供用户使用,主要是为用户提供文件路径和文件名选择/显示。其子选板界面如图 8-17(b)所示。LabVIEW 的文件路径格式与 Windows 操作系统的格式一致。

(a) 函数选板中的文件操作函数

(b) 控件选板中的文件操作控件

图 8-17 与文件路径有关的函数和控件

"文件路径输入控件"和"文件路径显示控件"在前面板的显示效果如图 8-18 所示。其输出的特殊字符串用于表示文件存放位置,因此可包含":"或"\"等特殊符号。"文件路径输入控件"除了可直接输入表示路径的字符串外,还可以单击右侧的按钮,用以选择文件。激活 Windows 系统的"打开文件"对话框,选择文件路径,最终生成表示路径的特殊字符串。

图 8-18 路径操作控件

2. 文件操作的相关函数

文件的读写函数包含在函数选板的"编程|文件 I/O"子选板中,其中包含的函数节点图标如图 8-19 所示。

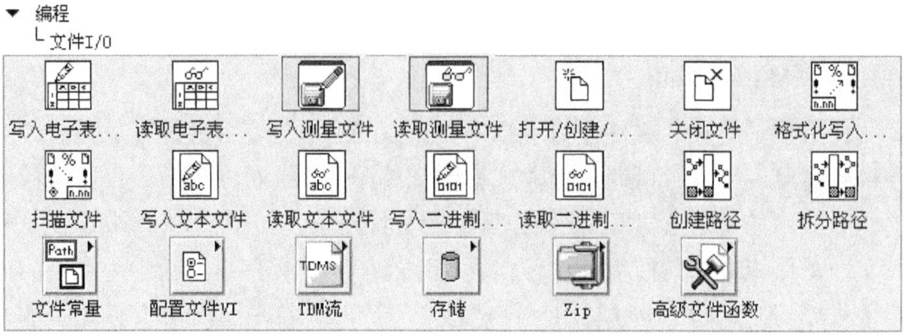

▼ 编程
　└ 文件I/O

写入电子表... 　读取电子表... 　写入测量文件 　读取测量文件 　打开/创建/... 　关闭文件 　格式化写入...

扫描文件 　写入文本文件 　读取文本文件 　写入二进制... 　读取二进制... 　创建路径 　拆分路径

文件常量 　配置文件VI 　TDM流 　存储 　Zip 　高级文件函数

图 8-19　函数选板的文件子选板

8.2.2　电子表格文件 I/O 操作

1. 写入电子表格

使用"写入电子表格"函数可生成一个能被多数电子表格应用程序读取的特殊文本文件。函数可将字符串或数值型数据的一维或二维数组转换为文本字符串，然后将其写入或添加到文件中。VI 在向文件中写入数据之前，将先打开或创建该文件，并且在完成写操作后关闭该文件。LabVIEW 软件不与其他软件同时共享被写入的电子表格文档，在 LabVIEW 写入该文档时，如果电子表格文档被其他程序使用，LabVIEW 将显示出错信息。"写入电子表格"函数节点图标及接线端子排列如图 8-20 所示。其中存入文件的数据从"二维数组"或"一维数组"接线端子输入，但这两个端子不能同时连接数据。

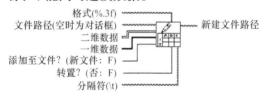

格式(%.3f)
文件路径(空时为对话框)　　　　　　　　新建文件路径
二维数据
一维数据
添加至文件?(新文件: F)
转置?(否: F)
分隔符(\t)

图 8-20　　"写入电子表格"函数的接线端子

除数据输入端子外,还有如下介绍的一些常用的控制写入操作方式的接线端。

(1) 添加至文件：如果输入的布尔值为"真(T)"，VI 将把数据添加至已有文件的末尾。默认的输入布尔值为"假(F)"，此时新数据将覆盖旧数据。若不存在已有文件，则 VI 将创建一个新文件。

(2) 转置：输入值为"真(T)"，VI 将把数据行列转置后保存。默认值为"假(F)"，即不转置。

(3) 文件路径：可通过特定文件路径格式的字符串数据,指定保存的文件名。若文件路径为空或为错误路径，则 VI 显示一个用于选择文件的文件对话框。若不在对话框内，则选择文件名后确定而选择取消，将显示错误提示。

(4) 新建文件路径：这是一个输出端子，当自动创建文件后，输出返回文件的路径。

最后要说明的是，LabVIEW 创建的电子表格文件并不完全等同于 MS office Excel 的电子表格，其实质还是一种文本文档。LabVIEW 的电子表格可用 Excel 软件打开并编辑，但用 Excel 创建和保存的电子表格，LabVIEW 却不能读写，因此，使用中当用 Excel 打开 LabVIEW 的电子表格后，建议用"另存为"方式保存为另一个文档后再做编辑。

2. 读取电子表格文件

可使用该 VI 读取以文本格式存储的电子表格文件，在数值文本文件中从指定字符偏移量开始读取指定数量的行或列，并将数据转换为 DBL 数值型的二维数组，数组元素可以是数字或字符串。函数节点图标及接线端子排列如图 8-21 所示。VI 在从文件中读取数据之前，将先打开该文件，并且在完成读操作后关闭该文件。

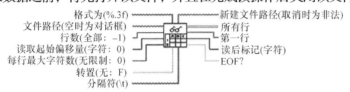

图 8-21　"读取电子表格文件"函数接线端子

函数节点常用输入/输出端子如下所述。

(1) 格式：指定读取内容转换采用的数据类型。如果格式为"%.3f"(默认)，表示读取内容转换为双精度浮点数；如果格式为"%d"，函数将把数据转换为整数；如果格式为"%s"，函数将把数据转换为字符串。

(2) 文件路径：被读取文件的路径名。如果文件路径为空(默认值)或所指定文件不存在，则显示一个用于选择文件的对话框。

(3) 行数：读取行数的最大值。如果输入值小于 0，则 VI 读取整个文件。默认值为–1。

(4) 转置：如果默认值为"真(T)"，则在转换后数据进行转置。否则默认值为"假(F)"。

(5) 所有行：输出从文件读取的数据组成的二维数组。

(6) 第一行：输出由读取数据组成数组的第一行。

以下通过两个范例说明电子表格文件读写操作函数的使用。

范例一，每 1s 产生一个数值为 0～100 的随机数，共产生 10 个数据，将数据产生的时间和数值保存于电子表格文件。电子表格文件名由用户指定。

前面板窗口的控件设计如图 8-22 所示。利用控件选板中"新式|字符串与路径|文件路径输入控件"选项建立控件，并改变标签名为"文件保存为"。

图 8-22　电子表格写入范例前面板

程序框图设计如图 8-23 所示。其中的设计要点分别介绍如下。

(1) "获取日期时间"函数和"获取日期时间字符串函数"由函数选板的"编程|定时"子选板选取，通过这两个函数节点将获得的系统时间转换为表示日期和时间的两个字符串。

(2) "等待"函数也选自"编程|定时"子选板，用以在循环中产生 1s 的延时。

(3) "数值至小数字符串转换"函数通过"编程|字符串|字符串/数值转换"子选板的选项建立，将产生的随机数转换为字符串。整数常量"6"和"2"规定了转换后字符串的最大长度及小数位数。

(4) "创建数组"函数通过"编程|数组"中的选项建立，用以将日期、时间、随机数三个字符串组成一个一维字符串数组，送入电子表格文件保存。因为一维数组有三个元素，所以在电子表格文件中分为三列保存。

(5) 用布尔值"真(T)"接入写入电子表格函数的"添加"控制接线端子和日期时间字符串的"需要秒"接线端子，使数据可采用添加的方式保存，以及保存时间可以精确到秒。

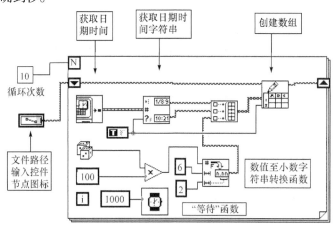

图 8-23　电子表格写入范例程序框图

可在运行 VI 程序前，先在"文件保存为"控件中输入文件路径，也可在程序运行时弹出的对话框中输入或选择文件路径。程序运行完毕后，可运行 Excel 查看文件结果。

范例二，读取一个由 LabVIEW 创建的电子表格文件，将读取结果用表格控件和二维数组显示控件进行显示。前面板布局如图 8-24 所示。

图 8-24　电子表格读取范例前面板

程序框图窗口设计如图 8-25 所示。其中的设计要点分别介绍如下。

(1) 读取电子表格文件的输入端子仅连接文件路径端子，其他端子未连接，均采用默认输入参数，表示读取操作从文件开头进行，直到读完全部内容，输出端子连接"所有行"输出。

(2) 电子表格全部内容构成一个二维表格，且读取电子表格控件的输出数据类型为双精度数值，因此可将其"所有行"端子输出的数据直接连接数值型二维数组显示控件。

(3) 表格控件只接受字符串二维数组，因此需将读取电子表格控件的"所有行"输出转换为字符串后再连接表格控件，转换利用函数选板中"编程|字符串|字符串/数值转换"子选板的"数值至小数字符串转换"选项实现。整数常量"6"和"2"规定了转换后字符串的最大长度及小数位数。

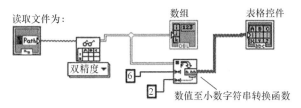

图 8-25　子表格读取范例程序框图

8.2.3　文本文件 I/O 操作

除电子表格格式的文件外，LabVIEW 常用的文件格式还有文本文件和二进制文件，这两类文件在读写操作时，使用的操作环节函数略多于电子表格文件读写，主要由打开/创建/替换文件 → 读/写文件 → 关闭文件三个环节组成。

1. 打开/创建/替换文件

"打开/创建/替换文件"函数的功能是打开一个现有文件、创建一个新文件或替换一个现有文件。该函数可与写入文件或读取文件函数配合使用。函数接线端子如图 8-26 所示。常用接线端子功能如下。

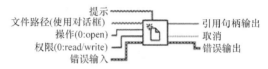

图 8-26　打开文件函数节点的接线端子

"文件路径"：可连接一个文件路径常量或文件路径输入控件，为打开/创建/替换操作指定目标。如果不指定文件路径，程序运行时会打开一个选择文件的对话框。

"提示"：该端子可输入一个字符串，如果利用选择文件对话框打开文件，字符串可作为对话框标题。

"操作"：从该端子可输入一个整数，取值范围为 0～5，不同的整数值决定了打开文件的操作模式，默认方式 0。表 8-1 说明了不同整数值表示的操作模式。

表 8-1　打开文件函数的操作模式参数

整数值	操作模式
0	open—打开已经存在的文件
1	replace—打开文件并替换已存在文件
2	create—创建一个新文件
3	open or create—打开一个已存在文件，若文件不存在，则创建一个新文件
4	replace or create—创建一个新文件，若文件已存在，则替换该文件
5	replace or create with confirmation—创建一个新文件，若文件已存在且拥有权限，则替换该文件

"权限"：从该端子可输入一个整数，取值范围为 0～2，不同的整数值决定了对文件的操作是读出还是写入，默认方式 0。表 8-2 说明了不同整数值表示的读写权限。

表 8-2　打开文件函数的读写权限参数

整数值	读写权限
0	read/write—既可读取，也可写入
1	read-only—只能读取
2	write-only—只能写入

引用句柄输出：这是该函数节点最重要的输出端子，"引用句柄"是一种特殊的数据类型，每次打开 / 新建一个文件进行操作时，该函数节点都会输出一个引用句柄，引用句柄包含该文件许多相关的信息，包括文件路径、文件的大小、访问权限等，所有针对该文件的操作都可以通过这个引用句柄进行。

"错误输出"：传递操作中出现的出错信息。

2. 写入文本文件

函数功能为将字符串或字符串数组按行写入文件。函数节点接线端子如图 8-27 所示。以下介绍常用接线端子的作用。

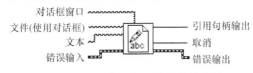

图 8-27　写入文本文件函数节点接线端子

"文件"：可连接文件引用句柄或文件路径。如果连接文件路径至"文件"端子，函数先打开或创建文件，然后将文本端输入的内容写入文件并替换任何先前文件的内容。如果连接文件引用句柄至文件输入端，写入操作将在当前文件的指定位置开始，这样既可以进行替换操作，也可以进行添加操作，但添加操作前，要用其他函数改变在文件中写入的位置。

如果"文件"接线端子未连接文件引用句柄或文件路径，则运行程序时，会弹出文件选择对话框，要求操作者选择文件名，对话框标题行文字可利用"对话框窗口"端子输入的字符串代替。

"文本"：该端子输入需要保存的数据，输入的数据可以是字符串，也可以是一维字符串数组。如果需要保存的不是字符串型数据，在连接到文本端子之前需要进行类型转换，把输入数据转换成 ASCII 字符串。

引用句柄输出：将写入操作的文件的引用句柄输出给后续函数节点使用。

其他接线端子的含义与"打开文件"函数相同，在此不再重复介绍。

3. 读取文本文件

从一个文本文件中读取指定数目的字符或行。函数节点接线端子如图 8-28 所示。以下介绍常用接线端子的作用。

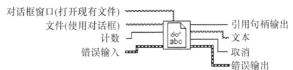

图 8-28　读取文本文件函数节点接线端子

"计数"：计数是函数读取的字符数或行数的最大值。如果计数端输入值小于0，函数将读取整个文件。函数的默认读取方式为读取字符，右击建立的函数节点图标，从快捷菜单中选中"读取行"选项，读取方式变为整行读取。

"文本"：该输出端子输出从文件读取的文本。默认状态下，该字符串中包含从文件第一行读取的字符。如果采用"读取行"方式读取文本文件，且"计数"端子输入值大于 1，则"文本"端子输出的参数为字符串数组，包含从文件读取的行。

其他端子作用与写入文本文件函数相同，这里不再赘述。

4. 关闭文件

函数功能为关闭引用句柄指定的已打开文件。无论"错误输入"端子是否有信息输入，关闭文件操作都会执行。函数接线端子如图 8-29 所示。

引用句柄 ——————— 路径
错误输入 ——————— 错误输出

图 8-29　关闭文件函数节点接线端子

以下通过一个范例介绍文本文件的读写操作。

范例一：产生若干行随机数，保存于指定的文本文件中。每行随机数个数、行数及文件路径通过前面板控件输入。前面板布局如图 8-30 所示，包括一个文件路径输入控件和两个数值输入控件。数值输入控件的数据类型为整型。程序框图窗口的 VI 程序流程如图 8-31 所示。有关设计中的要点主要如下所述。

(1) 利用嵌套的 For 循环产生随机数，内部循环产生每行的随机数，外部循环决定行数。

(2) 因为写入文本文件函数的"文本"端子只接受字符串或一维字符串数组，所以每个随机数先转换为字符串，内部 For 循环将生成的多个随机数组成一行字符串，外部 For 循环再将多行字符串，组成一维字符串数组。将循环的最终输出连接到写入文本文件函数的"文本"端子。

图 8-30　文本文件写入范例前面板

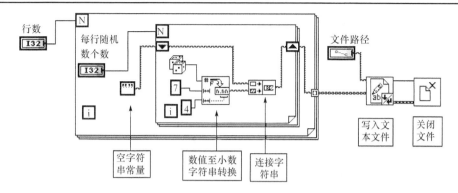

图 8-31 文本文件写入范例程序框图

(3) 通过文件路径输入控件指定创建或选用的文本文件存储位置及文件名，其路径内容可在 VI 程序运行前输入，也可在 VI 程序运行时在打开的对话框中输入或选择。

(4) 文本文件写入完毕，需利用关闭文件函数将其关闭。关闭文件函数节点的"引用句柄"输入端连接"写入文本文件"函数的引用句柄输出端，以获得被写入文件的路径信息。同时连接"错误输入"端子到"写入文本文件"函数的"错误输出"输出端。确保文件操作发生错误时，可以及时显示出错信息同时关闭文件。

思考题与习题

8.1 连续生成 10～20 的随机数，在前面板显示生成的数，并将由每次生成的随机数组成的曲线显示在波形图表中。

8.2 创建一个 VI，运用扫描刷新模式将两条随机数曲线显示在波形图表中，两条曲线中一条为随机数曲线，另一条曲线中每个数据点为第一条曲线对应点的前 5 个数据值的平均值。

8.3 在一个波形图中用两种不同颜色显示 1 条正弦曲线和 1 条余弦曲线。正弦曲线长度为 256 个点，x0=0，dx=1；余弦曲线长度为 128 个点，x0=10，dx=2。

8.4 每秒随机产生的数组的 5 个浮点型数据，用波形图显示，并加上时间数据后写入电子表格文件，然后从电子表格文件中读出数据(含日期和时间)显示在前面板。

8.5 输入"姓名""年龄""身高"和"体重"4 个参数，要求输出字符串：我叫"姓名"，今年"年龄"岁，我的身高是"身高"厘米，体重是"体重"公斤。单击"保存"按钮可将输入的数据添加到电子表格文件中。

第9章　LabVIEW 在测量和控制中的应用

数据采集(DAQ)是 LabVIEW 的核心技术之一。从实际功能分类，又可分为信号输入和信号输出两种形式。通过这两类功能的选择和组合，LabVIEW 可实现多种模拟信号或数字/开关信号的测量和输出，因而在工业及科学的测量和控制中得以广泛应用。

9.1　数据采集的相关概念

9.1.1　数据采集系统的输入/输出信号

目前在工业生产过程中，各种设备仪表之间传递的信号形式以电信号为主，根据信号类型可分为模拟量信号、开关量信号和脉冲量信号。为了便于信号采集和处理，使 DAQ 系统与不同设备生产厂商的测量和控制设备能互相配合，必须了解输入/输出信号的规格、精度、量程、线性关系、工程量换算等诸多要素。

1. 模拟信号

模拟信号是指随时间连续变化的信号，其典型形式主要是直流电压或电流。工业标准化要求的直流电压变化范围为 1～5V，直流电流的信号范围是 4～20mA。在虚拟仪器系统中都可使用这样的方式表示输入输出的模拟信号。

2. 开关量信号

很多工业过程中使用的传感器只采用两种状态表示被测状态，如按钮的开闭、物体移动是否到达指定的位置、阀门的打开或关闭等，这类信号可用开关量信号的方式进行输入；仪器系统也可输出开关量信号，去操作工业设备，如启动电机、打开/关闭加热开关、发出/停止声光报警等。

开关量输入信号有电平输入和触点输入两种方式，电平输入通过输入信号的电压幅值大于或小于某个电压标准来判定信号状态，一般都采用 TTL/CMOS 电平作为电压幅度标准，因此开关量信号也称为数字量信号。触点输入信号是指连接测量端的外部信号是一个机械开关或电子开关，以开关的闭合或断开表示信号状态。测量时需要为开关连接辅助电源或接地信号，将开关的开闭状态变化转换为测量端的电平信号变化，进而判断开关的通断情况。图 9-1 为测量接近开关触点通断状态的一种辅助信号连线方式。当触点开端断开时测量端输入的信号为高电平(相当于数字信号"1")，当测量端闭合时输入的信号为低电平(相当于数字信号"0")。

图 9-1　触点信号输入的辅助信号接线

　　开关量的输出也分为两种形式：一种为电平输出，另一种为继电器输出。电平输出通过采集设备电路中的晶体管通断状态，直接为外部设备提供电压信号；继电器输出则要借助电平信号操作外部的继电器或电子开关控制电路，提供开关动作信号。如图 9-2 所示为使用 DAQ 设备的电平输出与固态继电器(可控硅)配合，输出开关信号控制 220V 电压电子开关的示意图。图中连接 220V 交流信号火线(L线)的固态继电器接线端就是一个继电器输出信号。

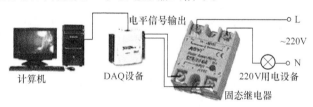

图 9-2　DAQ 设备与固态继电器的连接

3. 脉冲量信号

　　脉冲量信号与电平式开关量信号类似，当开关量按一定频率变化时，则该开关量就可视为脉冲量信号，也就是说脉冲量信号具有周期性特点。
　　脉冲量信号的表现形式为频率、周期或计数值，用于测定时间、速度、角位移等信号。例如，用码盘、霍尔传感器表示的物体旋转信号、涡流传感器、齿轮式传感器传送的流量信号等都具有脉冲量信号的特性，测量时对这类电平信号的上升沿和下降沿时间有一定要求，希望能尽可能短，对于上升沿和下降沿时间较长的信号，必须增加整型电路改善信号边沿。此外整型电路还负责将脉冲量信号电平的幅值调整为 TTL/CMOS 电平规格，以便于 DAQ 设备识别和处理。

9.1.2　数据采集的相关术语

在开始介绍虚拟仪器 DAQ 系统的设计前，先介绍一些相关的术语。

(1) 物理通道(physical channel)：硬件设备上用于测量和发生信号的端口。也就是 DAQ 设备的每个模拟/数字信号的输入/输出端口。

(2) 虚拟通道(virtual channel)：在虚拟仪器软件中描述测量使用的信号采集/发生通道的信息集合。其中包含物理通道名称、端口连接方式、测量/发生的信号类型等。程序设计者可以为虚拟通道设置特定的名称，虚拟通道是通过软件经过特定的参数设置和保存操作建立的，在 9.2 节将进行详细介绍。

(3) 任务(task)：利用一个或多个虚拟通道进行测量的信息集合。任务是 NI LabVIEW 软件编程中的一个重要概念，任务是通过 NI-DAQmx 软件(将在 9.2 节介绍)创建和保存的虚拟通道应用方式的配置信息，用户可使用任务在应用程序编写时生成信号采集或信号输出的程序代码。在 LabVIEW 中，任务分为长期任务(任何一个 VI 程序设计时均可使用)和临时任务(只为某一个特定的 VI 应用程序设计所使用)两种。

(4) 局部通道(local channel)：作为任务的一部分，在任务中创建的虚拟通道称为局部通道。

(5) 全局通道(global channel)：独立于任务，在任务以外创建的虚拟通道称为全局通道。全局通道也是通过 NI-DAQmx 程序创建和保存的。全局通道可以被添加到任何一个任务中，当全局通道的测量参数设置(如测量信号类型、采样频率、采样点数、测量范围、单位换算)信息被修改后，这个修改对于每个引用这个全局通道的任务都生效。

(6) 采样频率(acquisition rate)：虚拟通道在采样时，每秒采样的次数。从理论角度而言，采样频率越高，获得数据的精确度越高，但同时存储数据所占用的内存也越多，而且能否达到所需的采样频率还取决于硬件设备进行 A/D 转换的速度。所以采样频率的设置不是越高越好，要根据被测量信号的变化速度和测量的精度要求进行选择。

(7) 采样点数(acquisition samples)：虚拟通道在采样时，每次采样连续读取的数据个数。每次采样点数多，有利于减少测量误差，提高采样精度，但每次采样获得的数据越多，占用的内存也越多。

9.2　采用 NI 公司的数据采集设备设计虚拟仪器系统

DAQ 设备为虚拟仪器系统的"眼睛"和"手臂"，是虚拟仪器系统与外部被控设备建立联系的关键环节。虚拟仪器要实现测量和控制功能，必须利用 DAQ 设备获取被测量的物理参数的变化情况。DAQ 设备输出的模拟或数字信号，可操作气缸、电机、加热器、阀门等设备，完成控制动作。在进行应用程序开发前，必须使 DAQ 设备以适当的方式正常工作，因此 DAQ 设备的设置和测试环节是开始进行程序设计前一定要完成的工作，完成这一工作，除正确的信号线路连接外，还需要通过专用的软件进行设置和测试。设置结果将被保存为"任务"或"全局通道"，在以后的 VI 程序设计中使用。

9.2.1 NI 公司的数据采集设备的设置与测试

LabVIEW 软件是 NI 公司的产品，因此利用 NI 公司的 DAQ 设备与之配套来设计虚拟仪器系统是十分方便的。在用 LabVIEW 进行软件设计前，需要利用另一类软件工具对 DAQ 硬件进行配置和测试。NI 公司提供的这类软件称为 NI-DAQmx。本节以 NI 公司的多功能 DAQ 设备 NI USB-6009(外观如图 9-3 所示)作为 DAQ 硬件的范例，介绍 NI-DAQmx 软件使用的一般方法。

NI USB-6009 是 NI 公司提供的一款采用 USB 通信接口的多功能 DAQ 产品，体积小巧，连接方便，功能多样，适用于构建一般精度和速度要求的测量系统。

NI USB-6009 提供 8 个单端模拟电压信号输入通道或 4 个差分双端模拟电压输入通道(AI)、2 个模拟输出通道(AO)、12 个数字

图 9-3 NI USB-6009 多功能 DAQ 模块

输入/输出通道(DIO)和 1 个 32 位计数器。这些通道就是在 9.1 节概念中提到的"物理通道"，使模块同时具备对多个模拟信号或数据信号进行测量的能力。模块利用全速 USB 接口与计算机的连接和通信。用 USB 接线完成计算机与 USB-6009 连接后，即可用 NI-DAQmx 软件进行设置和测试工作。

1. NI-DAQmx 软件的概述

NI-DAQmx 是 NI 公司为本公司的硬件系统提供的测试工具软件，称为 "NI-DAQmx 测量与自动化软件"(简称为 MAX)。通过安装和使用这一软件，用户即可以安装 DAQ 设备的驱动程序，使计算机以适当的通信方式与 DAQ 设备进行数据交换；也可以利用软件提供的操作界面进行 DAQ 硬件的设置、测试，甚至不需要编程就可完成基本的信号测量工作。NI-DAQmx 控制着 DAQ 系统(包括 NI 信号调理设备)的每一方面，从配置、NI LabVIEW 编程到底层操作系统和设备控制。

NI-DAQmx 作为 NI 公司硬件系统的驱动和测试软件，可直接在公司网站上免费下载安装，安装完毕后软件可通过桌面的"Measurement & Automation Explorer"图标启动。完成启动后，打开的窗口如图 9-4 所示。软件的主要功能可利用窗口左侧的树形列表展开和选用。主要功能有以下几项。

(1) 数据邻居：用于配置硬件系统的物理通道，指定通道的测控特性(例如，是输入信号还是输出信号、信号类型是什么、信号的变化范围、所用传感器类型等)。可以通过特定的名称描述并保存硬件配置信息，并提供给开发平台。设计后保存的结果就形成了 9.1 节概念中提到的"任务"或"全局虚拟通道"。在开发平台中，可以运用这类信息自动生成 DAQ 的程序流程。

(2) 设备和接口：用于检测并显示与计算机连接的 DAQ 设备或其他的 NI 硬件系统支持的数据交换设备，并利用软件的测试功能检查硬件通道测量的效果，甚至直接进行简单的测量。另外，还可对设备的通道工作方式、供电方式、阻抗匹配等项目进行配置，进行通道信号标定。

(3) 换算：有两种作用，其一是将测量结果按某种特定函数换算为与之有关的另一个物理量。其二是进行信号标度转换，测量的信号通过自定义换算，使系统的输出数据与实际被测物理量的大小相同。

(4) 软件：用于查看、运行和更新已经安装的 NI 软件。

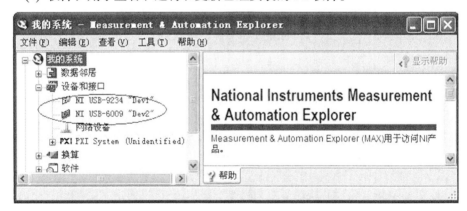

图 9-4　DAQmx 窗口目录树中的设备名

以下主要介绍软件设置功能中最基本的"设备与接口"和"数据邻居"功能的使用方法。

2. NI-DAQmx 软件的应用简介

在安装完 NI-DAQmx 软件后，连接 NI USB-6009 多功能 DAQ 卡和 PC，系统就可自动辨识设备型号，安装驱动程序。启动 NI-DAQmx 软件后，在窗口左侧

"我的系统"树形列表里"设备与接口"项目中，可看到 DAQ 设备的型号(图 9-4)。主要的操作功能可通过单击左侧窗格中功能目录树的项目进行选择。

1) "设备与接口"项目——设备的设置和测试

单击选中左侧目录树的设备名称后(如 NI USB-6009 "Dev1")，窗口右侧工作区即可显示出采集卡的硬件序列号，并在工作区上方显示与硬件相关的测试、设置、校验、硬件引脚说明等操作标签项，用以执行设备测试、设置等操作。选中设备时窗口状态如图 9-5 所示。

图 9-5　DAQ 硬件设备的测试

单击"自检"标签可检查 DAQ 设备的通信和物理通道的工作状态，正常或非正常情况均在窗口右侧标签下方的工作区中进行显示，使用户了解硬件系统的工作状态。

单击"测试面板"标签，使窗口右侧工作区内容切换为简单测量功能，以查看物理通道测量外部信号的实际效果。窗口的操作选项使得测试时，可选择采集卡不同的 I/O 通道，可以设定测试时通道采样速率和采样数，进行有限次测量或连续测量，可选择输入/输出信号的上下限范围。窗口的其他标签还提供了设备其他功能的测试界面。不同的 DAQ 设备由于功能的不同，测试面板内容也不相同。在此不一一列举。

2) "数据邻居"项目

"数据邻居"的功能是根据实际的测控要求，设置 DAQ 设备的物理通道的工作参数，设置结果称为"任务"或"全局通道"，可在 NI-DAQmx 软件中直接使用，进行初步的信号测量，也可用特定的名称进行保存，在开发软件时，生成 DAQ 的程序流程。针对一个通道所设置的内容用特定名称保存后就成了一个"虚拟通道"。创建过程如下。

(1) 单击选中目录树的"数据邻居"目录项，再单击右侧工作区上方出现的"新建"按钮，可打开 NI-DAQmx 程序的创建任务向导对话框。图 9-6 为第一步对话框状态，可选择其中的"NI-DAQmx 任务"或"NI-DAQmx 全局虚拟通道"，设置 DAQ 设备的工作方式。单击"下一步"按钮，进入第二步功能选择。

图 9-6　选择新建内容类型

(2)"创建任务"向导的第二步进行通道工作基本方式说明。"采集信号"用于选择数据输入任务的信号类型(模拟信号、数字信号、开关动作等)、特征(电压、电流、电阻或某种特定传感器的信号),并选择采集信号输出使用的一个或多个通道。"生成信号"用于设置数据输出任务的信号类型、特征、输出信号使用的通道。完成选择后单击"下一步"命令按钮。对话框如图 9-7 所示。

图 9-7　设置通道工作方式

(3)在向导的第三步可为任务设置名称,便于保存和调用。最后单击"完成"按钮,进入任务参数设置窗口。

(4)在任务参数设置窗口,可为 DAQ 任务进行各项参数设置,设置内容根据不同的 DAQ 设备和任务要求有所不同,常见的设置内容有信号输入范围、采样模式(连续或有限次)、采样频率和采样次数,还可定义换算公式进行间接测量或标度转换。NI-DAQmx 程序在工作区显示虚拟通道和任务的设置选项和设置结果。

(5) 设置完成的 NI-DAQmx 任务可以通过"文件"菜单的"保存全部"功能进行保存。保存采用的名称即为向导第三步设置的任务名称。

3. 仿真设备的使用

在 NI-DAQmx 程序中可创建 NI-DAQmx 仿真设备,借助 NI-DAQmx 仿真设备,无须硬件就可设计和运行针对某种 NI-DAQmx 设备而设计的应用程序。获取硬件设备后,可将 NI-DAQmx 仿真设备配置导入实际物理设备。借助 NI-DAQmx 仿真设备,还可导出物理设备配置至未安装物理设备的系统。

例如,准备使用 NI 公司的 NI PCI-6071E 采集卡设计一个 DAQ 系统,但还未拿到采集卡硬件,这时可在 NI-DAQMx 软件中利用建立仿真硬件设备的方法,先开始软件的设计和调试。创建仿真设备的过程如下。

右击"设备和接口"项目名称,在打开的快捷菜单中选择"新建"。打开"新建…"对话框,对话框界面如图 9-8 所示。

图 9-8　创建仿真设备

选择"仿真 NI-DAQmx 设备或模块化仪器",然后单击"完成"按钮。打开创建仿真设备对话框。在创建仿真设备对话框中,单击选择要仿真的设备类型。选择设备具体型号,然后单击"确定"按钮完成创建。

创建的仿真设备名称会出现在 DAQmx 窗口左侧的目录树中,显示在"设备与接口"项目下面。NI-DAQmx 仿真设备的图标为黄色图标(🖾)。真实设备的图标则为绿色。仿真设备的配置操作与真实设备配置完全相同,其配置信息同样可以保存,也可用在"数据邻居"中创建虚拟通道或任务,并用于后续 DAQ 程序的设计。

9.2.2　LabVIEW 中的数据采集函数

选用 NI 公司的 DAQ 设备构建 DAQ 系统时,程序的设计由于软件系统对 NI

公司硬件设备的强大支持功能而显得非常方便。LabVIEW 为 DAQ 所提供的 DAQ 函数节点根据功能集成的层次分为简易型、中级型和专家型,可满足具备不同程度 LabVIEW 程序开发能力的设计人员的使用需求。在编程时,还可以利用 LabVIEW 的工具软件和代码自动生成功能,提高编程的效率,本章节重点介绍 LAbVIEW 中 DAQmx 函数的功能。

在安装了 NI-DAQmx 软件及硬件驱动后,在 LabVIEW 函数选板的"测量 I/O"子选板中会添加"DAQmx 函数"子选板。子选板界面如图 9-9 所示。其中包含的 VI 函数可用于设计 DAQ 的功能,它们大都属于中级的 DAQ 节点函数。通过这些函数,可以调用 NI-DAQmx 程序创建的"任务"和"全局虚拟通道",方便 DAQ 程序的数据输入或输出功能流程的编写。

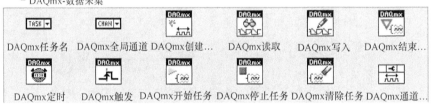

图 9-9　DAQmx 函数子选板(部分)

这些 VI 函数节点图标大部分属于"多态 VI","多态 VI"函数节点在建立完毕后,可利用图标下方的多态选择下拉列表,根据不同的功能需要,选择对应于模拟输入/输出、数字输入/输出或计数器输出的 VI 节点类型。也就是说,同一名称的 VI 函数,依据选择的类型,可提供不同数量和功能的信号输入或输出端子,实际上相当于多种 VI 函数的组合,这也就是所谓的"多态"。以下对一些常用的 DAQmx 函数进行简单介绍。

1. DAQmx 任务名(task const)函数

函数节点"DAQmx 任务名"可用于选择通过 NI-DAQmx 软件设置并保存的 DAQmx 任务名称,也可激活 DAQmx 程序,对已建立的 DAQmx 任务进行编辑修改,或者新建 DAQ 任务。函数的输出为一个被指定的 DAQ 任务,可为后续的 DAQ 函数节点提供基本的任务和通道信息,是设计 DAQ 程序的基本环节。

以下简要介绍一下它的用法。在程序框图中创建了"DAQmx 任务名"函数节点图标后,可单击图标右侧的下拉按钮打开已建立的任务名列表,选择所需的任务名。创建过程如图 9-10 所示。

图 9-10　建立 DAQmx 任务节点图标

另外，右击 DAQmx 任务名图标，在弹出的快捷菜单中可选择"新建 NI-DAQmx 任务"或"编辑 NI-DAQmx 任务"，可启动 NI-DAQmx 软件创建 DAQmx 任务或编辑所选 DAQmx 任务。而快捷菜单中的"生成代码"功能，可以利用 LabVIEW 的自动编程功能，生成 DAQ 功能的程序流程，有关内容将在编程部分进行介绍。

2. DAQmx 创建虚拟通道(DAQ)函数

建立流程中使用的虚拟通道，属于多态 VI，建立后可根据不同的 DAQ 功能要求，选择虚拟通道的类型，该函数是 DAQ 流程初始化的必要环节。单击图标下方的"多态 VI 选择器"，可展开列表项，通过选择改变 VI 函数创建的虚拟通道类型。如图 9-11 所示是将默认的虚拟通道类型设置模拟电压输出类型的过程，虚拟通道的类型可按模拟/计数/数字、输入/输出等信号类型和操作方式加以组合，因此该函数可有十几种状态，不同状态下 VI 函数节点的接线端子数量和功能有所不同。

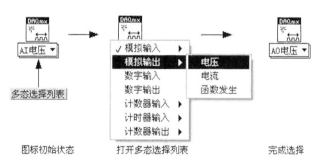

图 9-11　DAQmx 函数的多态 VI 选项

3. DAQmx 开始任务函数

DAQmx 开始任务函数使 DAQ 任务进入运行状态。在运行状态，这个任务完成特定的采集或生成任务。如果没有使用"DAQmx 开始任务"函数，那么在 NI-DAQmx 执行读取/写入等函数操作时，任务也可以自动地转换至运行状态。采用这个函数的目的是便于多个 DAQ 任务的同步运行。

4. DAQmx 读取函数

DAQmx 读取函数需要从特定的采集任务中读取采样值(模拟、数字或计数器)、虚拟通道数、采样数和数据类型。

5. DAQmx 写入函数

DAQmx 写入函数向任务写入样本数据，也就是通过 DAQ 设备实现信号输出的功能。可以利用多态选择器选择写出操作的数据类型(模拟信号、数字信号、计数/定时状态等)。

6. DAQmx 清除任务函数

清除 DAQmx 任务。VI 将停止该任务，并在必要情况下释放任务占用的系统资源。清除任务后，如果想要重新使用被清除的 DAQmx 任务，就必须重新创建。

9.2.3　模拟输入采样程序范例

NI LabVIEW 提供了许多的范例程序供设计者学习和参考，利用"帮助"菜单或"启动"窗口的相关选项打开"NI 范例查找器"窗口，可以找到许多 DAQmx 程序的例子，如图 9-12 所示。以下范例介绍了用 NI USB-6009 数据采集卡采集模拟电压信号程序的设计方法之一。在设计采样程序过程中，将借助 LabVIEW 的自动编程功能，把 DAQmx 任务自动编写为可执行的 VI 流程代码，从而简化采样程序的设计过程。

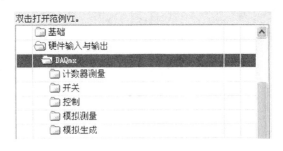

图 9-12　NI 范例查找器窗口(局部)

范例设计要求:用 NI USB-6009 的 AI0 和 AI2 两个输入口采集模拟电压信号,被采集的电压信号范围 0~5V,每秒采样 100 次,每次每通道采样 10 个。信号采集后要求对每次采集的 10 个信号进行平均计算,然后显示和保存。

采集卡的硬件连线需将输入信号的导线分别连接 2(AI0+)、3(AI0–)和 7(AI2+)、8(AI2–)接线端。将采集卡的 USB 连线与计算机连接后,即可开始进行采集程序设计。其流程如下。

1. 建立 VI 窗口

首先新建一个 LabVIEW 的 VI 程序,切换到程序框图窗口,打开函数选板,利用"测量 I/O|DAQmx– 数据采集"子选板在窗口添加"DAQmx 任务名"VI 函数节点。对于已存在的 DAQmx 任务,可在"DAQmx 任务名"节点建立后,单击任务名函数节点图标,直接选择已存在的任务名使用。若未建立任务,可右击添加的函数节点图标,在弹出的快捷菜单中选择"新建 NI-DAQmx 任务|MAX"选项,启动 NI-DAQmx 程序的创建任务向导对话框,如图 9-13 所示。

图 9-13 创建 DAQmx 任务

2. DAQmx 任务的建立

(1) 在打开的新建任务向导对话框中选择虚拟通道的工作方式,在本例中为模拟输入类型、电压信号。如图 9-14 所示。单击"下一步"按钮,进入下一步的通道选择对话框。

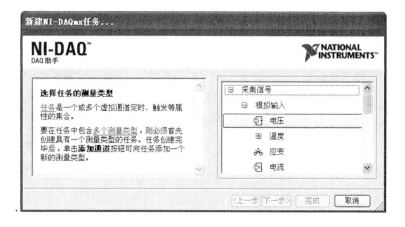

图 9-14 设置虚拟通道工作方式

　　(2) 在向导的通道选择对话框中，单击设备名称左侧的"+"按钮，可展开设备包含的所有物理通道名。可单击选择采样使用的某一个通道，或按住 Ctrl 或 Shift 键单击需要选择的多个通道，其操作的形式类似于在 Windows 操作系统的文件管理器中选择单个或多个文件名的方法。如图 9-15 所示，可按住 Ctrl 键后单击选择 ai0 和 ai2 两个输入通道。选择完毕后单击"下一步"按钮。

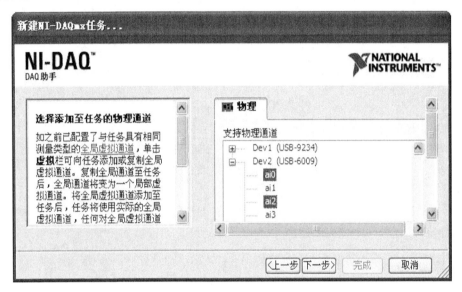

图 9-15　物理通道选择

　　(3) 在"输入名称"文本框中，填写自己定义的 DAQmx 任务名，任务被保存后可以利用任务名在 VI 编程时重复调用。设置完毕后，单击"完成"按钮进入虚拟通道设置对话框。

　　(4) 虚拟通道的配置对话框界面如图 9-16 所示。在对话框中可设置虚拟通道的测量范围、采样模式、采样个数、采样率等。其他可设置的参数还包括触发方式、定时方式等。不同的设置内容会影响以后自动生成的框图流程。完成设置后单击"确定"按钮，任务即被保存，NI-DAQmx 程序窗口关闭，同时在程序框图的"DAQmx 任务名"图标中可显示新建(或选择)的 DAQmx 任务的名称。

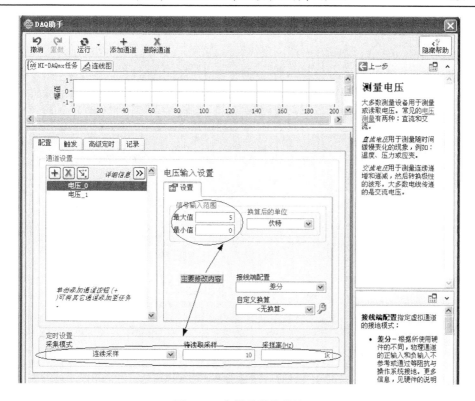

图 9-16　虚拟通道的配置

3. 利用 DAQmx 任务自动生成信号采集程序流程

右击程序框图窗口含有 DAQmx 任务名的 "DAQmx 任务名" 节点图标。选择快捷菜单中的 "生成代码|配置与范例"，LabVIEW 利用 DAQmx 任务的信息可自动生成采样程序代码。快捷菜单选项如图 9-17 所示。根据范例建立的任务生成的程序流程如图 9-18 所示。

图 9-17　自动生成代码的快捷菜单选项(局部)

在图 9-18 的程序流程中最左侧的图标就是生成的 "配置"，它实际上是一个子 VI，其功能是创建虚拟通道，进行采样定时，其输出是一个 DAQ 任务信息和一个错误传递信息，此子 VI 可在其他采样 VI 设计时重复使用。流程的其他内容就是生成的"范例"，主要完成数据的读取、显示等工作。本范例中自动生成的范例部分流程主要包含了 DAQmx 的开始任务、读取、清除任务三个 VI 函数节点。由于 DAQmx 任务的设置采用了连续采样的采样模式，所以自动生成的流程中设计了 While 循环，以保证电压信号采样的连续进行。当用户单击停止按钮或流程运行出现错误时，循环停止。

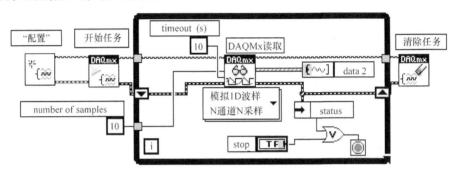

图 9-18　由 LabVIEW 自动生成的程序流程

　　自动生成功能在前面板窗口也添加了操作的基本控件，只有一个波形图表控件"数据"和一个按钮控件"停止"。"数据"控件属于波形图控件，可显示每组采样数据；"停止"控件用于停止程序运行。

　　至此，使用 NIUSB-6009 进行电压模拟信号采集的基本流程已设计完毕，单击前面板窗口工具栏的"运行"工具按钮，即可进行电压信号测量，并以波形图显示每次测量结果。

4. 程序的修改编辑

　　在完成基本流程的设计后，还可根据需要修改前面板和程序框图功能，对流程进行补充和完善。在本例中需要实现以下要求：①以连续方式显示数据波形曲线；②要对每组测量的数据进行平均计算；③显示计算后的电压数值，并保存为电子表格文件。修改后的前面板窗口如图 9-19 所示。

　　主要的设置有：①将"数据"控件的类型改为"波形图表"控件。②数据计算、显示功能实现。③数据保存功能实现。具体设计可参考图 9-20 所示的程序框图及前面相关章节的内容。

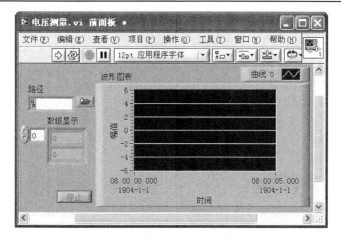

图 9-19　修改后的前面板效果

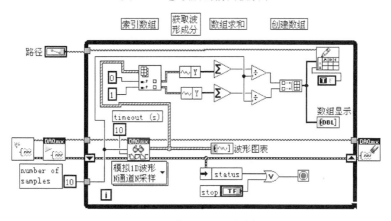

图 9-20　修改后的程序框图

9.3　采用其他公司的数据采集设备设计虚拟仪器系统

作为主要工业设备种类之一，国内外有许多公司生产功能相似的 DAQ 设备产品，不同厂商提供的来源广泛、种类繁多的 DAQ 设备，为用户设计虚拟仪器系统提供了更多的选择。以下以美国 MC 公司的 DAQ 设备产品作为范例进行介绍。

9.3.1　MC 公司的数据采集设备

图 9-21 为美国 MC(Measurement Computing)公司的多功能 DAQ 卡 MCC USB-1208FS-Plus。该公司生产多种基于 USB 接口、PCI 接口、以太网接口、无线 Wi-Fi 网络接口的 DAQ 设备。以该设备为例，简要介绍一下相关设备配置和测试工作，以及利用该类型设备开发 DAQ 应用程序的基本方法。

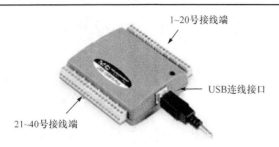

图 9-21　MCC USB-1208FS-Plus 外观

　　MCC USB-1208FS-Plus 的性能与 NI 公司的 NI USB-6009 DAQ 模块相近，也包含模拟输入、模拟输出、数字量输入/输出、定时/计数输出等多个信号的输入或输出端，属于多功能 DAQ 产品。通过产品的附带光盘或公司官方网站提供的下载链接，可获得相关 DAQ 设备的测试设置软件及开发应用软件所需的接口程序和驱动程序。安装过程较为简单，在安装完 LabVIEW 软件后就可安装硬件配套的驱动和接口程序，安装时一般选择默认选择项即可。

　　安装好软件后，将模块的 USB 连线接入 PC 的 USB 接口，启动 MC 公司提供的 DAQ 设备测试和设置工具软件 InstaCal。连接好 DAQ 设备后第一次启动 InstaCal，会弹出辨识设备的对话框，如图 9-22 所示，单击 "OK" 后，设备配置成功，可开始测试和使用。

图 9-22　InstaCal 程序启动状态

9.3.2　MC 公司提供的支持 LabVIEW 的数据采集函数

安装 MC 公司在硬件产品中附带的驱动软件和支持软件后，在 LabVIEW 软件中就添加了支持 MC 公司硬件 DAQ 程序开发的 VI 库文件 ULx，在程序框图的函数选板中，可通过"用户库"子选板组打开对应的 ULx 库函数子选板，其包含的 DAQ 函数节点如图 9-23 所示。各函数节点的功能和操作方式与 LabVIEW 的 DAQmx 函数很接近，多数函数节点属于多态 VI。以下对常用的一些函数节点进行简要介绍。

图 9-23　ULx 子选板包含的 DAQ 函数 VI 图标

1. 创建虚拟通道(Create Channel)函数

函数可创建一个或一组虚拟通道，并将它们添加到采集任务中。这个函数属于多态 VI，建立的虚拟通道可作为各类模拟/数字信号的输入或输出通道，通道类型的选择可利用图标下方的下拉列表选择。

图 9-24 为在展开的下拉列表中，如果选择"Analog Input"(模拟输入)及附加的"Voltage"(电压)选择项，创建的虚拟通道用于采集和传送连续变化的电压信号。如果选择"Digital Output"选择项，创建的虚拟通道用于输出数字信号(表示"0""1"的电平信号)。该 VI 函数共有 18 种不同的功能类型，每种类型的连线端子数量和功能有所不同。限于篇幅，本节仅介绍"AI Voltage"类型的主要连线端子，其他类型连线端子的定义请通过软件的在线帮助进行了解。

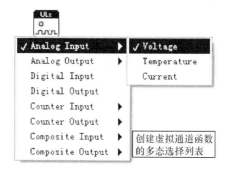

图 9-24　Create Channel 函数的多态 VI 选项

图 9-25 是创建虚拟通道 VI 在类型被定义为"AI Voltage"(电压模拟信号输入)时的连线端子定义。常用的如下所述。

图 9-25　ULx 创建虚拟通道函数在电压采集模式下的接线端子

(1) physical channels(物理通道)：主要的输入参数连线端子，用于指定创建虚拟通道所使用物理通道的名称。物理通道名称可通过通道常量或通道名称输入控件指定，也可以用符合格式规定的字符串常量或字符串输入控件指定，具体设置方式将在后面的范例中进行介绍。

(2) minimum value(最小值)和 maximum value(最大值)：连接浮点型实数，表示测量范围的最小值和最大值，例如，电压测量范围的最小值和最大值。

(3) task out(任务输出)：输出创建的 DAQ 任务名称。这是函数节点最主要的输出连线端子，任务包含所有新创建的虚拟通道的信息，是 DAQ 程序中重要的数据流。

(4) error out(错误输出)：在程序运行时，如果执行当前函数节点功能出现错误，将通过该连线端子将错误信息传送给后续环节。

2. 读取采样结果(Read)函数

读取 DAQ 任务样本，完成 DAQ 的输入操作工作。执行一次读取对每一个虚拟通道完成一次读数据操作，读取一组(一个或多个)采样值。Read 函数节点同样属于多态 VI，图 9-26 为多态 VI 选择菜单展开和选择的状态。不同的功能类型选择决定了 VI 函数读取的信号形式(模拟信号或数字信号)、通道数量(单通道或多通道)、采样值个数(一个或多个)、数据表达方式(数值数组或波形数据)等操作形式，该 VI 共有 40 种类型组合，可根据实际的采样需要进行选择。

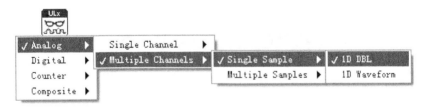

图 9-26　ULx Read 函数节点的多态选项

图 9-27 为以数组形式表示数据的多通道单采样 Read 函数和以波形方式表示数据的多通道多采样 Read 函数的接线端子分布。主要区别是多采样 Read 函数多

了一个"number of samples per channel"端子，该端子输入的数据为整数，表示每通道每次读取几个采样值。

(a) 多通道、单采样、数组数据　　　　　　　　　(b) 多通道、多采样、波形数据

图 9-27　ULxRead 函数节点的不同模式下的连接端子状态

其他一些连线端子的功能如下所述。

task in(任务输入)：输入由 Create Channel 函数创建的任务名，使 Read 函数可以从任务包含的所有虚拟通道中读取采样数据。

task out(任务输出)：输出任务名，供后续流程的操作函数(如 Stop, Clear 等)使用。

data(数据)：输出读取操作的采样数据，有数组和波形两种数据类型的选择。

timeout(超时)：在超时输入端指定的输入时间(s)内未完成读取，将输出操作错误信息。默认的超时时间为 10s。如果设置超时为-1，将无限期等待。如果将超时设置为 0，则在不能读取数据时立刻输出错误信息而不等待。

error in(错误输入)和 error out(错误输出)：传送错误信息，以便于出错处理，例如，限时错误情况或终止程序。

3. 写出数据(Write)函数

将输出数据写出到指定任务或虚拟通道，实现信号输出。Write 函数也是多态 VI，可通过下拉列表选择多态 VI 的通道数，其选项类型及作用与 Read 函数相似，决定了函数写出操作的不同方式，如图 9-28 所示。

Write 函数的多态形式对连线端子的影响主要体现在 data(数据)接线端子所连接信号的数据类型。图 9-29 为单通道、单个实数数据的 Write 函数节点的接线端子，以及多通道、多采样波形数据的 Write 函数节点的接线端子分布。

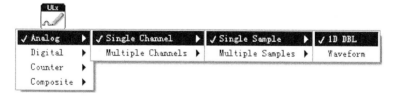

图 9-28　Write 函数的多态 VI 选项

由图 9-29 可见，两个不同类型的 Write 函数的唯一区别是输入数据 Data 的数据类型，其他接线端子的数据含义是相同的。其主要接线端子的作用如下所述。

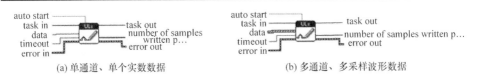

(a) 单通道、单个实数数据　　　　　　　　(b) 多通道、多采样波形数据

图 9-29　Write 函数节点的不同模式下的连接端子分布

task in(任务输入)：输入由 Create Channel 函数创建的任务名。

data(数据)：输入产生输出信号所需的数据，其类型可以是单个数值、数值型数组或波形类的数据。

number of samples written per channel(每通道写出数据量)：每执行一次输出需输出的信号个数，主要用于控制周期型的波形数据输出。

auto start(自动开始)：布尔型输入。若输入的布尔值为 "True(真)"，可在不使用 Start 函数的情况下自动开始运行任务指定的操作，否则必须在该节点前端设置 Start 函数节点启动任务。

4. 启动任务(Start)函数

启动任务进入运行状态，开始采集输入信号或生成输出信号。task in/out 和 error in/out 端子的作用与前述函数节点同名端子相同。接线端子分布如图 9-30 所示。

5. 清除任务(Clear)函数

清除任务，并释放任务占用的系统资源。接线端子分布如图 9-31 所示。

图 9-30　Start 函数的接线端子　　　　　　图 9-31　清除任务函数的接线端子

6. 定时(Timing)函数

定时函数用于在定时采样任务中配置定时时间和采样样本的数量，并创建一个缓冲区，这是一个多态 VI。根据任务要求的不同数据类型(波形数据或数值数据)，输入端子有不同的数量和形态。图 9-32(a)为任务采集的数据以数值(数组)信号形式表示的函数节点形式；图 9-32(b)为任务采集的数据以波形信号表示的函数节点形式。定时函数是进行任务初始化的一个重要环节，通过该函数可以指定 DAQ 任务的采样频率和采样个数。

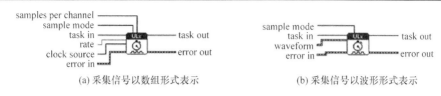

(a) 采集信号以数组形式表示　　　　　　　　(b) 采集信号以波形形式表示

图 9-32　Timing 函数的接线端子

9.3.3　模拟电压输入采样程序的设计

由于 MC 公司的 DAQ 设备属于第三方产品,因此在 DAQ 程序编写中,只能利用 MC 公司提供的 ULx DAQ 函数人工编程,无法自动生成程序框图流程。不过,MC 公司为产品的使用提供了多种范例程序,这类程序可通过 LabVIEW 的"查找范例"功能找到,它们包含在"硬件输入与输出|ULx"类别中。在连接 MCC 采集卡的 USB 线后,打开范例,只要是硬件支持的 DAQ 功能,程序就可运行。本节以模拟电压信号的采样为例,介绍利用 MC 公司的 DAQ 硬件设计采样程序的方法。

范例要求以 USB-1208FS-Plus 的 Ai0~Ai3 通道以差分方式采集 4 路模拟电压信号,将采集所得数据在前面板以图形和数值方式显示。

硬件连线分别将 4 组测量导线"+"极接采集模块 1、4、7、10 接线端,4 组测量导线"−"极接采集模块 2、5、8、11 接线端。用 USB 连线连接计算机和 USB-1208FS-Plus 模块,然后启动 LabVIEW 软件,开始程序设计。

1. 创建一个模拟电压输入通道

打开函数选板中的"用户库|ULx for NI LabVIEW"子选板,用"Create Channel"图标在程序框图中建立 VI 函数节点,并通过多态 VI 类型列表选择"Analog Input",创建一个模拟电压采集的虚拟输入通道。

函数建立完成后,需要为函数提供三个输入端子的参数:通道选择、最大值、最小值,在本例中采用前面板的输入控件为函数提供参数,一般模式是先在前面板建立控件,然后在程序框图窗口连线;也可以直接在程序框图中创建控件节点,然后再切换到前面板调整控件,本例采用后一种方法。

以"Physical Channels"(通道)端子输入控件建立为例:将鼠标光标对准"Create Channel"函数节点的"Physical Channels"端子,使鼠标光标显示连线工具状态(🖎)样式,并右击,在快捷菜单中选择"创建|输入控件",在程序框图窗口建立通道选择控件节点图标,同时在前面板窗口自动建立对应输入控件。双击输入控件节点图标,切换到前面板窗口,在前面板窗口选中对应输入控件。单击该控件下拉列表按钮,选择"浏览",在打开的对话框中直接选择"Dev0",表示选用所

有通道，如图 9-33 所示。单击"OK"确定。再右击控件，在快捷菜单中选择"数据操作|当前值设为默认值"，固定默认通道选项。

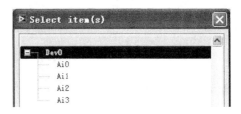

图 9-33　选中通道选择控件所有通道的方法

maximum value(最大值)、minimum value(最小值)端子的输入控件的默认值也可用相同的方法建立，在此不再重复说明。

2. 设置定时函数

调用函数选板中"用户库|ULx for NI LabVIEW"子选板中的"Timing(定时)"函数建立函数节点，将此多态 VI 的信号类型设为 Sample Clock(采样时钟)，该函数的输入端子 rate(采样率)参数决定了采样速度。右击 VI 函数的 rate(采样率)输入端子，利用快捷菜单选择"创建|输入控件"，为函数设置 rate 参数输入。其值的上限为 50000Hz(硬件特性决定)，即每秒最多采样 50000 次。并建立任务输入(task in)和错误输入(error in)端子与前端 Create Cannel 函数节点 task out 及 error out 端子的连线。

3. 建立启动任务函数

打开函数选板中的"用户库|ULx for NI LabVIEW"子选板，调用"Start(启动任务)"函数来启动采集任务，将 Start 函数的 task in 端子及 error in 端子连接 Timing 函数节点的 task out 及 error out 端子。

4. 设置 While 循环内容

建立 While 循环，在循环中建立"Read(读取)"函数节点，因为需要采集 4 个通道的数据，所以将多态 VI 的类型设置为模拟量多通道单采样一维数组输入模式，如图 9-34 所示。

将函数的 task in 端子及 error in 端子连接到 Start 函数节点的 task out 及 error out 端子。指定 Read 函数 timeout(超时)端子的输入常量值为 10.0，即当一次读入任务 10s 不能完成时，任务自动终止。

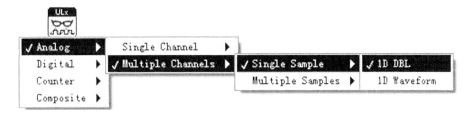

图 9-34　范例 Read 函数的多态 VI 选项设置

Read 函数的输出端子 data 输出的是一维浮点数数组。因为是数值数组，所以显示记录处理较为方便。本范例中，在前面板建立浮点型数组显示控件"测量值"和波形图表控件"测量结果"，在程序框图中直接连接 data 输出端和"测量值"控件显示数值，同时将数组转换为簇后连接到"测量结果"控件，以图形方式显示。转换函数在函数选板的"编程|数组"子选板中。

利用函数选板"编程|簇、类与变体"子选板中的"按名称分解簇"函数在循环框架中建立函数节点，将函数 error out 端子输出的簇数据用"按名称分解簇"函数分解，分解簇函数选择错误信息的 status 值输出，该值为 True(真)时表示出现错误。将该函数输出和"停止"按钮的输出通过"或"运算连接到循环的控制端，使得循环在单击"停止"按钮或程序流程运行出错时停止循环。

5. 清除任务

打开函数选板中的"用户库|ULx for NI LabVIEW"子选板，在循环后建立 Clear 函数节点，将 task in、error in 连线端子连接 Read 函数的 task out 和 error out 连接端子，使循环结束后停止并清除任务。

6. 使用弹出对话框显示错误或警告

调用函数选板"编程|对话框与用户界面"子选板的"简单错误处理器"建立函数节点，右击函数节点的对话框类型输入端子，在快捷菜单中选择"创建|常量"，选择常量类型为"确定信息+警告"，连接错误输入端子到清除任务(Clear)函数的 error out 端子。如果程序流程因错误停止，可出现弹出对话框显示出错信息。DAQ 流程设计至此完成。

切换到前面板窗口，将显示和输入操作控件排列整齐。单击工具栏运行按钮开始进行电压信号测量。

设计结果分别如图 9-35(程序框图)和图 9-36(前面板)所示。

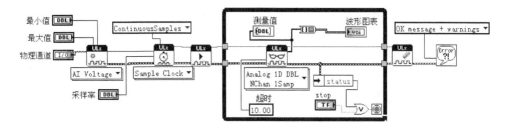

图 9-35　范例程序的程序框图

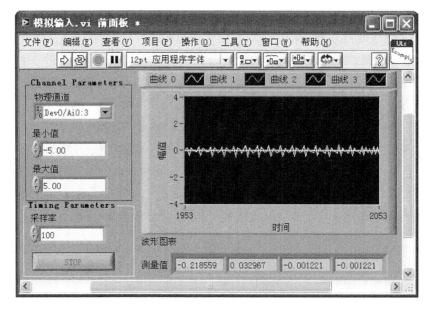

图 9-36　模拟输入采样程序的前面板

9.3.4　数字信号的输出

本节通过一个数字信号输出程序的设计介绍采用 USB-1208FS-Plus 实现信号

图 9-37　数字信号输出范例的前面板

输出的程序设计方法。范例要求：设计一个输出 8 位二进制数的(2 位十六进制数)的程序。USB-1208FS-Plus 有两个数字信号 I/O 口，分别称为 A 口和 B 口，每个口可提供 8 位二进制信号的输入端或输出端，本例中拟采用 B 口进行信号输出。输出数据由前面板中数值输入控件设定。前面板布局效果如图 9-37 所示。

1. 创建一个数字输出通道

打开函数选板中"用户库|ULx for NI LabVIEW"子选板,用"Create Channel"图标在程序框图中建立函数节点,并设置多态 VI 类型为"Digital Output",创建一个数字输出通道。按范例要求,为函数的 lines 端子设置常量参数连接"Dev0/1stPortB/Do0:7",为函数的 line grouping 端子设置常量连接"OneChannelForAllLines",可参考前例方法分别为 lines 端子和 line grouping 端子建立常量,然后单击节点图标右侧的下拉按钮选择参数内容。

2. 建立启动任务函数

打开函数选板中的"用户库|ULx for NI LabVIEW"子选板,调用 Start 函数来启动 DAQ 任务,将 Start 函数的 task in 端子及 error in 端子连接"Create Channel"函数节点的 task out 及 error out 端子。

3. 建立 While 循环

在程序框图窗口中先建立 While 循环框,然后在循环中建立 Write 函数节点,输出数字数据,将多态 VI 的类型设置为整型数字单通道单采样输出模式,如图 9-38 所示。为 Write 函数节点的 data 输入端子建立整型数值输入控件,以便在前面板设置输出的十六进制数。将函数的 task in 端子及 error in 端子连接到 Start 函数节点的 task out 及 error out 端子。

利用"按名称分解簇"函数,分解簇函数选择错误信息的 status 值输出,和"停止"按钮的输出通过"或"运算连接到循环的控制端。使得循环在单击"停止"按钮或程序流程运行出错时停止循环。

在循环中设置"等待"函数节点,使循环每隔 100ms 执行一次前面板的输出数据读取。

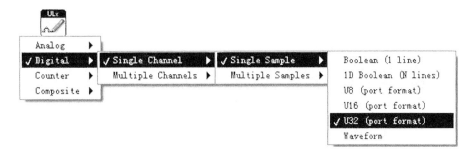

图 9-38　范例 Write 函数的多态 VI 选项设置

4. 清除任务

在循环后建立 Clear 函数节点，连接相应的 task 和 error 的输入或输出端子。使循环结束后停止并清除任务。

5. 使用弹出对话框显示错误或警告

调用"编程|对话框与用户界面"子选板的"简单错误处理器"建立函数节点，对可能产生的出错信息以对话框形式显示，其设置方式同前例所述，此处不再重复说明。

设计完成的程序框图如图 9-39 所示。

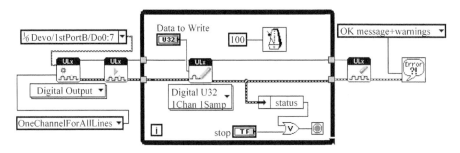

图 9-39　以字节形式输出数字信号范例的程序框图

9.4　带控制功能的 VI 程序设计

设计带有控制功能的 VI 程序流程主要有三个环节：被控参数采集、控制运算、控制量输出，采集和输出功能设计在前两节介绍的 DAQ 程序设计中已有介绍。本节着重介绍控制算法的实现以及与输入和输出环节的连接。

9.4.1　控制算法的实现方式

控制算法就是根据 DAQ 采样信号，按某种数学运算确定需要输出的控制信号的程序，常用的数学运算类型有 PID 控制算法、状态空间反馈算法、动态矩阵算法、模糊控制算法等，实现算法的方式之一是命令行的编程，如使用公式节点或 MatLabScript，用高级语言进行脚本编程；方法二就是利用 LabVIEW 提供的 VI 函数。为了扩展 LabVIEW 软件的功能，又不使软件在安装中占用太多磁盘空间，NI 公司采用了在基本 LabVIEW 软件平台上根据需要安装插件的方法扩充程序功能，这类插件程序需另外购买安装。不过公司官网提供了有限使用天数的试

用版供学习者使用。为 LabVIEW 提供控制功能编程的插件软件是"LabVIEW PID and Fuzzy Logic Toolkit",在安装了"LabVIEW PID and Fuzzy Logic Toolkit"外挂工具包后,在程序框图窗口的函数选板中会在"附加工具包"下添加两个子选板"PID Control|PID"以及"PID Control|Fuzzy Logic",可提供多种控制运算的函数节点,如常规 PID 控制、自整定 PID 控制、模糊控制等,为控制系统的设计提供了有力的支持。

"PID Control|PID"函数子选板的 VI 函数选项如图 9-40 所示。以下简要介绍各 VI 函数图标对应的函数功能。

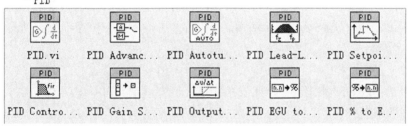

图 9-40　PID 控制子选板的界面

(1) PID.vi:简单 PID 运算函数。

函数提供基本的比例-积分-微分运算功能,适用于简单的 PID 控制应用。利用 PID.vi 即可搭建一个简单的 PID 控制器,在该 VI 的输入端提供 PID 的 3 个运算参数值(PID gains)、反馈值(process variable)、设定值(setpoint)以及采样周期(dt),便能得到需要的输出值(output)。该 VI 还能控制输出值的范围。VI 函数节点的常用输入输出端子定义如图 9-41 所示。

output range(输出值范围)和 PID gain(PID 参数)端子连接的输入数据为簇数据,"PID gain"簇包含三个成员,Kc 为比例增益,Ti 为积分时间,Td 为微分时间。

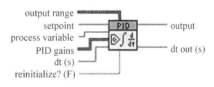

图 9-41　简单 PID 运算函数接线端子

setpoint 端子输入设定值, process variable 端子输入被控量的采样值,dt(s)端子输入采样周期,output 输出控制量。

(2) PID Advanced.vi:高级 PID 函数。高级 PID 函数的算法为控制器应用增设了一些参数输入端子,以选择控制器的手动控制(manual control)、手动/自动无扰动切换(auto)、线性化(linearity)、可以设定期望值的范围(setpoint range)等功能。函数节点接线端子见图 9-42。

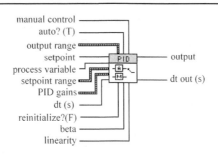

图 9-42　高级 PID 函数的接线端子

(3) PID Autotuning.vi：自整定 PID。自整定 PID 是为需要自整定的 PID 系统设计的，在满足一些基本参数要求后，函数可实现 PID 参数自整定的功能。

(4) PID Lead-Lag.vi：超前-滞后运算函数。可实现以下传递函数表示的算法：

$$G(s) = \pm K \frac{T_1 s + 1}{T_2 s + 1} \tag{9-1}$$

可以用于实现前馈补偿运算，或放在 PID 控制器前端，对系统反馈来的被控量采样信号做动态补偿。

(5) PID Setpoint Profile：设定值程序变化环节。提供 PID 控制器的内设定值按指定时间序列发生变化的功能。用于组态设定值需按指定规律在特定时间发生变化的控制系统。

(6) PID Control Input Filter.vi：输入滤波器。该函数是一个五阶低通滤波器，放在 PID 控制器的反馈量输入前端，可以滤去小于采样率十分之一的高频输入值。

(7) PID Gain Schedule.vi：增益可调。可以写入几组增益参数，并给出条件，当输入信号达到条件时，将对应的增益值作为 PID 控制器当前运算使用的增益。这一功能适用于实现非线性控制规律。

(8) PID Output Limiter.vi：输出限幅。对 PID 控制器输出信号的变化速率进行控制，以保证外部接受控制信号部件的安全。

(9) PID EGU to %.vi 和 PID % to EGU.vi：工程量和百分比的转换。负责对反馈值进行实际物理量在设定工程范围内所占百分比的相互换算。

PID 工具包提供的这 10 个 VI，可以满足大多数场合的应用，根据不同的现场需求，使用不同的 VI 搭建 PID 控制器，十分方便。

9.4.2　利用 PID 工具包的函数实现控制功能的范例

以下通过一个范例介绍 PID 工具包函数的使用，要求利用 MC USB-1208FS-Plus 模块作为采集和输出硬件，实现一个简单的温度控制系统。集成温度传感器输出 0~10V 的直流电压信号，对应于 0~100℃的被控设备温度值，要求根据设定的温度控制目标，输出 0～5V 范围的控制电压调节加热设备，以控制温度。范例的设计过程如下。

连接 MC USB-1208FS-Plus 和计算机，启动 LabVIEW，创建新工程，在工程中新建 VI，程序框图设计按数据采集、控制运算、控制输出三个环节的顺序设计。

1. 数据采样功能设计

在顺序结构的第一帧设计控制流程的被控量采集功能，选择"用户库|ULx for NI LabVIEW"子选板中的 VI 函数控件建立采样流程。建立的采样流程如图 9-43 所示，主要包括 1 个 Create Channel 函数节点、一个 Read 函数节点和一个 Clear 函数节点。

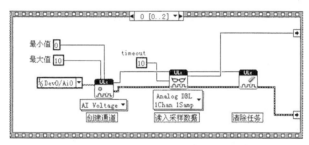

图 9-43　PID 控制范例顺序结构的数据采集部分

Create Channel 多态 VI 函数设定为模拟电压输入模式，指定输入的物理通道和输入信号范围。Read 多态 VI 函数设定为模拟量浮点数单通道 1 采样模式，并指定 time out 端子的值，将 data 输出端子连接到顺序帧边框的局部变量端子，传送到下一帧。将 Clear 函数的 error out 端子输出连接顺序帧边框的局部变量端子，传送到下一帧。连接各函数的 task 和 error 的输入/输出端子。在第一帧的流程中完成一次温度信号采样。

2. 控制运算功能的设计

在层叠顺序结构的第二帧中实现 PID 控制运算，效果如图 9-44 所示。先设置手动操作选择功能：在前面板建立布尔型输入按钮"手动操作选择"和指示灯控件"手动""自动"，作为控制器的"手动/自动"切换功能的操作控件。在程序框图中建立选择运算函数节点。在程序框图中将"手动操作选择"控件节点的布尔值输出连接指示灯和选择运算符的"?"判定接线端，指示和选择手动(人工控制输出)或自动(PID 运算控制输出)状态。在接入"自动"指示灯的连线间加"取反"运算，使指示灯控件"手动""自动"显示的逻辑状态相反。在前面板为手动操作建立输出设定"手动输出设定"旋钮，并在程序框图中将其节点输出连接到选择运算符的"T"状态接线端子。

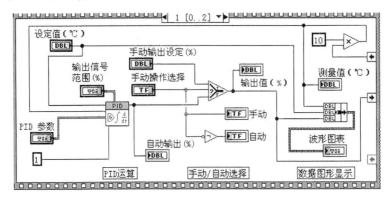

图 9-44　顺序结构的控制运算部分

在程序框图窗口，打开"附加工具包|PID Control |PID"子选板，在第二帧中添加"PID.vi"函数节点，右击需提供参数的各连线端子，打开快捷菜单，通过创建子菜单为各连线端子设置输入控件或输入常量。主要的输入参数端子如下介绍。

(1) PID gains(PID 参数)：簇数据，为 PID 函数提供比例、积分、微分参数。通常选择用前面板建立输入控件提供输入数据，方便程序运行时改变调节参数。

(2) output range(输出范围)：簇数据，设定 PID 运算输出的比例范围，一般是 0～100%，本例中选择为端子在前面板建立输入控件，方便程序运行时改变参数。

(3) dt(s)：浮点型数据，单位 s。设定调用 PID 算法的时间周期，通常选择与控制流程循环相同的周期时间。本例设计控制流程每一秒运行一次，因此设定连线端子连接常数值 1。

(4) setpoint(设定值)：浮点型数据，设置 PID 运算采用的控制目标，即控制要达到的稳定状态的温度值。本例中也采用前面板的输入控件，方便程序运行时改变设置参数。

(5) process variable(过程变量)：浮点型数据，被控信号的反馈输入。将 USB-1208FS-Plus 采集的数据扩大 10 倍变成温度值后，连接到该连线端子，并连接采样值显示控件。

(6) output(输出)：浮点型数据，控制运算后的输出，变化范围由"output range"参数决定。将该连线端子输出连接到显示控件"自动输出"和选择运算函数的 F 状态接线端子，将选择运算函数的输出连接顺序结构边框上的局部变量，提供给输出环节。

3. 控制输出功能设计

输出功能环节的流程如图 9-45 所示。

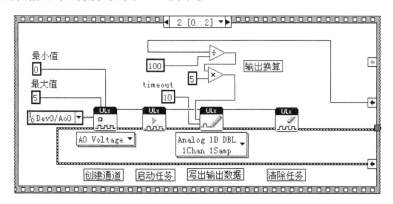

图 9-45　顺序结构的输出流程部分

在层叠顺序结构的第三帧中,首先创建输出功能流程,同样选择"用户库|ULx for NI LabVIEW"子选板中的 VI 函数控件建立输出流程。建立的流程如图 9-45 所示,主要包括一个 Create Channel 函数、一个 Start 函数和一个 Write 函数和一个 Clear 函数。将 Create Channel 函数设置为模拟电压输出模式,Write 函数设置为模拟量浮点数据单通道单输出模式。连接各环节的 task 及 error 对应的输入输出环节,将输入流程传送过来的 error 数据连接到 Create Channel 函数的 error in 端子,保证错误信息的传递。

为 Create Channel 函数节点的输入端子设置输出信号范围常量 5 和 0,指定输出使用的物理通道。为 Write 函数节点设定 timeout 为 10s,将 PID 控制运算输出换算为 0~5V 范围的浮点型数据,连接到 Write 函数的 data 端子。将前面两帧传递被控量、控制量、设定值捆绑为簇,连接到波形图表控件,以通过波形图表方式输出数据。

4. 流程的循环设置

建立 While 循环,将层叠循环包含其中,在循环中设置 Wait 函数,使整个流程每秒执行一次,并利用 error 状态的布尔值和"停止"按钮的布尔值相或控制循环。在循环外建立"简易错误处理器"函数节点,将输出流程"error"信息输出连接到"简易错误处理器",使程序运行出错时,可通过对话框显示出错信息。设计效果如图 9-46 所示。

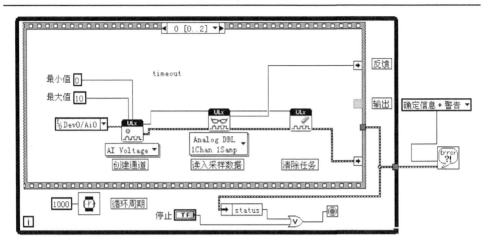

图 9-46　控制流程的循环

5. 前面板调整

最后调整前面板各输入或输出控件的位置，按需要改变其操作或显示属性(显示范围、小数精度、字体大小、位置对齐等)。前面板设计的参考效果如图 9-47 所示。

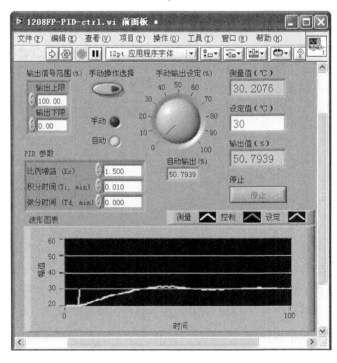

图 9-47　PID 控制范例前面板效果

9.5　LabVIEW 程序的打包和发布

LabVIEW 开发的程序提供给用户使用时，还需要进行编译和打包处理，以便于设计结果的发布。为便于 LabVIEW 设计结果的管理，在 LabVIEW 的设计过程中，首先要创建是项目文件。LabVIEW 的项目文件名后缀为 ".lvproj"，项目文件保存了所设计的 VI 程序的引用、配置、构建和部署等信息，每个 VI 程序的执行是需要大量 LabVIEW 提供的底层程序文档支持的，这些程序属于驱动层或接口层，通过 VI 设计中使用的各种控件或节点加以引用。通过项目文件管理可以将这些相关的文件联系起来，使设计者了解与程序功能相关的组成部分，也可将自己设计的 VI 变为 DLL 动态链接库，方便其他设计者调用，更重要的是将这些文档进行编译处理后，可变成可执行文件或安装包文件提供给用户，以保证源代码的安全，还可以使用户在不安装 LabVIEW 系统的软件环境下使用 VI 程序。项目文件可以看作为存储和管理一个 LabVIEW 工程文件的文件夹。

1. 项目浏览器

在 LabVIEW 启动窗口中，选择新建列表框的"项目"，或是在文件菜单选择"新建项目""打开项目"等菜单项，可打开"项目浏览器"窗口，如图 9-48 所示。"项"标签的树形列表显示了项目中包含的各类文件信息，它们都是支持项目程序运行的组成部分。运行时使用的 VI 程序直接列为"我的电脑"下的树状分支，"依赖关系"表示了 VI 所引用的下层 VI 文档。"程序生成规范"用于项目文件的编译打包操作。每个项目可保存为一个项目文件。

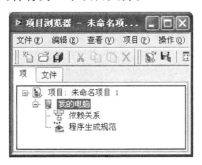

图 9-48　"项目浏览器"窗口界面

2. 在项目中建立 VI 程序文档

在创建项目文件后，单击"文件"菜单，或右击树形列表中"我的电脑"项。

在打开的菜单中选择"新建 VI",在项目中建立新的 VI 文档,并进行 VI 程序功能设计。

如果在创建项目文件前已经完成了 VI 文件设计,或需要使用其他 VI 范例或 VI 库中的程序文件,也可以把已设计好的 VI 程序添加到项目中,具体方法为:在"项目浏览器"窗口,选择"项"标签(默认选择状态),单击选择窗口中树形列表中的"我的电脑"项。再单击选择窗口的"项目"菜单中的"添加至项目"命令,选择其下级选项中的"文件",菜单界面如图 9-49 所示。可打开"选择需插入文件"对话框,选中需添加的 VI 程序文件后单击"添加文件"按钮,将已设计完成的 VI 文件加入项目中。完成 VI 创建或添加后,项目浏览器的状态如图 9-50 所示。

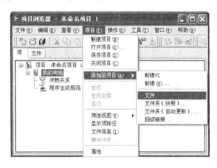

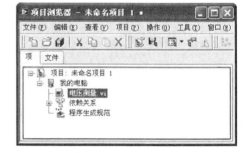

图 9-49　添加 VI 文件至项目的菜单选择　　　　图 9-50　添加了 VI 程序后的项目文件列表

3. 程序生成规范

项目浏览器中的"程序生成规范"可为发布源代码以及其他类型的 LabVIEW build 版本创建程序生成规范。利用程序生成规范可以保存生成各种发布文件的信息。借助这些信息,利用程序生成规范的"生成"功能,可将所选择的 VI 程序及辅助文档转换为独立应用程序(.exe 文件)、共享库文档(.DLL 文件)、安装程序、zip 压缩文件。右击选择"程序生成规范",选择"新建"菜单项可展开子菜单,选择需要创建的程序规范或生成所需的发布文档。快捷菜单界面如图 9-51 所示。

以下通过介绍生成可执行程序文件说明"程序生成规范"的使用方法。独立应用程序允许用户运行 VI 而无须安装 LabVIEW 开发系统。但用户需要另外安装 LabVIEW 运行引擎,运行引擎程序可通过 LabVIEW 程序安装包获得。建立独立应用程序生成规范并生成程序的过程如下。

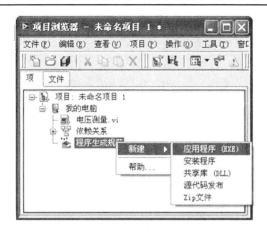

图 9-51　建立应用程序生成规范

　　建立好项目文件，添加了 VI 文件或完成新建的 VI 设计后，右击树状结构中的"程序生成规范"，在快捷菜单中选择"新建|应用程序(EXE)"。

　　选中后可打开如图 9-52 所示对话框。对话框左侧为"类别"列表，右侧为对不同类别项目进行设置的区域，以下对一些常用类型的作用进行简单的说明。

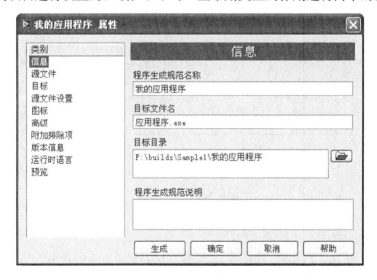

图 9-52　应用程序生成规范"信息"设置对话框

　　(1) 选择"信息"项可修改"信息"类中的程序生成规范名称(用于在项目中表示生成规范的标识名)、目标文件名(生成的可执行文件名)、目标目录(生成结果的存放位置)等内容。"信息"类可设置内容如图 9-52 所示。

　　(2) 单击选择左侧"类别"列表框中的"源文件"项，改变对话框内容，在

"项目文件"框中选中执行程序时要运行的VI,单击移动按钮(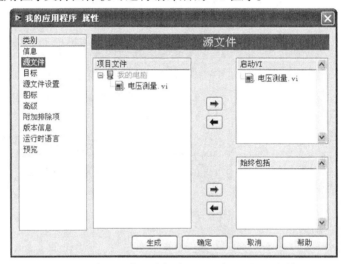)将其名称显示于右侧的"启动"框。如果项目属于多 VI 类型,可将执行程序时首先要运行的VI 程序文件名移到"启动"框,其他 VI 程序文件名移到"始终包括"框。如果要改变选择,可用另一方向的移动按钮( )将右侧"启动"框或"始终包括"框中的选中项目移回"项目文件"框,重新选择。界面如图 9-53 所示。

(3) 完成以上两项基本设置,只要单击"生成"按钮,就可编译 VI 文档,建立独立应用程序文件。其他一些类别项目设置对独立应用程序文件的生成也有一定影响,但不是关键的。有兴趣的读者可参阅 LabVIEW 提供的帮助文档。

可将在所指定的目标目录里生成的.exe 文件及其他辅助文档复制于其他目录中,双击应用程序文件图标就可运行编译后的 VI 程序。

图 9-53 应用程序生成规范"源文件"设置对话框

思考题与习题

9.1 NI DAQ-Max 程序的应用。

(1) 在 NI DAQ-Max 程序中建立 NI PCI-6071E 采集卡的仿真设备。

(2) 在 NI DAQ-Max 程序中建立电压测量任务,利用 NI PCI-6071E 采集卡的 ai0~ai7 通道对 8 路信号进行采集,以"电压测量"为名称保存任务,采样率每秒 100 次,每通道每次采样 10 个。其他设置采用默认值。

(3) 在 NI DAQ-Max 程序中建立电压输出任务,利用 NI PCI-6071E 采集卡的 ao0 通道输出模拟电压信号,以"电压输出"为名称保存任务。其他设置采用默认值。

(4) 在 NI DAQ-Max 程序中建立数字测量任务，利用 NI PCI-6071E 采集卡的所有数字通道对 8 路数字信号进行采集，采样方式采用端口模式，以"数字测量"为名称保存任务，其他设置采用默认值。

(5) 在 NI DAQ-Max 程序中建立数字输出任务，利用 NI PCI-6071E 采集卡的所有数字通道输出 8 路数字信号，输出方式采用端口模式，以"数字输出"为名称保存任务，其他设置采用默认值。

9.2　利用 NI PCI-6071E 采集卡设计电压采集程序。

利用"电压测量"任务建立电压测量 VI，信号采集流程通过自动生成代码方式编写，将每个通道每次 10 个采样值进行算术平均后，用图形、数值方式显示采样结果，并将数值结果保存到电子表格。电子表格格式如图 9-54 所示，前面板界面如图 9-55 所示。

	A	B	C	D	E	F	G	H	I
1	−0.657	0.09	0.156	−0.044	−0.335	0.215	0.186	0.056	
2	0.166	0.176	0.261	−0.357	0.213	0.134	−0.337	0.33	
3	−0.188	−0.513	−0.01	0.198	−0.078	0.31	0.308	−0.054	
4	0.022	0.037	−0.462	−0.037	−0.068	−0.23	−0.095	−0.252	
5	−0.02	−0.217	0.181	−0.181	0.41	0.095	−0.083	−0.027	
6	0.296	0.205	0.11	0.225	−0.239	0.127	−0.073	−0.012	
7	0.09	0.088	−0.064	0.125	−0.532	0.2	0.325	0.242	
8	0.042	−0.525	0.068	−0.012	0	−0.459	−0.232	−0.132	

图 9-54　题 9.2 电子表格数据

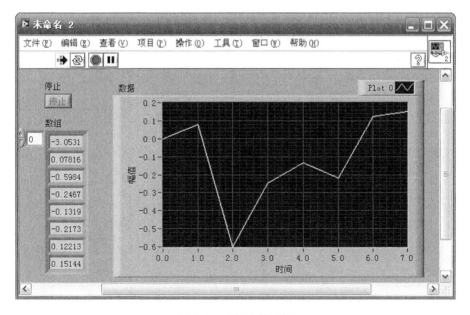

图 9-55　题 9.2 前面板

9.3 利用仿真设备 NI PCI-6071E 采集卡设计数字信号输入/输出程序：利用"数字采集"任务建立数字信号采集程序，可通过 NI PCI-6071E 的数字通道采集8 位数字信号。将信号以十六进制方式显示于前面板的数字控件中。同时利用布尔显示控件显示每一位数字信号状态（"0"或"1"）。前面板界面如图 9-56 所示。将采集的数字信号按位取反后通过"数字输出"任务生成的程序进行输出。

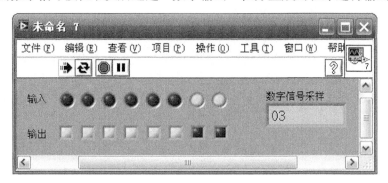

图 9-56　题 9.3 前面板

9.4 带控制功能的 DAQ 程序设计。

设计带 PID 控制功能的 VI 程序，传感器输出的电压信号范围 1～5V，控制装置的操作电压为 0～5V，DAQ 设备采用 NI PCI-6071E 采集卡的仿真设备，被控制信号由 ai0 通道输入, ao0 通道输出控制信号, 通道采样模式均采用单次采样，用简单 PID 控件实现控制运算，在前面板通过控件输入控制参数(P、I、D、设定值、手动/自动模式选择、手动输出值等)。

参 考 文 献

陈建元. 2008. 传感器技术. 北京: 机械工业出版社.

陈杰, 黄鸿. 2010. 传感器与检测技术. 2 版. 北京: 高等教育出版社.

陈忧先, 左锋, 董爱华. 2010. 化工测量及仪表. 3 版. 北京: 化学工业出版社.

黄松岭, 吴静. 2008. 虚拟仪器设计基础教程. 北京: 清华大学出版社.

雷振山, 肖成勇, 魏丽, 等. 2012. LabVIEW 高级编程与虚拟仪器工程应用. 2 版. 北京: 中国铁
    道出版社.

李江全, 刘恩博, 胡蓉. 2010. LabVIEW 虚拟仪器数据采集与串口通信测控应用实践. 北京: 人
    民邮电出版社.

陆绮荣. 2006. 基于虚拟仪器技术个人实验室的构建. 北京: 电子工业出版社.

孙传友, 翁惠辉. 2006. 现代检测技术及仪表. 北京: 高等教育出版社.

徐科军. 2008. 传感器与检测技术. 2 版. 北京: 电子工业出版社.

徐晓东, 郑对元, 肖武. 2009. LabVIEW 8.5 常用功能与编程实例精讲. 北京: 电子工业出版社.

余成波. 2009. 传感器与自动检测技术. 2 版. 北京: 高等教育出版社.

张培仁. 2012. 传感器原理、检测及应用. 北京: 清华大学出版社.

周征. 2008. 自动检测技术实用教程. 北京: 机械工业出版社.

附录 热电偶/热电阻分度表(部分)

附表 1 铂铑 10−铂热电偶分度表(部分)

分度号：S(参比端温度为 0℃)

温度/℃	热电动势/μV									
	0	1	2	3	4	5	6	7	8	9
0	0	5	11	16	22	27	33	38	44	50
10	55	61	67	72	78	84	90	95	101	107
20	113	119	125	131	137	142	148	154	161	167
30	173	179	185	191	197	203	210	216	222	228
40	235	241	247	254	260	266	273	279	286	292
50	299	305	312	318	325	331	338	345	351	358
60	365	371	378	385	391	398	405	412	419	425
70	432	439	446	453	460	467	474	481	488	495
80	502	509	516	523	530	537	544	551	558	566
90	573	580	587	594	602	609	616	623	631	638
100	645	653	660	667	675	682	690	697	704	712
110	719	727	734	742	749	757	764	772	780	787
120	795	802	810	818	825	833	841	848	856	864
130	872	879	887	895	903	910	918	926	934	942
140	950	957	965	973	981	989	997	1005	1013	1021
150	1029	1037	1045	1053	1061	1069	1077	1085	1093	1101
160	1109	1117	1125	1133	1141	1149	1158	1166	1174	1182
170	1190	1198	1207	1215	1223	1231	1240	1248	1256	1264
180	1273	1281	1289	1297	1306	1314	1322	1331	1339	1347
190	1356	1364	1373	1381	1389	1398	1406	1415	1423	1432
200	1440	1448	1457	1465	1474	1482	1491	1499	1508	1516
210	1525	1534	1542	1551	1559	1568	1576	1585	1594	1602
220	1611	1620	1628	1637	164	1654	1663	1671	1680	1689
230	1698	1706	1715	1724	1732	1741	1750	1759	1767	1776
240	1785	1784	1802	1811	1820	1829	1838	1846	1855	1864

续表

温度/℃	热电动势/μV									
	0	1	2	3	4	5	6	7	8	9
250	1873	1882	1891	1899	1908	1917	1926	1935	1944	1953
260	1962	1971	1979	1988	1997	2006	2015	2024	2033	2042
270	2051	2061	2069	2078	2087	2096	2105	2114	2123	2132
280	2141	2150	2159	2168	2177	2186	2195	2204	2213	2222
290	2232	2241	2250	2259	2268	2277	2286	2295	2304	2314
300	2323	2332	2341	2350	2359	2368	2378	2387	2396	2405
310	2414	2424	2433	2442	2451	2460	2470	2479	2488	2497
320	2506	2516	2525	2534	2543	2553	2562	2571	2581	2590
330	2599	2608	2618	2627	2636	2646	2655	2664	2674	2683
340	2692	2702	2711	2720	2730	2739	2748	2758	2767	2776
350	2786	2795	2805	2814	2823	2833	2842	2852	2861	2870
360	2880	2889	2899	2908	2917	2927	2936	2946	2955	2965
370	2974	2984	2993	3003	3012	3022	3031	3041	3050	3059
380	3069	3078	3088	3097	3107	3117	3126	3136	3145	3155
390	3164	3174	3183	3193	3202	3212	3221	3231	3241	3250
400	3260	3269	3279	3288	3298	3308	3317	3327	3336	3346
410	3356	3365	3375	3384	3394	3404	3413	3423	3433	3442
420	3452	3462	3471	3481	3491	3500	3510	3520	3529	3539
430	3549	3558	3568	3578	3587	3597	3607	3610	3626	3636
440	3645	3655	3665	3675	3684	3694	3704	3714	3723	3733
450	3743	3752	3762	3772	3782	3791	3801	3811	3821	3831
460	3840	3850	3860	3870	3879	3889	3899	3909	3919	3928
470	3938	3948	3958	3968	3977	3987	3997	4007	4017	4027
480	4036	4046	4056	4066	4076	4086	4095	4105	4115	4125
490	4135	4145	4155	4164	4174	4184	4194	4204	4214	4224
500	4234	4243	4253	4263	4273	4283	4293	4303	4313	4323
510	4333	4343	4352	4362	4373	4382	4393	4402	4412	4422
520	4432	4442	4452	4462	4472	4482	4492	4502	4512	4522
530	4532	4542	4552	4562	4572	4582	4592	4602	4612	4622
540	4632	4642	4652	4662	4672	4682	4692	4702	4712	4722
550	4732	4742	4752	4762	4772	4782	4792	4802	4812	4822
560	4832	4842	4852	4862	4873	4883	4893	4903	4913	4923
570	4933	4943	4953	4963	4973	4984	4994	5004	5014	5024
580	5034	5044	5054	5065	5075	5085	5095	5105	5115	5125

温度/℃	热电动势/μV									
	0	1	2	3	4	5	6	7	8	9
590	5136	5146	5156	5166	5176	5186	5197	5207	5217	5227
600	5237	5247	5258	5268	5278	5288	5298	5309	5319	5329
610	5339	5350	5360	5370	5380	5391	5401	5411	5421	5431
620	5442	5452	5462	5473	5483	5493	5503	5514	5524	5534
630	5544	5555	5565	5575	5586	5596	5606	5617	5627	5637
640	5648	5658	5668	5679	5689	5700	5710	5720	5731	5741
650	5751	5762	5772	5782	5793	5803	5814	5824	5834	5845
660	5855	5866	5876	5887	5897	5907	5918	5928	5939	5949
670	5960	5970	5980	5991	6001	6012	6022	6033	6043	6054
680	6064	6075	6085	6096	6106	6117	6127	6138	6148	6159
690	6169	6180	6190	6201	6211	6222	6232	6243	6253	6264
700	6274	6285	6295	6306	6316	6327	6338	6348	6359	6369
710	6380	6390	6401	6412	6422	6433	6443	6454	6465	6475
720	6486	6496	6507	6518	6528	6539	6549	6560	6571	6581
730	6592	6603	6613	6624	6635	6645	6656	6667	6677	6688
740	6699	6709	6720	6731	6741	6752	6763	6773	6784	6795
750	6805	6816	6827	6838	6848	6859	6870	6880	6891	6902
760	6913	6923	6934	6945	6956	6966	6977	6988	6999	7009
770	7020	7031	7042	7053	7063	7074	7085	7096	7107	7117
780	7128	7139	7150	7161	7171	7182	7193	7204	7215	7225
790	7236	7247	7258	7269	7280	7291	7301	7312	7323	7334
800	7345	7356	7367	7377	7388	7399	7410	7421	7432	7443
810	7454	7465	7476	7486	7497	7508	7519	7530	7541	7552
820	7563	7574	7585	7596	7607	7618	7629	7640	7651	7661
830	7672	7683	7694	7705	7716	7727	7738	7749	7760	7771
840	7782	7793	7804	7815	7826	7837	7848	7859	7870	7881
850	7892	7904	7915	7926	7937	7948	7959	7970	7981	7992
860	8003	8014	8025	8036	8047	8058	8069	8081	8092	8103
870	8114	8125	8136	8147	8158	8169	8180	8192	8203	8214
880	8225	8236	8247	8258	8270	8281	8292	8303	8314	8325
890	8336	8348	8359	8370	8381	8392	8404	8415	8426	8437
900	8448	8460	8471	8482	8493	8504	8516	8527	8538	8549
910	8560	8572	8583	8594	8605	8617	8628	8639	8650	8662
920	8673	8684	8695	8707	8718	8729	8741	8752	8763	8774

续表

温度/℃	热电动势/μV									
	0	1	2	3	4	5	6	7	8	9
930	8786	8797	8808	8820	8831	8842	8854	8865	8876	8888
940	8899	8910	8922	8933	8944	8956	8967	8978	8990	9001
950	9012	9024	9035	9047	9058	9069	9081	9092	9103	9115
960	9126	9138	9149	9160	9172	9183	9195	9206	9217	9229
970	9240	9252	9263	9275	9286	9298	9309	9320	9332	9343
980	9355	9366	9378	9389	9401	9412	9424	9435	9447	9458
990	9470	9481	9493	9504	9516	9527	9539	9550	9562	9573
1000	9585	9596	9608	9619	9631	9642	9654	9665	9677	9689
1010	9700	9712	9723	9735	9746	9758	9770	9781	9793	9804
1020	9816	9828	9839	9851	9862	9874	9886	9897	9909	9920
1030	9932	9944	9955	9967	9979	9990	10002	10013	10025	10037
1040	10048	10060	10072	10083	10095	10107	10118	10130	10142	10154
1050	10165	10177	10189	10200	10212	10224	10235	10247	10259	10271
1060	10282	10294	10306	10318	10329	10341	10353	10364	10376	10388
1070	10400	10411	10423	10435	10447	10459	10470	10482	10494	10506
1080	10517	10529	10541	10553	10565	10576	10588	10600	10612	10624
1090	10635	10647	10659	10671	10683	10694	10706	10718	10730	10742
1100	10754	10765	10777	10789	10801	10813	10825	10836	10848	10860
1110	10872	10884	10896	10908	10919	10931	10943	10955	10967	10979
1120	10991	11003	11014	11026	11038	11050	11062	11074	11086	11098
1130	11110	11121	11133	11145	11157	11169	11181	11193	11205	11217
1140	11229	11241	11252	11264	11276	11288	11300	11312	11324	11336
1150	11348	11360	11372	11384	11396	11408	11420	11432	11443	11455
1160	11467	11479	11491	11503	11515	11527	11539	11551	11563	11575
1170	11587	11599	11611	11623	11635	11647	11659	11671	11683	11695
1180	11707	11719	11731	11743	11755	11767	11779	11791	11803	11815
1190	11827	11839	11851	11863	11875	11887	11899	11911	11923	11935
1200	11947	11959	11971	11983	11995	12007	12019	12031	12043	12055
1210	12067	12079	12091	12103	12116	12128	12140	12152	12164	12176
1220	12188	12200	12212	12224	12236	12248	12260	12272	12284	12296
1230	12308	12320	12332	12345	12357	12369	12381	12393	12405	12417
1240	12429	12441	12453	12465	12477	12489	12501	12514	12526	12538
1250	12550	12562	12574	12586	12598	12610	12622	12634	12647	12659
1260	12671	12683	12695	12707	12719	12731	12743	12755	12767	12780

续表

温度/℃	热电动势/μV									
	0	1	2	3	4	5	6	7	8	9
1270	12792	12804	12816	12828	12840	12852	12864	12876	12888	12901
1280	12913	12925	12937	12949	12961	12973	12985	12997	13010	13022
1290	13034	13046	13058	13070	13082	13094	13107	13119	13131	13143
1300	13155	13167	13179	13191	13203	13216	13228	13240	13252	13264
1310	13276	13288	13300	13313	13325	13337	13349	13361	13373	13385
1320	13397	13410	13422	13434	13446	13458	13470	13482	13495	13507
1330	13519	13531	13543	13555	13567	13579	13592	13604	13616	13628
1340	13640	13652	13664	13677	13689	13701	13713	13725	13737	13749

附表 2　铜–康铜热电偶分度表(部分)

分度号：T (参比端温度为 0℃)

温度/℃	热电动势/mV									
	0	1	2	3	4	5	6	7	8	9
−40	−1.475	−1.510	−1.544	−1.579	−1.614	−1.648	−1.682	−1.717	−1.751	−1.785
−30	−1.121	−1.157	−1.192	−1.228	−1.26:3	−1.299	−1.334	−1.370	−1.405	−1.440
−20	−0.757	−0.794	−0.830	−0.867	−0.903	−0.904	−0.976	−1.013	−1.049	−1.085
−10	−0.383	−0.421	−0.458	−0.495	−0.534	−0.571	−0.602	−0.646	−0.683	−0.720
0−	−0.000	−0.039	−0.077	−0.116	−0.154	−0.193	−0.231	−0.269	−0.307	−0.345
0+	0.000	0.039	0.078	0.117	0.156	0.195	0.234	0.273	0.312	0.351
10	0.391	0.430	0.470	0.510	0.549	0.589	0.629	0.669	0.709	0.749
20	0.789	0.830	0.870	0.911	0.951	0.992	1.032	1.073	1.114	1.155
30	1.196	1.237	1.279	1.320	1.361	1.403	1.444	1.486	1.528	1.569
40	1.611	1.653	1.695	1.738	1.780	1.822	1.865	1.907	1.950	1.992
50	2.035	2.078	2.121	2.164	2.207	2.250	2.294	2.337	2.380	2.424
60	2.467	2.511	2.555	2.599	2.643	2.687	2.731	2.775	2.819	2.864
70	2.908	2.953	2.997	3.042	3.087	3.131	3.176	3.211	3.266	3.312
80	3.357	3.402	3.447	3.493	3.538	3.584	3.630	3.676	3.721	3.767
90	3.813	3.859	3.906	3.952	3.998	4.044	4.091	4.137	4.184	4.231
100	4.277	4.324	4.371	4.418	4.465	4.512	4.559	4.607	4.654	4.701
110	4.749	4.796	4.844	4.891	4.939	4.987	5.035	5.083	5.131	5.179
120	5.227	5.275	5.324	5.372	5.420	5.469	5.517	5.566	5.615	5.663
130	5.712	5.761	5.810	5.859	5.908	5.957	6.007	6.056	6.105	6.155
140	6.204	6.254	6.303	6.353	6.403	6.452	6.502	6.552	6.602	6.652
150	6.702	6.753	6.803	6.853	6.903	6.954	7.004	7.055	7.106	7.150
160	7.207	7.258	7.309	7.360	7.411	7.462	7.513	7.564	7.615	7.660
170	7.718	7.769	7.821	7.872	7.924	7.975	8.027	8.079	8.131	8.183
180	8.235	8.287	8.339	8.391	8.443	8.495	8.548	8.600	8.652	8.705

附表3 工业用铂热电阻分度表

分度号：Pt100(R_0=100.00Ω, α =0.003850)

温度/℃	热电阻值/Ω									
	0	1	2	3	4	5	6	7	8	9
−200	18.49									
−190	22.80	22.37	21.94	21.51	21.08	20.65	20.22	19.79	19.36	18.93
−180	27.08	25.65	26.23	25.80	25.37	24.94	24.58	24.09	23.66	23.23
−170	31.32	30.90	30.47	30.05	29.63	29.20	28.78	28.35	27.93	27.50
−160	35.53	35.11	34.69	34.27	33.85	33.43	33.01	32.59	32.16	31.74
−150	39.71	39.30	38.88	38.46	38.04	37.63	37.21	36.79	36.27	35.95
−140	43.87	43.45	43.04	42.63	42.21	41.79	41.38	40.96	40.55	40.13
−130	48.00	47.59	47.18	46.76	46.25	45.94	45.52	45.11	44.70	44.28
−120	52.11	51.70	51.29	50.88	50.47	50.06	49.64	49.23	48.82	48.42
−110	56.19	55.78	55.38	54.97	54.56	54.15	53.74	53.33	52.92	52.52
−100	60.25	59.85	59.44	59.04	58.63	58.22	57.82	57.41	57.00	56.00
−90	64.30	53.90	63.49	63.09	62.68	62.28	61.87	61.47	61.06	60.66
−80	68.33	67.92	67.52	67.12	66.72	66.21	65.91	65.51	65.11	64.70
−70	72.33	71.93	71.53	71.13	70.73	70.33	69.93	69.53	69.13	68.73
−60	76.23	75.93	75.53	75.13	74.73	74.33	73.93	73.53	73.13	72.73
−50	80.31	79.91	79.51	79.11	78.72	78.32	77.92	77.52	77.13	76.73
−40	84.27	83.88	83.48	83.08	82.69	82.29	81.89	81.50	81.10	80.70
−30	88.22	87.83	87.43	87.04	86.54	86.25	85.85	85.46	85.06	84.67
−20	92.16	91.77	91.37	90.98	90.59	90.19	89.80	89.40	89.01	88.62
−10	96.09	95.69	95.30	94.91	94.52	94.12	93.73	93.34	92.95	92.55
0−	100.00	99.61	99.22	98.83	98.44	98.04	97.65	97.26	96.87	96.38
0+	100.00	100.40	100.79	101.17	101.56	101.95	102.34	102.73	103.12	103.51
10	103.90	104.29	104.68	105.07	105.46	105.85	106.24	106.53	107.02	107.40
20	107.79	108.18	108.57	108.96	109.35	109.73.	110.12	110.51	110.90	111.28
30	111.67	112.06	112.45	112.83	113.22	113.61	113.99	114.38	114.77	115.15
40	115.54	115.93	116.21	116.70	117.08	117.47	117.85	118.24	118.62	119.01
50	119.40	119.78	120.16	120.55	120.93	121.32	121.70	122.09	122.47	122.86
60	123.24	123.62	124.01	124.39	124.77	125.16	125.54	125.92	126.21	126.59
70	127.07	127.45	127.84	128.22	128.60	128.98	129.37	129.75	130.13	130.51

温度/℃	热电阻值/Ω									
	0	1	2	3	4	5	6	7	8	9
80	130.89	131.27	131.66	132.04	132.42	132.80	133.18	133.56	133.94	134.32
90	134.70	135.08	135.46	135.84	136.22	136.50	136.98	137.36	137.74	138.12
100	138.50	138.88	139.26	139.64	140.02	140.39	140.77	141.15	141.53	141.91
110	142.299	142.66	143.04	143.42	143.80	144.17	144.55	144.93	145.31	145.68
120	146.06	146.34	146.81	147.19	147.57	147.94	148.32	148.70	149.07	149.45
130	149.82	150.20	150.57	150.95	151.33	151.70	152.08	152.45	152.83	153.20
140	153.58	153.95	154.32	154.70	155.07	155.45	155.82	156.19	156.47	156.94
150	157.31	157.69	158.06	158.43	158.81	159.18	159.55	159.93	160.30	160.67
160	161.04	161.42	161.79	162.16	162.53	162.90	163.27	163.65	164.02	164.39
170	164.76	165.13	165.50	165.87	166.24	166.51	166.98	167.35	167.72	168.09
180	168.46	168.83	169.20	169.57	169.94	170.31	170.68	171.05	171.42	171.79
190	172.16	172.53	172.90	173.26	173.63	174.00	174.37	174.74	175.10	175.47
200	175.84	176.21	176.47	176.94	177.31	177.68	178.04	178.41	178.78	179.14
210	179.51	179.88	180.24	180.61	180.97	181.34	181.71	182.07	182.44	182.80
220	183.17	183.53	183.90	184.26	184.63	184.99	184.36	185.72	16.09	186.35
230	186.82	187.18	187.54	187.91	188.27	188.63	189.00	189.36	189.72	190.09
240	190.45	190.81	191.18	191.54	191.90	192.26	192.63	192.99	193.35	193.71
250	194.07	194.44	194.80	195.16	195.52	195.88	196.24	196.50	196.96	197.33
260	197.69	198.05	198.41	198.77	199.13	199.49	199.85	200.21	200.57	200.93
270	201.29	201.65	202.01	202.36	202.72	203.08	203.44	203.80	204.16	204.52
280	204.88	205.23	205.59	205.95	206.21	206.57	207.02	207.38	207.74	208.10
290	208.45	208.81	209.17	209.52	209.88	210.24	210.59	210.95	211.31	211.66
300	212.02	212.37	212.73	213.09	213.44	213.80	214.15	214.51	214.86	215.22
310	215.57	215.93	216.28	216.54	216.99	217.35	217.70	218.05	218.41	218.76
320	219.12	219.47	219.82	220.18	220.53	220.88	221.24	221.59	221.94	222.29
330	222.65	223.00	223.35	223.70	224.066	224.41	224.76	225.11	225.46	225.81
340	226.17	226.42	226.87	227.22	227.57	227.92	228.27	228.62	228.97	229.32
350	229.67	230.02	230.37	230.72	231.07	231.42	231.77	232.12	232.47	232.82
360	233.17	232.52	232.87	234.22	234.56	234.91	235.26	235.61	235.96	236.21
370	236.55	237.00	237.35	237.70	238.04	238.39	239.74	139.09	139.43	239.78
380	240.13	240.47	240.82	241.17	41.51	241.86	242.20	242.55	242.90	243.24
390	243.59	243.93	244.28	244.62	244.97	245.31	245.66	246.00	246.25	246.59
400	247.04	247.38	247.73	248.07	248.41	248.76	249.10	249.45	249.79	250.13
410	250.48	250.82	251.16	251.50	251.85	252.19	252.53	252.88	253.22	253.56

续表

温度/℃	热电阻值/Ω									
	0	1	2	3	4	5	6	7	8	9
420	253.90	254.24	254.59	254.93	255.27	255.61	255.95	256.29	256.54	256.98
430	257.32	257.66	258.00	258.34	258.68	259.02	259.36	259.70	260.04	260.38
440	260.72	261.06	161.40	261.74	262.08	262.42	262.76	263.10	263.43	263.77
450	264.11	264.45	264.79	265.13	265.47	265.80	266.14	266.38	266.82	267.15
460	267.49	267.83	268.17	268.50	268.84	269.18	269.51	269.85	270.19	270.52
470	270.86	271.20	271.53	271.87	272.20	272.54	272.88	273.21	273.55	273.88
480	274.22	274.55	274.89	275.22	275.56	275.89	276.23	276.46	276.89	277.23
490	277.56	277.90	278.23	278.58	278.90	279.23	279.56	279.90	280.23	280.56
500	280.90	281.23	281.56	281.89	282.23	282.56	282.89	283.22	283.55	283.89
510	284.22	284.55	284.88	285.21	285.54	284.87	286.21	286.44	286.87	287.20
520	287.53	287.86	288.19	288.52	288.85	289.18	289.51	289.84	290.17	290.50
530	290.83	291.16	291.49	291.81	292.14	292.47	292.80	293.13	293.46	293.79
540	294.11	294.44	294.77	295.10	295.43	295.75	296.08	296.31	296.74	297.06
550	297.39	297.72	298.04	298.37	298.70	299.02	299.35	299.68	300.00	300.33
560	300.65	300.98	301.31	301.63	301.96	302.28	302.61	302.93	303.26	303.58
570	303.91	304.23	304.56	304.88	305.20	305.53	305.85	306.18	306.40	306.82
580	307.15	307.47	307.79	308.12	308.44	308.76	309.09	309.41	309.73	310.05
590	310.38	310.70	311.02	311.34	311.67	311.99	312.31	312.63	312.95	313.27
600	313.59	313.92	314.14	314.56	314.88	315.20	315.52	315.84	316.16	316.38
610	316.80	317.12	317.44	317.76	318.08	318.40	318.72	319.04	319.36	319.68
620	319.99	320.31	320.63	320.95	321.27	321.59	321.91	322.22	322.54	322.86
630	323.18	323.49	323.81	324.13	324.45	324.76	324.08	325.40	325.72	326.03
640	326.25	326.56	326.98	327.30	327.61	327.93	328.25	328.56	328.88	329.19
650	329.51	329.82	330.14	330.45	330.77	331.08	331.40	331.71	332.03	332.34
660	332.66	332.97	333.28	333.60	333.91	334.23	334.54	334.85	335.17	335.48
670	335.79	336.11	336.32	336.73	337.04	337.36	337.67	337.98	338.29	338.61
680	338.92	339.23	339.54	339.85	340.16	340.48	340.79	341.10	341.41	341.72
690	342.03	342.34	342.65	342.96	343.27	343.58	343.89	344.20	344.51	344.82
700	345.13	345.44	345.75	346.06	346.27	346.58	346.99	347.30	347.60	347.91
710	348.22	348.53	348.84	349.15	349.45	349.76	350.07	350.38	350.69	350.99
720	351.30	351.61	351.91	352.22	352.53	352.83	353.14	353.45	353.75	354.06
730	354.37	354.67	354.98	355.28	355.59	355.90	356.20	356.41	356.81	357.12
740	357.42	357.73	358.03	358.34	358.64	358.95	359.25	359.55	359.86	360.16
750	360.47	360.77	361.07	361.38	361.68	361.98	362.29	362.59	362.89	363.19

温度/℃	热电阻值/Ω									
	0	1	2	3	4	5	6	7	8	9
760	363.50	363.80	364.10	364.40	364.71	365.01	365.31	365.61	365.91	366.22
770	366.42	366.82	367.12	367.42	367.73	368.02	368.32	368.63	368.93	369.23
780	369.53	369.83	370.13	370.43	370.73	371.03	371.33	371.63	371.93	372.22
790	372.52	372.82	373.12	373.42	373.72	374.02	374.32	374.61	374.91	375.21
800	375.50	375.81	376.10	376.30	376.70	377.00	377.29	377.59	377.89	378.19
810	378.48	378.78	379.08	379.37	379.67	379.97	380.26	380.56	380.85	381.15
820	381.45	381.74	382.04	382.33	382.63	382.92	383.22	383.51	383.81	384.10
830	384.40	384.69	384.98	385.28	385.57	385.87	386.16	386.35	386.75	387.04
840	387.34	387.63	387.92	388.21	388.51	388.80	389.09	389.39	389.68	389.97